光生电荷行为研究方法

井立强　曲　阳　孙建辉　等　著

科 学 出 版 社

北　京

内 容 简 介

光催化技术有望解决未来能源和环境问题，助力完成国家“双碳”目标，其关键在于对高效光催化材料的研发。为此，开展材料光生电荷行为研究非常重要。然而，至今仍缺少此方面的专门书籍。本书注重从光物理和光化学两个角度系统全面介绍光生电荷行为的研究方法，包括稳/瞬态表面光物理技术、原位技术等先进前沿测试技术，并结合应用实例，从时间和空间分辨的角度揭示光生电荷转移及分离的动力学过程和明确相关技术的适用条件及分析方法。

本书可供光催化材料及相关领域科研、技术人员以及高校研究生阅读参考。

图书在版编目（CIP）数据

光生电荷行为研究方法 / 井立强等著. —北京：科学出版社，2024.3

ISBN 978-7-03-077448-4

Ⅰ. ①光…　Ⅱ. ①井…　Ⅲ. ①光生－电荷－研究方法　Ⅳ. ①O441.1-3

中国国家版本馆 CIP 数据核字（2024）第 009176 号

责任编辑：李明楠　孙静惠 / 责任校对：杜子昂
责任印制：赵　博 / 封面设计：图阅盛世

科学出版社出版
北京东黄城根北街 16 号
邮政编码：100717
http://www.sciencep.com
北京凌奇印刷有限责任公司印刷
科学出版社发行　各地新华书店经销
*
2024 年 3 月第　一　版　开本：720 × 1000　1/16
2024 年 8 月第二次印刷　印张：11 1/4
字数：224 000

定价：108.00 元

（如有印装质量问题，我社负责调换）

前　　言

随着工业化和城市化的快速发展，能源需求总量日益增大。过度的能源消耗使传统化石能源面临枯竭，同时引发了如温室效应、水体污染等诸多环境问题。如何在维持能源永续利用的同时保护生态环境系统的稳定成为当前人类社会面对的重要挑战。在国家“双碳”目标背景下，发展可持续能源替代传统能源的新技术，实现能源循环供给绿色发展是国家重大战略需求。从能源利用源头来看，太阳能驱动的绿色光催化技术具有显著优势，受到了全世界范围的广泛关注。国家发展和改革委员会等发布的《“十四五”现代能源体系规划》又提出了加快推进太阳能等可再生能源应用新能源体系变革要求。在此背景下，发展基于太阳能利用的绿色能源环境新技术是科研工作者的社会使命和责任担当。

目前，国内外的光催化研究工作正在蓬勃发展，利用光催化技术能够实现诸如水分解产氢、二氧化碳还原、氮气固定转化和有机污染物氧化消除，甚至有机物选择性转化等能源和环境领域的应用。将太阳能绿色转化为氢气或“液态阳光”甲醇等化学能源的光催化技术也已日臻成熟。然而，受制于多重因素的影响，光催化技术的整体效率依然无法满足大规模实用化的要求。在影响光催化效率的因素当中，如何实现高效的光生电荷的分离和传输是提高光催化效率的“卡脖子”问题。光生电荷分离过程跨越从飞秒到秒、从微观原子到宏观材料的巨大时空尺度，涉及复杂的物理过程。围绕光生电荷在半导体催化剂及反应体系内的微观动力学行为进行深入研究，明晰光生电荷分离的驱动力、传输的影响因素及决定引发反应的关键因素等，将建立起光生电荷行为结果与光催化性能之间的联系，实现对光催化复杂机制的认识，能够为理性设计性能更优的光催化材料提供新的思路和研究方法。显而易见，发展光生电荷行为的研究方法至关重要。然而，当前已出版的与光催化相关的国内外书籍主要围绕光催化材料设计与开发、光催化技术应用等方面，至今仍缺少系统全面介绍光生电荷行为研究方法的专著。

基于当前国内外光催化材料领域相关研究进展，特别是结合本研究团队多年来在光催化材料光生电荷行为研究方面积累的经验，作者精心策划与撰写成《光生电荷行为研究方法》。本书全面介绍了光催化技术中涉及光生电荷行为的相关研究方法和前沿进展，从光物理和光化学技术两个方面出发，重点介绍时间和空间分辨及原位技术等先进前沿测试方法，不仅明确说明光生电荷行为研究方法相应的适用条件及评判标准，还进一步结合能源与环境应用实例分析，从不同研究方法角度试图揭示光生电荷转移、分离和引发反应的动力学过程。

本书是兼具学术研究和科学普及的专业性书籍，可供相关专业的科研人员、研究生及技术人员作为选读教材或参考资料，可以满足光催化材料研究领域人员快速全面了解利用光物理和光化学技术等阐明光生电荷转移与分离的基本原理，光催化过程中电荷分离行为的研究现状和发展趋势，同时也会为太阳能转化与催化材料等相关领域的研究提供有力支持。

本书由井立强、曲阳、孙建辉等著。井立强负责总体设计、章节安排、内容取舍和增补及整体审改。曲阳和孙建辉负责全书统稿。本书共 8 章，第 1 章由李鹏和曲阳撰写，第 2 章由孙建辉撰写，第 3 章由孙建辉和边辑撰写，第 4 章由李鹏撰写，第 5 章由曲阳撰写，第 6 章由边辑撰写，第 7 章由张紫晴撰写，第 8 章由李志君撰写。本书编写过程中博士研究生许荣萍、赵小萌、孟令友、柳叶、王国薇、朱洋洋主要参与了文献调研及应用实例分析。

鉴于目前光催化材料研究领域发展迅猛，内容涉及面广，作者工作领域知识有限，书中难免有不妥之处，恳请读者批评指正！同时，对书中所引用文献资料的中外作者致以衷心的感谢！

井立强

2024 年 1 月于哈尔滨

目　录

第1章　绪　　论

1.1　半导体物理基础

1.1.1　半导体能带理论[1, 2]

半导体具有许多独特的性质，这与半导体中的电子状态以及运动方式密切相关。能带结构是半导体材料最为基本的本征性质之一，对半导体材料在包括电子、光学、光电子、光伏和光催化等领域的应用有着深远的影响。能带理论是讨论包括半导体在内的晶体中电子状态及其运动的一种重要近似理论，是近代材料科学领域最为基本且影响深远的理论之一。更重要的是，能带理论为描述半导体材料内的电子运动状态提供了坚实的微观理论基础，使我们能够在微观电子层次上充分认识材料内电子的运动状态。

能带理论把晶体中每个电子的运动看成在一个等效势场中的独立运动，即单电子近似理论；对于晶体中的价电子而言，等效势场包括原子实的势场、其他价电子的平均势场和考虑电子波函数反对称而带来的交换作用，是一种晶体周期性的势场。能带理论遵循两个基本假设：玻恩-奥本海默（Born-Oppenheimer）近似和哈特里-福克（Hartree-Fork）平均场近似。基本出发点是认为固体中的电子不再是完全被束缚在某个原子周围，而是可以在整个固体中运动，称其为共有化电子。但电子在运动过程中并不像自由电子那样，完全不受任何力的作用，电子在运动过程中受到晶格原子势场的作用。

1. 能带的形成

晶体都是由原子构成的，而原子是由原子核和核外电子构成的。原子中的电子运动服从量子力学理论，处于一系列特定的运动状态——量子态，要完全描述原子中一个电子状态需要 4 个分立的量子数，分别是主量子数 n、角量子数 l、磁量子数 m 和自旋量子数 m_s。但用一组数值描述电子状态过于抽象，具有相同主量子数的电子可放在同一水平线上，即处于同一能级。为了更形象地说明电子围绕原子核运动，把能级放在原子壳外，变成原子核为中心，按能量由低到高，从近到远排列形成电子壳层，电子壳层结构示意图如图 1.1 所示。原子中的电子在原子核的势场和其他电子的作用下，分列在不同的能级（即电子壳层）上，不同支壳层的电子分别用 1 s、2 s、2 p、3 s、3 p、3 d、4 s 等符号表示，每一支壳层对应于确定的能量。电子在壳层的分布遵循泡利不相容原理（原子中的每一个量子态最多只能容纳一个电子）和能量最低原理（在泡利不相容原理的前提下，电子先占据能量最低的量子态，能量越小越稳定）。

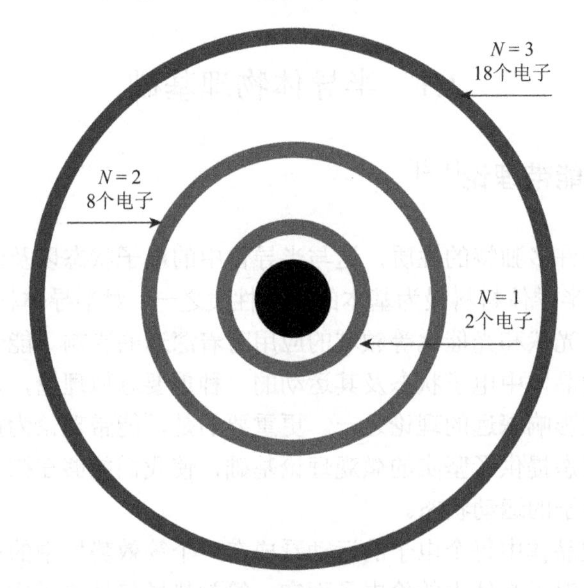

图 1.1 电子壳层结构示意图

晶体是由结合紧密的原子周期性重复排列而成的，相邻原子间距只有零点几纳米的数量级。因此，半导体中的电子状态肯定和原子中的不同，特别是外层电子会有显著的变化。但是，晶体是由分立的原子凝聚而成的，两者的电子状态又必定存在着某种联系。为了明确晶体内电子的状态，通过原子结合成晶体的过程可定性地说明半导体中的电子状态。当原子相互接近形成晶体时，不同原子的内外各电子壳层之间就有了一定程度的交叠，相邻原子最外壳层交叠最多，内壳层交叠较少。原子组成晶体后，由于电子壳层的交叠，电子不再完全局限在某一个原子上，可以由一个原子转移到相邻的原子上去。因此，电子可以在整个晶体中运动。这种运动称为电子的共有化运动。但必须注意，因为各原子中相似壳层上的电子才有相同的能量，电子只能在相似壳层间转移。因此，共有化运动的产生是由于不同原子的相似壳层间的交叠，如 2 p 支壳层的交叠、3 s 支壳层的交叠，如图 1.2 所示。也可以说，结合成晶体后，每一个原子中的电子自发地在相同能级间进行共有化运动，如 3 s 能级引起“3 s”的共有化运动，2 p 能级引起“2 p”的共有化运动等。由于内外壳层交叠程度很不相同，因此外层的价电子轨道交叠多，共有化运动强，能级分裂大，被视为“准自由电子”。

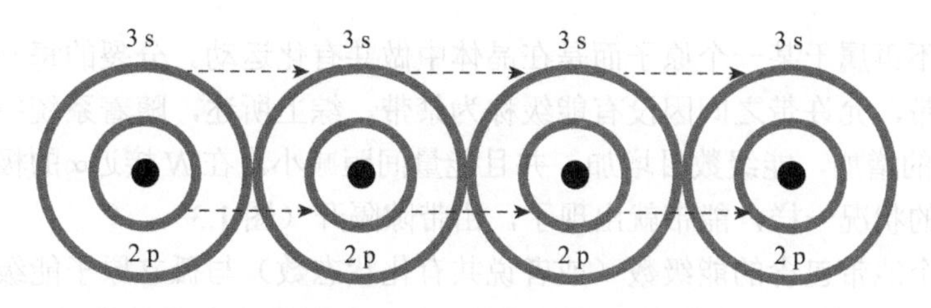

图 1.2 电子共有化运动示意图

晶体中电子做共有化运动时的能量是怎样的呢？先以两个原子为例来说明。当两个原子相距很远时，如同两个孤立的原子，原子的能级如图 1.3 所示，每个能级都有两个态与之相应，是二度简并的（暂不计原子本身的简并）。当两个原子互相靠近结合成一个分子时，每个原子中的电子除受到本身原子的势场作用外，还要受到另一个原子势场的作用，其结果是每个能级分裂成两个紧密间隔的能级；两个原子靠得越近，分裂得越厉害，原来在某一能级上的电子就分别处在分裂的两个能级上，这时电子不再属于某一个原子，而为两个原子所共有。分裂的能级数需计入原子本身的简并度，如 2 s 能级分裂为两个能级；2 p 能级本身是三度简并的，分裂为 6 个能级。

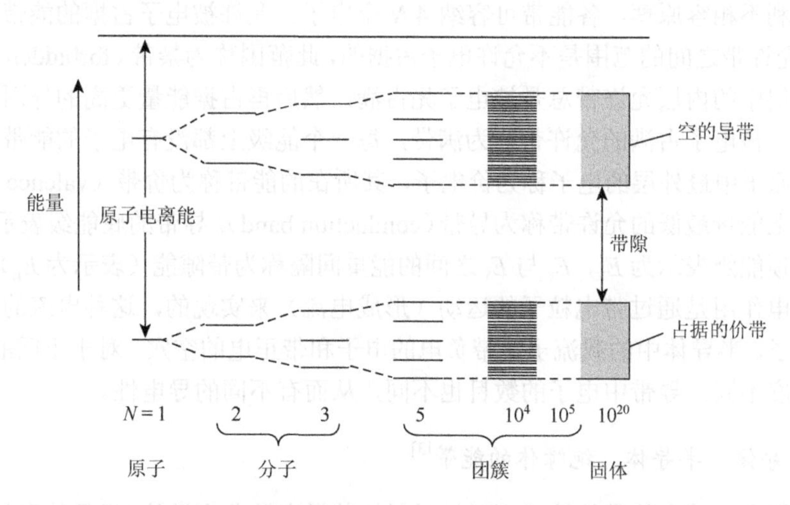

图 1.3 从原子能级变成分子和团簇的多重态，再变成固体的能带

当以由 N 个原子组成的晶体为观察对象时，由于晶体每立方厘米体积内有 10^{22}～10^{23} 个原子，因此 N 是个很大的数值。假设 N 个原子相距很远，尚未结合成晶体时，则每个原子的能级都和孤立原子的一样，它们都是 N 度简并的。当 N 个原子互相靠近结合成晶体后，晶体内电子受到周围原子势场的作用，导致每一个 N 度简并的能级都分裂成 N 个彼此相距很近的能级，这 N 个能级组成 1 个能带。

这时电子不再属于某一个原子而是在晶体中做共有化运动。分裂的每一个能带都称为允许带，允许带之间因没有能级称为禁带。综上所述，随着系统中耦合原子的数目 N 的增加，能级数目增加，并且能量间距减小。在 N 接近∞的极限情况，正如晶体的状况一样，能带就出现了，由带隙隔开（图 1.3）。

每一个能带包含的能级数（或者说共有化状态数）与孤立原子能级的简并度有关。例如，s 能级没有简并（不计自旋），N 个原子结合成晶体后，s 能级便分裂为 N 个十分靠近的能级，形成一个能带，这个能带中共有 N 个共有化状态。p 能级是三度简并的，便分裂成 3 N 个十分靠近的能级，形成的能带中共有 3 N 个共有化状态。实际的晶体，由于 N 是一个十分大的数值，能级又靠得很近，因此每一个能带中的能级基本上可视为连续的。

但是必须指出，许多实际晶体的能带与孤立原子能级间的对应关系并不都像上述的那样简单，能带的形成会受到轨道杂化和能带重组的作用。一个能带不一定同孤立原子的某个能级相当，即不一定能区分 s 能级和 p 能级所过渡的能带。例如，金刚石和半导体硅、锗，它们的原子都有四个价电子，两个 s 电子，两个 p 电子，组成晶体后，由于轨道杂化，上下有两个能带，中间隔以禁带。两个能带并不分别与 s 和 p 能级相对应，而是上下两个能带中都分别包含 2 N 个状态，根据泡利不相容原理，各能带可容纳 4 N 个电子。允许被电子占据的能带称为允许带，允许带之间的范围是不允许电子占据的，此范围称为禁带（forbidden band）。原子壳层中的内层允许带总是被电子先占满，然后再占据能量更高的外面一层的允许带。被电子占满的允许带称为满带，每一个能级上都没有电子的能带称为空带。而原子中最外层的电子称为价电子，其所在的能带称为价带（valence band）。价带以上能量最低的允许带称为导带（conduction band）。导带的底能级表示为 E_c，价带的顶能级表示为 E_v，E_c 与 E_v 之间的能量间隔称为带隙能（表示为 E_g）。半导体的导电作用是通过带电粒子的运动（形成电流）来实现的，这种电流的载体称为载流子。半导体中的载流子是带负电的电子和带正电的空穴。对于不同的材料，禁带宽度不同，导带中电子的数目也不同，从而有不同的导电性。

2. 导体、半导体、绝缘体的能带[3]

根据电子填充能带的情况可以把材料按其导电性分为导体、半导体和绝缘体，三者的能带示意图如图 1.4 所示。材料（固体）能够导电，是材料中的自由电子在外电场作用下做定向运动的结果。由于电场力对电子的加速作用，电子的运动速度和能量都发生了变化。换言之，电子与外电场间发生能量交换。从能带理论来看，电子的能量变化，就是电子从一个能级跃迁到另一个能级上去。对于满带，其中的能级已为电子所占满，在外电场作用下，满带中的电子并不形成电流，对导电没有贡献，通常原子中的内层电子都是占据满带中的能级，因此内层电子对导电没有贡献。对于被电子部分占满的能带，在外电场作用下，电子可从外电场中吸收能量跃迁到未被电子占据的能级去，形成了电流，起导电作用，常称这种能带为导带。根据能带理论，绝缘体的价带已被价电子占满且由于存在很大的能隙，在外加电场下，电子无法从价带跃迁至导带而不能导电。对于导体则由于能带部分占据，组成导体的原子中的价电子占据的能带通常是半满的状态，因此电子可以在能带中移动而形成电流。

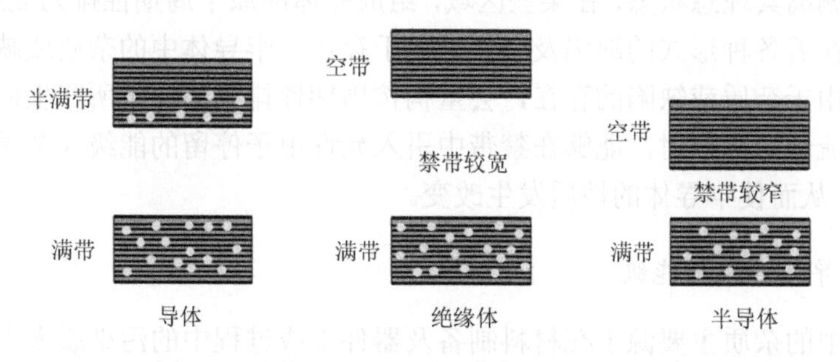

图 1.4 导体、绝缘体和半导体的能带示意图

半导体的导电性介于导体和绝缘体之间，是带隙相比绝缘体较小的一类材料。在热力学温度为 0 K 时，其与绝缘体的能带结构相同。但当外界条件发生变化时，如温度升高或有光照时，价带顶的很少量的电子受激发跃迁到空的导带底中去，使能带底部附近有了少量电子，因而在外电场作用下，这些电子将参与导电；同时，价带中由于少了一些电子，在价带顶部附近出现一些空的量子状态，价带转变为部分未满的能带，在外电场的作用下，在价带中未激发的电子也能够起导电作用。价带电子的这种导电作用等效于把这些空的量子状态看作带正电荷的准粒子的导电作用，常称这些空的量子状态为空穴。空穴可以看作是正电荷，其电量等于电子电量；其速度等于该状态上电子的速度，但方向相反；价带中的空穴数恒等于价带中的空状态数；空穴能量增加的方向与电子能量增加的方向相反。所以，在半导体中，导带的电子和价带的空穴均参与导电，这是与导体的最大差别。绝缘体的禁带宽度很大，激发电子需要很大的能量。在通常温度下，能激发到导带中的电子很少，所以导电性很差。半导体禁带宽度比较小，数量级在 1～2 eV，在通常温度下已有不少电子被激发到导带中去，所以具有一定的导电能力，这是绝缘体和半导体的主要区别。

1.1.2 杂质和缺陷能级

在完整的晶态半导体中，电子在严格的周期势场中运动，其能量谱形成能带。

价带和导带之间被禁带分开，在禁带中不存在电子状态。而在实际使用的半导体材料中，总是存在着偏离理想情况的各种复杂现象。首先，真实半导体晶体内原子并不是静止在具有高度周期排列的晶格的特定格点位置上，而是在其平衡位置附近振动；其次，半导体材料并不是纯净的，而是含有若干杂质，即在半导体晶格中存在着与组成半导体材料的元素不同的其他化学元素的原子（杂质可能是本身存在，也可能是人为掺杂）；再次，现代任何工艺制备的晶体都不会是完美的，造成晶体偏离其理想状态，在某些区域，组成晶体的原子周期性排列受到了破坏，即可能存在着各种形式的缺陷及杂质。对于存在于半导体中的杂质或缺陷，能带理论认为由于杂质或缺陷的存在，会重构按周期性排列的原子所产生的周期性势场，使载流子受到散射，能够在禁带中引入允许电子停留的能级（杂质能级或缺陷能级），从而使半导体的性质发生改变。

1. 半导体的杂质能级

晶体中的杂质主要源于在材料制备及器件生成过程中的污染或人为掺杂所造成的原材料纯度不够。以杂质原子掺入晶体硅为例，根据杂原子在半导体中的位置不同，可以分为两种模式（图 1.5）。一种方式是杂原子位于晶格原子间的间隙位置，称为间隙式杂质；另一种方式是杂原子取代晶格原子而位于晶格点处，称为替位式杂质。一般间隙式杂原子比较小，如锂离子（Li^+）的半径为 0.068 nm。而形成替位式杂质时，要求替位式杂原子的大小与被取代的晶格原子的大小相近，价电子壳层结构相近。相关研究表明，即使极微量的杂质，也能够对半导体材料的物理和化学性质产生决定性的影响，从而决定了半导体材料的性能。例如，10 个硅原子中有一个杂质硼原子，室温电导率增加 10 个数量级，这种现象称作杂质效应。

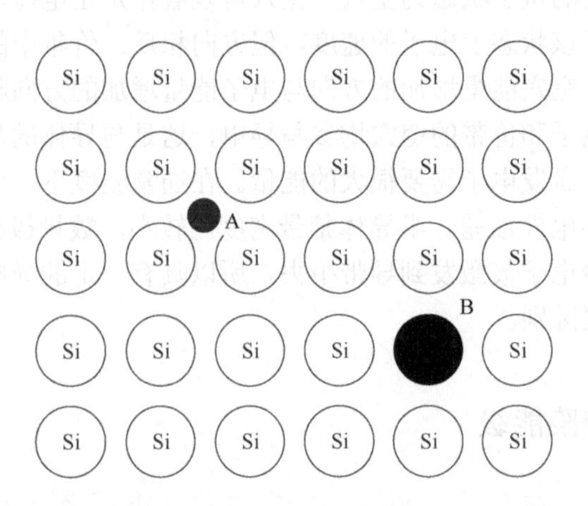

图 1.5 硅中的间隙式杂质（A）和替位式杂质（B）

为了调控半导体的性质，通常会人为地在半导体中或多或少地掺入某些特定的杂原子。当掺入杂原子与半导体材料价电子不同时，产生的多余价电子会挣脱束缚，成为导电的自由电子，杂质电离后形成正电中心，这些掺入的杂原子为施主杂质。而当掺入价电子数更少的杂原子时，需要从周围的原子夺取一个价电子，形成空穴和负电中心，这种掺入的杂原子称为受主杂质。

以晶体硅为例，Ⅲ、Ⅴ族元素由于原子大小、电子结构比较接近Ⅳ族的硅，成为晶体硅中的常用替位式杂质。下面先以硅中掺磷（P）为例，讨论Ⅴ族杂质的作用。如图1.6（a，b）所示，在晶体硅中每个硅原子的近邻有四个硅原子，当一个磷原子占据了硅原子的位置时，由于磷原子有五个价电子，其中四个价电子与周围的四个硅原子形成共价键，还多出一个价电子。磷原子所在处也多出一个称为正电中心磷离子的正电荷 $+q$（硅原子去掉价电子有正电荷 $4q$，磷原子去掉价电子有正电荷 $5q$），称这个正电荷为正电中心磷离子（P^+）。因此，磷原子替代硅原子后，其效果是形成一个正电中心 P^+ 和一个多余的价电子。这个多余的价电子就束缚在正电中心 P^+ 的周围，不受共价键的束缚，但这种吸引要远弱于共价键的束缚，只需要很小的能量 ΔE_D 就可以使其挣脱束缚（称为电离，ionization），成为导电电子并在晶体中自由运动。而正电中心 P^+ 被晶格所束缚，不能运动。因此以磷为代表的Ⅴ族元素掺入晶体硅中能够释放电子，称Ⅴ族元素为施主杂质（donor impurity）或n型杂质。上述电子脱离施主杂质原子的束缚成为导电电子的过程称为施主杂质电离，这个过程所需要的能量 ΔE_D 称为施主杂质电离能。施主杂质未电离时是中性的，称为束缚态或中性态，电离后成为正电中心，称为施主离化态。不同半导体和不同施主杂质的 ΔE_D 也不相同，但 ΔE_D 通常远小于半导体的禁带宽度 E_g。在晶体硅（纯净半导体）中掺入施主杂质，杂质电离以后，导带中的导电电子增多，从而增强半导体导电能力。通常把主要依靠导带电子导电的半导体称为电子型或n型半导体。

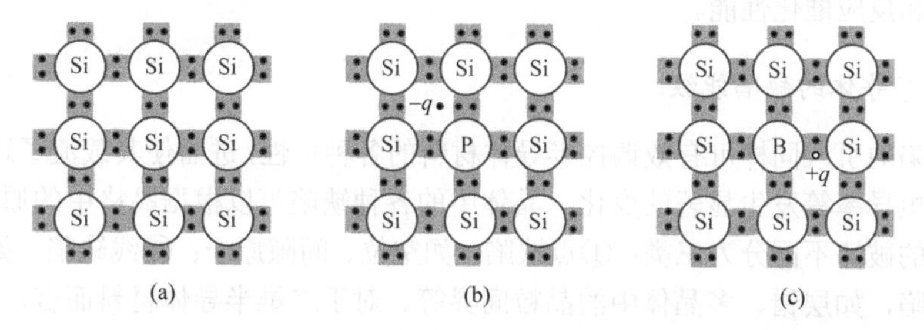

图1.6 （a）无杂质的晶体硅；（b）有施主（磷）的n型硅；（c）有受体（硼）的p型硅

现在以硅晶体中掺入Ⅲ族元素硼（B）为例，说明Ⅲ族元素杂质对硅晶体的作用。如图1.6（c）所示，硼原子有三个价电子，比它周围的四个硅原子少一个价电子，因此在与周围硅原子形成共价键时，会从别处的硅原子中夺取一个价电子，于是在硅晶体的共价键中产生了一个空穴，而硼原子成为带负电的硼离子（B^-）负电中心。带负电的硼离子和带正电的空穴间有静电引力作用，所以这个空穴受到硼离子的束缚，在硼离子附近运动。但这种束缚作用同样很弱，只需要很少的能量 ΔE_A 就可以使空穴挣脱束缚，成为在晶体的共价键中自由运动的导电空穴。而负电中心硼原子被晶格所束缚，不能运动。因此，Ⅲ族杂质在晶体硅中能够接受电子而产生导电空穴，并形成负电中心，所以称它们为受主杂质（acceptor impurity）或 p 型杂质。空穴挣脱受主杂质束缚的过程称为受主杂质电离，而所需要的能量 ΔE_A 称为受主杂质电离能。受主杂质未电离时是中性的，称为束缚态或中性态，电离后成为负电中心，称为受主离化态。不同半导体和不同受主杂质的 ΔE_A 也不相同，但 ΔE_A 通常远小于半导体的禁带宽度 E_g。在晶体硅（纯净半导体）中掺入受主杂质后，受主杂质电离，使价带中的导电空穴增多，增强了半导体的导电能力，通常把主要依靠空穴导电的半导体称为空穴型或 p 型半导体。

如果半导体中同时含有施主和受主杂质，由于受主能级比施主能级低得多，施主杂质上的电子首先要填充受主能级，剩余的才能激发到导带；而受主杂质也要首先接受来自施主杂质的电子，剩余的受主杂质才能接受来自价带的电子。施主和受主杂质之间的这种互相抵消作用，称为杂质补偿。这种情况下，半导体的导电类型由浓度大的杂质来决定。施主浓度大于受主浓度时，半导体是 n 型；反之，则为 p 型。施主杂质和受主杂质通常属于浅能级杂质，距离价带或导带较近，能够为半导体材料提供导电载流子，影响半导体的导电类型。而深能级杂质距离价带或导带较远，一般在半导体中含量极少，并不容易电离，对半导体中的导电电子和空穴浓度与材料的导电类型影响较弱，但对载流子的复合作用较强。正是由于杂质在调控半导体特性中的重要作用，在实际应用过程中可以利用元素掺杂将金属或其他非金属元素引入到半导体材料中，从而实现调节电子能带结构、吸附位点和反应催化性能。

2. 半导体的缺陷能级

缺陷的引入同样可有效调控半导体材料的各种特性，进而使其载流子迁移率、寿命和电导率等发生显著的变化。晶体中的各种缺陷可以根据晶格中的原子周期性排列的破坏不同分为三类：①点缺陷，如空位、间隙原子；②线缺陷，如位错；③面缺陷，如层错、多晶体中的晶粒间界等。对于二维半导体材料而言，最常见也是最重要的缺陷类型为点缺陷。点缺陷可以分为本征缺陷（包括空位、反位和间隙等）和外质缺陷（包括杂质间隙和替位型缺陷，可归类为杂质分析）。本征缺陷主要来源于材料生长制备过程中元素化学配比的失衡以及来自外部或内部应力释放等原因。点缺陷的引入同样会在禁带中产生能级，大多数为深能级，在缺陷处产生的晶格畸变，引起能带结构的变化。以离子晶体为例，点缺陷引入的缺陷能级可以提供正电中心或负离子空位。束缚一个电子的正电中心是电中性的，这个被束缚的电子很容易挣脱出去，成为导带中的自由电子，即起到了施主提供电子的作用；同理，间隙中的负离子和正离子的空位也可以形成一个负电中心，束缚一个空穴的负电中心是电中性的。负电中心把束缚的空穴释放到价带的过程，实际是它从价带接受电子的过程，起到了受主提供空穴的作用。

1.1.3 半导体的费米能级及载流子浓度

完整的半导体中电子的能级构成能带，有杂质和缺陷的半导体在禁带中存在局域化的能级。实践证明，半导体的导电性强烈地随着温度及其内部杂质含量而变化，这主要是半导体中载流子数目随着温度和杂质含量变化的结果。所以研究热平衡情况下载流子在各种能级上的分布，并分析它们与半导体中杂质含量和温度的关系是非常有必要的。载流子在能级中的分布是一个量子统计的问题，服从一定的统计法，并可以给出相应的分布函数，即费米分布函数。

1. 半导体的费米分布函数和费米能级

根据费米-狄拉克统计[4]，在热平衡下，一个能量为 E 的量子态被电子占据的概率可以用式（1.1）表示：

$$f(E)=\frac{1}{\exp\left(\frac{E-E_{\mathrm{F}}}{kT}\right)+1} \tag{1.1}$$

其中，$f(E)$被称为费米分布函数，它描述每个量子态被电子占据的概率随着能量 E 的变化；k 为玻尔兹曼常数；T 为热力学温度；E_{F} 为一个特定的参数，具有能量量纲，称为费米能级。费米能级是能够反映电子在各个能级中分布情况的参数。对于具体电子体系，在一定温度下，只要确定了 E_{F}，电子在能级中的分布情况就确定了。对于一定的半导体，E_{F} 随着温度以及杂质的种类和数量而变化。E_{F} 实际上就是系统的化学势，处于热平衡状态的系统有统一的化学势，所以处于热平衡的电子系统有统一的费米能级[5]。

根据费米分布函数的性质，一个量子态，不是被电子占据，就是空着的。函数 $f(E)$ 随着能量的增加而下降。这就是说，随着能量增加，每个量子态被电子占据的概率逐渐减小。

当 E 等于 E_{F} 时，有 $f(E_{\mathrm{F}})=1-f(E_{\mathrm{F}})=\frac{1}{2}$，这个结果表明，如果一个量子态相对应的能级 E 恰好与费米能级 E_{F} 重合，则它被电子占据的概率和空着的概率相

同。对于能量高于 E_F 的量子态，被电子占据的概率小于空着的；而小于 E_F 的量子态，被电子占据的概率大于空着的。

根据 1.1.2 小节中对不同掺杂半导体的说明，在半导体中掺入施主杂质，得到 n 型半导体；在半导体中掺入受主杂质，可以得到 p 型半导体。对于杂质浓度一定的半导体，随着温度的升高，载流子则是从以杂质电离为主要来源过渡到以本征激发为主要来源。

当温度一定时，费米能级的位置由杂质浓度所决定。在 n 型半导体中，由于掺入施主杂质，导带中的电子从施主杂质电离产生，半导体内自由电子浓度高于本征半导体，随着施主杂质掺杂浓度的提升，费米能级从本征半导体费米能级（禁带中线）逐渐上移，最后接近甚至进入导带。对于 p 型半导体作相似的讨论，空穴浓度高于本征半导体，导致费米能级从禁带中线逐渐移向价带顶附近。这说明在杂质半导体中，费米能级的位置不但反映了半导体导电类型，而且反映了半导体的掺杂水平。对于 n 型半导体，费米能级位于禁带中线以上，施主掺杂越大，费米能级位置越高。对于 p 型半导体，费米能级位于禁带中线以下，受主越大，费米能级位置越低。如图 1.7 所示，不同掺杂情况的半导体的费米能级位置，从左到右，由强 p 型到强 n 型，E_F 位置逐渐升高，图中也清楚地给出了它们的能带中电子的填充情况。

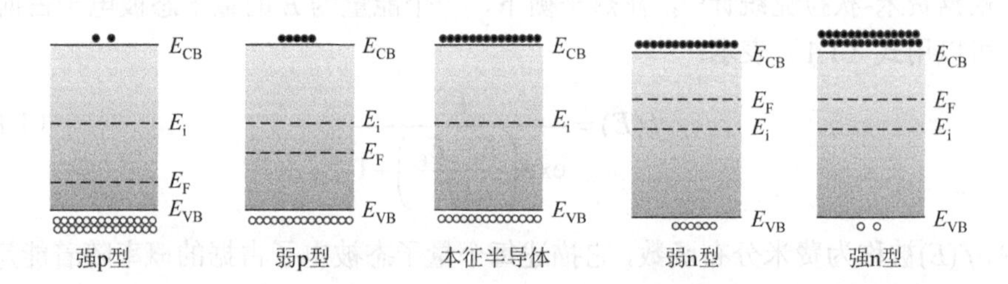

图 1.7　不同掺杂情况下的费米能级

2. 能带中的载流子浓度

能带中载流子浓度是指单位体积中导带电子和价带空穴的数目，可以利用下面的浓度公式进行计算。首先分析导带电子浓度的公式，状态密度 $N_C(E)$ 反映了能带中能容纳载流子的状态数目，而分布函数 $f(E)$ 反映了载流子占据这些状态的概率，则单位体积中能量在 $E \sim E + dE$ 范围内导带的电子数 $n(E)dE$ 为式（1.2）：

$$n(E)dE = f(E)N_C(E)dE \tag{1.2}$$

要计算出导带中的电子浓度，需要对上式进行积分。由于函数 $f(E)$ 随着能量的增加而迅速减小，可以把积分范围由导带底 E_C 一直延伸到正无穷，并不会引起明显误差，可得到式（1.3）：

$$n = \int_{E_C}^{\infty} f(E) N_C(E) \mathrm{d}E \tag{1.3}$$

计算得$n = N_C \exp\left(-\frac{E_C - E_F}{kT}\right)$，$N_C$称为导带有效状态密度，其物理意义在于：如果单位体积中导带里的量子态数目是 N_C，且它们集中在导带底 E_C，则导带中的电子浓度正好就是公式中两个因子的乘积。

同理，可得价带空穴浓度公式：

$$p = N_V \exp\left(-\frac{E_F - E_V}{kT}\right) \tag{1.4}$$

其中，N_V为价带有效状态密度。

这时可计算载流子（电子和空穴）浓度的乘积 np，它是费米能级 E_F 的函数。在一定温度下，同一种半导体材料中，由于杂质含量和种类的不同，费米能级的位置也是不同的，因此电子和空穴浓度可以有很大的差别。但是，二者浓度的乘积 np 为

$$np = N_C N_V \exp\left(-\frac{E_C - E_V}{kT}\right) = N_C N_V \exp\left(-\frac{E_g}{kT}\right) \tag{1.5}$$

其中，E_g为半导体材料的禁带宽度。上式表明，载流子浓度的乘积 np 与 E_F 无关，只依赖于温度 T 和半导体材料本身的性质。因此，在非简并情况下，当温度一定时，对于同一种半导体材料，不管含有的杂质情况如何，电子和空穴浓度的乘积都是相同的。如果电子浓度增加，空穴浓度就要减少；反之亦然。

对于完全没有杂质和缺陷的理想半导体，即本征半导体，它的能级分布特别简单，只有导带和价带，在完全未激发时（$T = 0$ K），价带被电子充满，导带则完全是空的。这种情况下，半导体是电中性的，半导体中的电子总数就等于价带中的电子数。当温度升高时，电子可以从价带激发到导带，这种激发为本征激发。导带电子的电荷密度同价带空穴的电荷密度大小相等，符号相反，半导体处于电中性状态。这时计算的本征费米能级非常靠近半导体的禁带中央，而本征载流子浓度只与半导体本身的能带结构和温度 T 有关，随着温度的升高而迅速增加。

实际应用的半导体材料，大多数都是掺入一定数量杂质的半导体，因此这种半导体中载流子的统计分布是非常重要的。以 n 型半导体为例，禁带将价带和导带分开，在两者之间有施主能级。施主能级在导带底附近，这种情况下，可能由本征激发和杂质电离过程产生载流子，在低温时，主要是杂质电离，而只有高温时本征激发才有可能。杂质半导体中载流子浓度随温度变化的规律，从低温到高温大致可分为三个区域，即杂质弱电离区、杂质饱和电离区和本征激发区。

1.1.4　半导体异质结[6, 7]

半导体异质结由两种不同的半导体材料形成，具有紧密界面接触的结构，根据这两种半导体材料的导电类型，异质结又分为以下两类：①反型异质结：由导电类型相反的两种不同的半导体材料所形成的异质结，如以 p 型 Ag_2S 和 n 型 CdS 所形成的结即为反型异质结，也称为 p-n 结。②同型异质结：由导电类型相同的两种不同的半导体材料所形成的异质结，可以分为 p-p 型和 n-n 型，如由 p 型 Ge 与 p 型 GaAs 形成的异质结以及 n 型 TiO_2 与 n 型 ZnO 形成的异质结，都是同型异质结，分别对应 p-p 结和 n-n 结。

上述所有异质结的种类，本质上都是 p-n 结，当两个半导体材料紧密接触形成异质结时，由于两个半导体的费米能级位置不匹配，电子存在由费米能级高的半导体向费米能级低的半导体转移的趋势，而空穴与电子向相反方向转移，直至两个半导体的费米能级趋于相近为止。因此，了解 p-n 结的形成过程对分析半导体异质结的性质十分有益。p-n 结的形成过程如图 1.8 所示，当本征半导体的两边分别掺杂不同类型的杂质时，由于浓度差的作用，n 区的多数载流子电子和 p 区的多数载流子空穴分别向 p 区和 n 区扩散。这样在 p 区和 n 区的分界面附近，n 区由于电子扩散到 p 区而留下不能移动的正离子，p 区由于空穴扩散到 n 区而留下不能移动的负离子。这些不能移动的正负离子在分界面附近形成一个电场 E_0，称为内建电场，它的方向是从 n 区指向 p 区，阻碍着电子和空穴的扩散，它使 n 区的少数载流子空穴和 p 区的少数载流子电子分别向 p 区和 n 区做漂移运动。

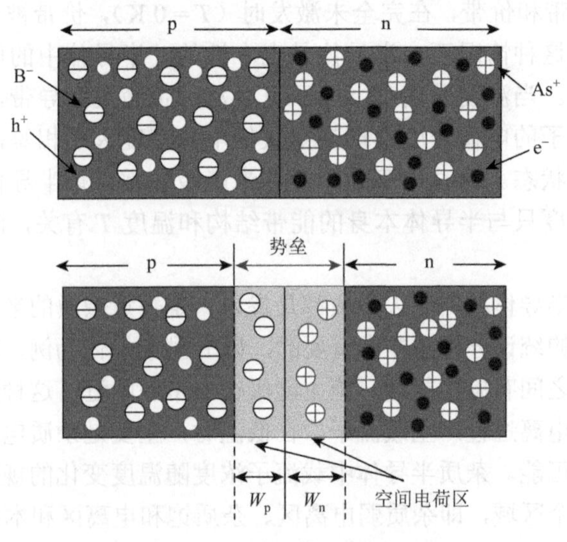

图 1.8　p-n 结的形成过程

当载流子的扩散速度等于漂移速度时，达到了动态平衡。这时在分界面附近形成了稳定的正负离子区，即 p-n 结，也称为空间电荷区（space charge region），或耗尽区、势垒区（depletion region）。空间电荷区的电荷分布，使得耗尽区出现电势的变化，形成 p 区和 n 区之间的电势差 V_0。界面 n 区带正电，p 区带负电，n 区的电势大于 p 区的电势。因此，对空穴来说，n 区的势能大于 p 区的势能，形成了一个势垒 eV_0，这使得空穴只能在 p 区，不能到达 n 区。对电子来说，p 区的势能大于 n 区的势能，也形成了一个势垒 eV_0，使得电子只能在 n 区，不能到达 p 区。

理想的 n 型、p 型半导体的能带结构如图 1.9（a）所示，其中 E_{F_n} 和 E_{F_p} 分别表示 n 型和 p 型半导体的费米能级。E_{F_n} 高于 E_{F_p} 表明两种半导体中的电子填充能带的水平不同。当 n 型、p 型半导体结合形成 p-n 结时，按照费米能级的意义（即电子在不同能态上的填充水平），电子将从费米能级高的 n 区流向费米能级低的 p 区，空穴则从 p 区流向 n 区。因而 E_{F_n} 不断下移，而 E_{F_p} 不断上移，直至 $E_{F_n} = E_{F_p}$。这时，p-n 结中有统一的费米能级 E_F，p-n 结处于平衡状态，其能带图如图 1.9（b）所示。能带相对移动的原因是 p-n 结空间电荷区中存在内建电场。由于整个半导体处于平衡状态，因此，在半导体内各处的费米能级是一样的。可以看到，这时由于势垒的存在，电子和空穴也没有机会复合。

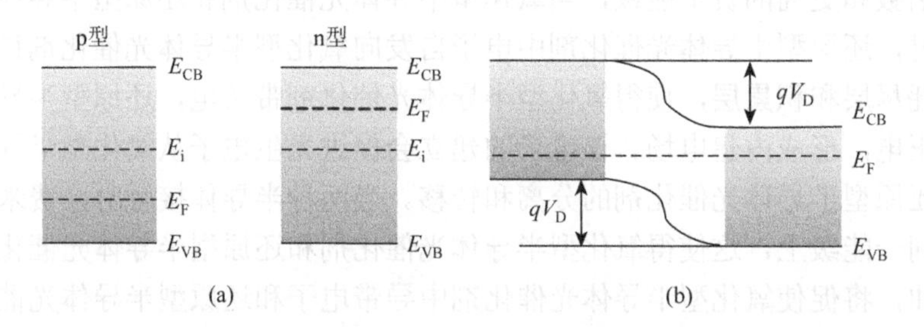

图 1.9 （a）n、p 型半导体的能带；（b）平衡状态时 p-n 结的能带图

半导体异质结具有优良的光电特性，这是由半导体异质结构的以下几个方面的特性所决定的[8]。

（1）量子效应：因中间层的能阶较低，电子很容易掉落下来被局限在中间层，而中间层可以只有几十埃（1 埃 = 10^{-10} 米）的厚度，因此在如此小的空间内，电子的特性会受到量子效应的影响而改变。例如，能阶量子化、基态能量增加、能态密度改变等，其中能态密度与能阶位置是决定电子特性很重要的因素。

（2）迁移率变大：半导体的自由电子主要是由于外加杂质的贡献，因此在一般的半导体材料中，自由电子会受到杂质的碰撞而减低其行动能力。然而在异质结构中，可将杂质夹在两边的夹层中，在空间上，电子与杂质是分开的，所以电子的行动就不会因杂质的碰撞而受到限制，因此其迁移率就可以大大增加。

（3）奇异的二度空间特性：因为电子被局限在中间层内，其沿夹层的方向是不能自由运动的，因此该电子只剩下两个自由度的空间，半导体异质结构因此提供了一个非常好的物理系统，其可用于研究低维度的物理特性，如电子束缚能的增加、电子与电洞（即空穴）复合率变大、量子霍尔效应、分数霍尔效应等。

（4）人造材料工程学：半导体异质结构的中间层或是两旁的夹层，可因需要不同而改变。例如，以砷化镓为例，镓可以被铝或铟取代，而砷可以用磷、锑或氮取代，因此所设计出来的材料特性变化多端，从而有人造材料工程学的名词出现。得益于其在结构上面的特性，半导体的异质结可以应用于发光组件、激光二极管、异质结构双极晶体管、高速电子迁移率晶体管等组件中。

在光催化的研究过程中，对于单一半导体光生电子空穴复合严重以及氧化还原能力不足导致的光催化反应效率低的问题，就可以通过构建合适的半导体光催化异质结体系实现高效的光催化过程。目前根据能带相对位置和功函的差异，能够实现光激发条件下电子空穴的有效界面转移和空间分离作用。例如，通过选用适当的两种或两种以上的半导体材料进行结合，由于还原型半导体光催化剂有更小的功函数和更高的费米能级，当氧化型半导体光催化剂和还原型半导体光催化剂接触时，还原型半导体光催化剂中电子自发向氧化型半导体光催化剂扩散，形成电子耗尽层和积累层，使得氧化型半导体光催化剂带负电，还原型半导体光催化剂带正电，形成内建电场。该电场的建立会促进光生电子从氧化型半导体光催化剂到还原型半导体光催化剂的分离和转移。当两种半导体接触时，费米能级会排列在同一能级上，这使得氧化型半导体光催化剂和还原型半导体光催化剂发生能带弯曲，将促使氧化型半导体光催化剂中导带电子和还原型半导体光催化剂中的价带空穴重新组合。两种半导体界面静电相互作用的存在也使得不同的电子和空穴有重新结合的倾向，从而实现光生电荷的有效分离，同时保留两种半导体光催化剂的氧化还原能力，实现高效光催化性能。

1.2 光催化概论

1.2.1 光催化基本原理

光催化是半导体受足够能量的光激发产生光生电子和空穴，并迁移至催化剂表面，进而与表面吸附的反应物发生氧化还原反应过程，将太阳能转换为化学能从而实现污染物净化、物质合成和转化等的新技术，其主要包括半导体的激发，载流子的迁移、复合、分离以及反应物的吸附、催化转化等复杂的光物理和反应物被光生电荷捕获、中间态吸附脱附等光化学过程。

为了解释光催化中的光物理过程，需要先了解作为光催化剂的半导体和作为能量源的光能之间的半导体光物理过程。首先，半导体具有价带（VB）和导带（CB），导带和价带中间能量区间称为禁带，而导带和价带之间的能量差称作带隙能（E_g）。其次，太阳光是由不同波长的光组成的，不同波长的光又由对应能量的光子组成，其光谱分布由 46%的红外线（780 nm 以上）、50%的可见光（400～780 nm）和 4%的紫外线（400 nm 以下）组成［图 1.10（a）］。

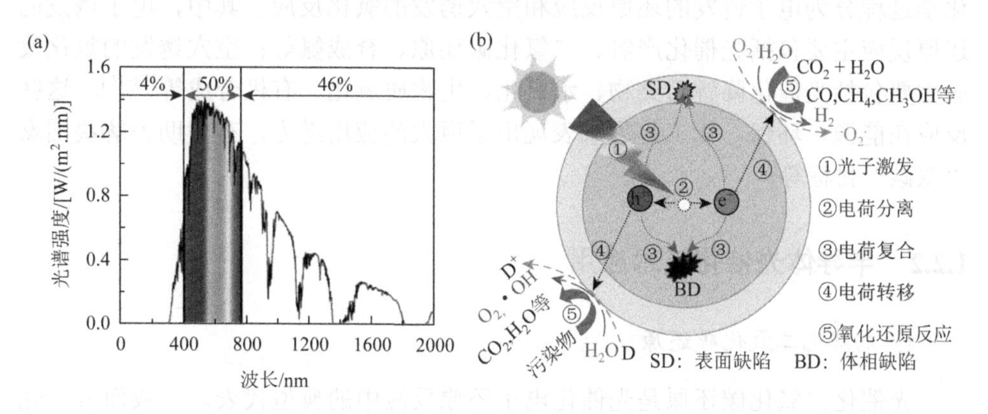

图 1.10 （a）太阳光谱的分布图；（b）半导体光催化反应的基本过程

如图 1.10（b）所示，当半导体受到光激发时，处于价带上的电子会吸收光子的能量。如果电子所吸收的能量大于带隙能，则会跨过禁带跃迁至导带，形成具有一定还原能力的光生电子（e^-）。与此同时，电子跃迁后在价带会留下相应数量具有一定氧化能力的光生空穴（h^+）。光子激发半导体所需要的最小能量由以下经验公式决定[9]：

$$E_g = \frac{1240}{\lambda} \tag{1.6}$$

其中，λ 为入射光的波长；E_g 为半导体的带隙。由公式可知，λ 与 E_g 成反比。当半导体的电子被光激发至导带后，导带上的光生电子和价带上的光生空穴在达到光催化剂表面参与特定还原反应和氧化反应之前会经历以下衰减过程[10]：①电子快速弛豫（relaxation，简写 R）到 CB 底；②电子和空穴通过荧光辐射等方式复合。此外，导带底的电子也会以辐射复合的形式与价带上的空穴复合。引发电子和空穴快速复合的最常见原因是缺陷。因此，在考虑能量耗散的情况下，缺陷是不利于光催化的。以上所有这些衰减过程都会导致能量损失，只有少部分未发生复合且游离至光催化剂表面的光生电子和光生空穴在各自的催化活性位点上能够分别引发还原和氧化反应，通过这两个反应，可以将光能转化为化学能，而整个反应就称为光催化反应。

此外，光化学反应过程作为被分离的光生电子和空穴的后续反应过程也是至关重要的。半导体光催化技术中的光化学过程是指达到催化剂表面的光生载流子在其各自的氧化还原活性位处引发的氧化还原反应的过程[11-13]。例如，利用太阳能和半导体光催化剂将水、空气等体系中的污染物进行降解及矿化；利用太阳能将水转化为纯净无污染的氢能源；利用太阳能将二氧化碳和水分别转化为一氧化碳及一些碳氢化合物。根据引发光化学反应的光生电荷的类型可将光化学过程分为电子诱发的还原反应和空穴诱发的氧化反应。其中，电子诱发的还原反应主要包括光催化产氢、二氧化碳还原、合成氨等；空穴诱发的氧化反应主要包括光催化降解污染物、水氧化、生物质氧化、有机合成等[14-16]。这些反应在能源、环保、化工等领域表现出了巨大的应用潜力，有望助力解决国家“双碳”目标等。

1.2.2 半导体光催化技术应用

1. 光催化二氧化碳还原

光催化二氧化碳还原是光催化电子还原反应中的典型代表。一般而言，光催化二氧化碳（CO_2）还原反应中，首先 CO_2 需吸附于光催化剂的表面。随后，迁移至催化剂表面的光生电子和吸附的 CO_2 发生还原反应。然而，并不是所有的光生电子都可以与 CO_2 发生还原反应，光催化还原 CO_2 生成其他产物的反应需要一定的热力学条件，式（1.7）～式（1.12）为 CO_2 还原过程中涉及的反应及电势，只有当产生电子的还原电势足够高时，光生电子和 CO_2 才能发生相应的转化反应[17]。因此，需要选择导带位置合理的光催化剂实现光催化二氧化碳还原。

$$CO_2 + 2\,e^- + 2H^+ \longrightarrow HCOOH \qquad E_1 = -0.61\ V \tag{1.7}$$

$$CO_2 + 2\,e^- + 2H^+ \longrightarrow CO + H_2O \qquad E_2 = -0.53\ V \tag{1.8}$$

$$CO_2 + 4\,e^- + 4H^+ \longrightarrow HCHO + H_2O \qquad E_3 = -0.48\ V \tag{1.9}$$

$$CO_2 + 6\,e^- + 6H^+ \longrightarrow CH_3OH + H_2O \qquad E_4 = -0.38\ V \tag{1.10}$$

$$2H^+ + 2\,e^- \longrightarrow H_2 \qquad E_5 = -0.41\ V \tag{1.11}$$

$$2H_2O + 4\,h^+ \longrightarrow O_2 + 4H^+ \qquad E_6 = +0.82\ V \tag{1.12}$$

1978 年，Halmann 报道了采用 GaP 作为催化剂将 CO_2 还原为 HCHO、CH_3OH 和 HCOOH，拉开了 CO_2 光催化还原为简单有机物的研究序幕[18]。经过多年的研究发展，已研发出众多光催化剂可用于光催化 CO_2 还原。但光催化材料自身电荷分离差，CO_2 分子稳定的热力学性质和钝化的光催化剂表面较难实现 CO_2 吸附/

活化等问题，显著阻碍了光催化CO_2还原性能的进一步提升。黑龙江大学井立强教授团队构建了维度匹配的级联（001）TiO_2-g-C_3N_4/$BiVO_4$纳米Z型异质结[19]。Z型电荷转移促进了光生电荷的空间分离。与此同时，该团队利用前期发展的基于高水平能级和适当能级电子调控的宽带隙氧化物平台引入策略，有效阻断了伴随Z型电荷转移途径同时发生的对电荷分离不利的Ⅱ型电荷转移途径，进而获得高的光催化活性。

电荷分离调控的同时，CO_2的高效吸附和活化同样是提高光催化性能的关键因素。Ma等[20]设计了一种多孔的Pd-HPP-TiO_2复合光催化剂，实现了有氧环境中CO_2还原和H_2O氧化的全反应过程。由于丰富的孔结构实现了对CO_2/O_2的高选择性吸附，Pd(Ⅱ)位点和中空TiO_2实现了高效的电荷分离。为提高CO_2吸附，催化剂表面构建吸附位点十分重要，但降低催化剂表面的吸附能垒同样重要。Zhang等[21]利用超声刻蚀的方法合成了在特定（010）晶面调控的铋基氧化物纳米片，修饰后的纳米片表面表现出对CO_2分子良好的亲和性，极大地降低了CO_2活化的能垒，促进了CO_2光还原性能的提高。此外，还揭示了CO_2还原在不饱和配位金属位点的反应过程，为更好地理解CO_2还原反应机制提供了参考。设计具有特殊结构的纳米材料同样可实现对CO_2吸附和活化的提高。黑龙江大学井立强教授团队利用Ti-MOF（NTU-9）中的单配位层的杯状微结构固定丰富的单原子Ni(Ⅱ)-Ni@MOF，并且通过氢键诱导组装策略成功构建了Ni@MOF/$BiVO_4$（BVO）异质结体系[22]。光生电子由BVO转移到MOF，随后再转移到单个Ni(Ⅱ)位点的S型电荷转移机制，有效提高光生电荷的空间分离，且分别保留了光生空穴和电子的强氧化还原能力。另外值得注意的是，由Ti(Ⅳ)-O节点锚定的Ni(Ⅱ)位点和邻近的羧基作为一个独特的局部微环境可协同催化CO_2转化。此外，Ran等[23]开发了一种通用合成方案来制备锚定在三嗪基共价有机骨架（SAS/Tr-COF）主链上的不同单原子金属位点（如Fe、Co、Ni、Zn、Cu、Mn和Ru），形成独特的金属-氮-氯桥接结构用于高效催化CO_2还原。通过原子分散的金属位点和Tr-COF主体的协同作用，降低了形成*COOH中间体的反应能垒并促进了CO_2吸附和活化以及CO解吸。

2. 光催化分解水

光催化分解水是解决当前能源和环境问题的潜在途径之一。在光催化分解水系统中，基本原理如图1.11所示，半导体光催化剂吸收太阳光，激发产生光生电子与空穴，光生电子将H^+还原为H_2，而空穴将H_2O氧化为O_2。引发上述反应需要半导体的导带位置和价带位置分别满足足够高的还原电位和氧化电位，即导带位置更负于H^+/H_2的还原电位（0 V *vs.* NHE，pH = 0），价带的电位更正于H_2O/O_2的氧化电位（1.23 V *vs.* NHE，pH = 0）。

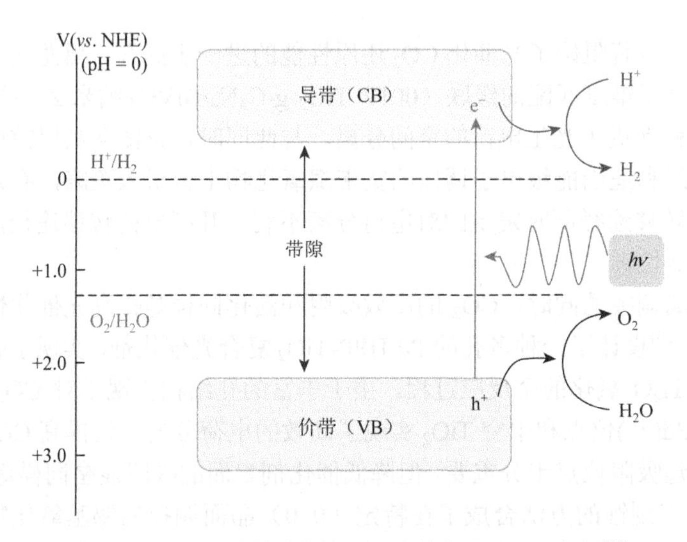

图 1.11　半导体光催化剂全分解水的基本原理示意图[12]

研究者们致力于发展多种有效策略来实现分解水性能的高效提升，首先从光催化剂本身入手，通过构建共催化剂的策略来解决分解水反应缓慢的问题。Qi 等[24]通过在钒酸铋表面原位选择性光沉积双共催化剂［金属 Ir 纳米颗粒及 FeOOH 和 CoOOH 纳米复合材料($FeCoO_x$)］,从而解决钒酸铋水氧化缓慢的问题。$FeCoO_x$ 原位生长于 $BiVO_4$\{110\}面，不仅降低了水氧化反应的吉布斯自由能势垒，还更好地促进了电荷转移与分离。原位沉积在 $BiVO_4$\{010\}面上的 Ir 共催化剂，展现出对氧化还原介质$[Fe(CN)_6]^{3-}$优异的还原能力。基于创新的晶面选择性沉积共催化剂构建的 Z 型分解水体系，其在 420 nm 处的表观量子效率（AQE）和太阳-氢转化效率（STH）分别为 12.3%和 0.6%。

光催化水分解性能不佳的原因除了光催化剂自身存在的不足之外，反应过程中存在的逆反应也对分解水性能产生较大的影响，如逆反应能够得到有效的抑制，分解水性能则有望得到大幅提升。Nishioka 等[25]开发了一种染料敏化光催化剂（$PSS/Ru/Al_2O_3/Pt/HCa_2Nb_3O_{10}$），通过对其表面进行改性，有效抑制 I_3^- 得电子生成 I^-的逆反应的进行，从而实现水分解反应效率是常规方法的约 100 倍，STH 的转化效率为 0.12%，波长 420 nm 处的表观量子效率为 4.1%。此外，研究者还发现聚合物的改性不仅抑制了染料体系与 I_3^- 之间的反应，而且还抑制了 I^-之间的反应。但作者同时阐明，仅在低浓度 I_3^- 存在的情况下，才能很好地抑制逆反应的发生，光催化活性才能得到提高。

在光催化分解水的初期研究时，主要集中于实验室的研究，而随着研究手段的逐渐成熟，从实验室级别到产业级别的发展则具有十分重要的意义。然而在户外测试中，光催化剂由于水流的冲击作用其稳定性将有所下降，则不利于氢气的产出。Suguro 等[26]从替代水流，减少光催化剂的腐蚀角度出发，以水蒸气替代传统水流，在 370 nm 光照条件下，实现了 TiO_x 或 TaO_x 表面修饰的 Rh/CoOOH-$SrTiO_3$：Al 表观量子效率＞50%的突破，这意味着，水蒸气的使用不会对光催化活性产生影响，但可以减少水流系统对光催化剂的外力腐蚀，提高材料的耐用性。此外，该材料在 0.3 MPa 的条件下仍能保持较好的光催化性能。这为工业级光催化反应器的设计，未来光催化分解水设备中水的供给源（海水的蒸汽等），以及供水方式提供了新的思路和解决方案。

3. 光催化固氮

氨和硝酸盐是人类社会最基本和最重要的原料，光催化固氮是克服传统固氮方法（Haber-Bosch 和 Ostwald）缺点的最具潜力的替代方法。1977 年，Schrauzer 和 Guth[27]首次报道了在含铁和 TiO_2 的沙子作为光催化剂的作用下，氮气和水蒸气反应产生氨的过程。自此，光催化固氮引起研究者们广泛关注和研究兴趣。

光催化固氮的难点在于光生电子对氮气的吸附和活化、光催化剂的电荷分离问题以及光吸收等问题。针对这些问题，研究者们开展了大量的研究，为光催化技术有效应用于固氮领域而不懈努力。Di 等[28]开发了一种通用的原子层限域掺杂策略制备各种孤立金属原子掺杂的 $Bi_{24}O_{31}Br_{10}$ 材料。优化后的 Cu-$Bi_{24}O_{31}Br_{10}$ 原子层的光催化固氮活性分别是 $Bi_{24}O_{31}Br_{10}$ 原子层和块体 $Bi_{24}O_{31}Br_{10}$ 的 5.3 倍和 88.2 倍，纯水中的 NH_3 生成速率可达到 291.1 μmol/(g·h)。较高的固氮活性归因于二维 $Bi_{24}O_{31}Br_{10}$ 原子层中引入的孤立 Cu 位点而形成的双金属极化位点对，其促进局域电荷分离及 N—N 键连续活化，从而提升光催化固氮性能。Liu 等[29]报道了一种具有高催化活性和高稳定性的嵌入片层石墨烯 Ce-UiO-66 固氮光催化剂（GSCe），通过石墨烯包覆 Ce-Uio-66 策略获得了较高的稳定性和固氮性能，并将其作为太阳能氨肥成功运用于水稻培育。利用荧光光谱揭示了石墨烯的包覆有效促进了光生电荷的转移与分离，提供足够的光生电子用于 N_2 还原以及光生空穴氧化 H_2O 产生更多的 H^+用于 NH_3的产生。石墨烯的嵌入能够控制活化并改善光生电子的分离和转移。GSCe 在波长为 365 nm 的光线照射下显示出高达 9.25%的表观量子效率并且在(7×24)h 的循环实验中保持了稳定的性能。而且 GSCe 作为太阳能氮肥在水稻培育的实验中也取得了和标准氮肥相同的效果。此研究建立了一种将石墨烯嵌入光催化剂的改性方法，该方法为太阳能氮肥的研究提供了新的思路。

已报道的众多工作中光催化固氮产物为氨或硝态氮，只涉及单向固氮过程，即固氮反应的半反应，而很少涉及光催化的“整体固氮”过程，即 N_2 分子在光催化反应中持续转化为氨和硝酸盐产物。Xia 等[30]设计了一种能够实现“整体固氮”过程的异质结体系 WO_3/CdS，温和条件下实现高效固氮性能。N_2 分子经多电

子活化还原为 NH_3，同时，经空穴诱导氧化耦合过程同步氧化为硝酸盐。此外利用荧光光谱和瞬态光电流进一步证明了异质结构建有利于光生电荷的分离与转移。该项工作为温和条件下的人工固氮提供了新的见解，也为其他氧化还原偶联反应提供了重要的启发。

4. 光催化生产 H_2O_2

光催化氧化产 H_2O_2 的原理在于利用光生电子与 O_2 反应发生两电子的还原过程，即 $O_2 + 2e^- + 2H^+ \longrightarrow H_2O_2$。$H_2O_2$ 的生产最早可追溯到 1818 年，而 20 世纪 70 年代，Wrighton 等[31]首次利用光电化学（PEC）装置，$SrTiO_3$ 作为光阳极实现了 H_2O_2 的生产，开启了 H_2O_2 生产新途径的研究。自此，光催化半导体材料用于 H_2O_2 生产的研究激起了学者们的兴趣。光催化半导体材料由最早的无机半导体材料逐渐发展为有机半导体材料，H_2O_2 产量也逐年提高。但低的太阳-化学转化效率、光催化剂的高成本和不稳定性等都制约着该方法的应用。因此基于材料本身以及光转化效率等问题，研究者们仍在不断努力，寻求更高效的 H_2O_2 生产方法。

近年来开展了一系列以氮化碳为基材的改性研究，H_2O_2 产量获得了很好的提升，其中单原子负载提供吸附位点的策略使其得到了优异性能。Teng 等[32]开发了一种锑单原子光催化剂 Sb-SAPC，Sb 原子分散在二维半导体材料氮化碳表面和内部，用于在可见光辐照下在水和氧混合物中无牺牲光催化 H_2O_2 合成，在 420 nm 处，H_2O_2 的表观量子效率为 17.6%，太阳-化学转化效率为 0.61%。研究表明，O_2 对孤立的 Sb 原子位点的吸附模式为端对端吸附，这促进了 Sb-μ-过氧化物（Sb—OOH）的形成，有效减少了氧氧键断裂，为 H_2O_2 的生产提供了高选择性的 2 e^- ORR 途径。

光催化剂电荷分离差的问题一直影响着光催化性能的体现，缺陷工程作为调控电荷分离的有效策略之一被广泛应用于对光催化剂电荷分离的调控。Zhang 等[33]将—C≡N 基团和 N 缺陷依次引入 g-C_3N_4 中，得到功能化的 N_v—C≡N—CN 纳米材料。双缺陷位点的引入形成了富电子结构，使得电荷密度分布更加局域化，不但增强了载流子分离能力，而且显著提高了 H_2O_2 生成的选择性和活性。且其根据详细的实验表征和理论计算清楚地揭示了各缺陷位点在光催化 H_2O_2 表面反应机理中的关键作用，N 缺陷能有效吸附活化 O_2，而—C≡N 基团有利于 H^+ 的吸附，协同促进 H_2O_2 的生成。

为进一步拓展光催化剂种类，金属钛菁以其优异的结构特点和良好的性能优势进入了人们的视野，Zhi 等[34]发展了 CoPc 基共价有机骨架半导体材料用于高效光驱动的 H_2O_2 合成。通过十六氟酞菁钴（Ⅱ）（$CoPcF_{16}$）与 1，2，4，5-苯四胺（BTM）或 3，3′-二氨基联苯胺（DAB）的亲核取代反应，得到了两种新的二维哌嗪连接的CoPc基共价有机骨架（COF），即CoPc-BTM-COF和CoPc-DAB-COF。CoPc基COF在可见光照射下对O_2转化为H_2O_2表现出创纪录的光催化活性，H_2O_2的产量高达2096 μmol/(h·g)，在630 nm处的表观量子效率为7.2%。优异的光催化性能可归因于材料优异的光吸收能力及增强的电荷分离和传输效率。

有机聚合物半导体材料表现出出色的H_2O_2性能，但某些材料本身由于易发生自由基氧化过程而稳定性下降，无机半导体材料对自由基氧化过程具有抵抗力而稳定性较强，因此受到青睐。Liu等[35]设计发展了无机纳米材料用于光催化生产H_2O_2体系，避免有机体系所发生的自由基氧化过程。作者选用Mo掺杂晶面暴露的$BiVO_4$（Mo:$BiVO_4$）体系为研究体系，通过在{110}和{010}面上分别精确装载CoO_x和Pd来调整Mo:$BiVO_4$的表面反应动力学和选择性。通过时间分辨光谱研究表明，在不同的表面上沉积选择性的共催化剂，可以调整{110}和{010}面之间的界面能量，增强Mo:$BiVO_4$的电荷分离，从而获得优异的H_2O_2产出效率。

5. 光催化降解污染物

光催化降解污染物是解决环境污染问题的有效且温和的方法之一。在太阳光激发下，光催化剂产生的光生电子和空穴分别与材料表面吸附的O_2和H_2O等发生反应，生成具有强氧化能力的活性物种，活性物种再通过高级氧化反应促使污染物发生化学键断裂，逐渐分解为小分子化合物，最终矿化为CO_2和H_2O。与此同时，具有强氧化能力的光生空穴可以直接降解表面吸附的污染物，实现污染物的有效矿化。因此，光催化降解污染物是电子还原反应和空穴氧化反应的协同过程。截至目前，光催化技术已在降解各类有机染料（亚甲基蓝[36]和罗丹明B[37]等）、抗生素（盐酸四环素[38]等）及医药中间体（双氯芬酸[39]）等多个领域得到广泛应用。

20世纪70年代，TiO_2被发现在紫外光照射下可以分解有机物，由此开启了光催化降解污染物的大门。研究者们从半导体材料以及污染物入手，利用系列改性策略达到促进半导体材料电荷分离、提高吸附量以及丰富活化位点等目的，进而获得高效的降解效果。光催化降解污染物过程通常是以氧气为氧化剂，利用光生电子活化氧气得到含氧自由基，进而实现对污染物的氧化作用。因此，如何提高氧气的活化是关键。然而，氧气活化涉及动力学禁阻的自旋反转过程，所以如何有效提高氧气的表面吸附是促进氧气活化的关键。黑龙江大学井立强教授团队从提高电子活化氧气的关键科学问题出发，发展了系列基于无机酸和碳材料的催化剂表面改性策略，有效促进了氧气的表面吸附，进而提高了光催化活性。光催化降解反应中，反应界面微环境对反应过程有着重要的影响，合理的界面微环境设计和调控已成为提高催化性能的一种必要手段。Zhou等[40]以二氧化钛纳米线（TiO_2 NWs）为催化剂，在其表面均匀包裹一层有机液层来构筑液-液-固（水-油-

催化剂）三相反应界面微环境的光催化体系，该三相界面微环境可以有效富集反应物 O_2 和有机物分子，进而极大地促进了催化反应动力学，其催化反应动力学常数（k_{app}）可以达到传统两相体系的 35 倍以上。此外，该体系表现出良好的稳定性和普遍适用性。研究结果凸显了反应界面微环境的设计和构筑在光催化反应中的重要性，为未来的界面工程提供了一条可行的途径。

随着研究的不断深入，研究者们已经不局限于固体粉末直接分散在溶液体系内而实现光催化降解，其他反应体系如流动相光催化膜反应器也表现出了优异的降解性能。Fischer 等[41]通过修饰 TiO_2 纳米粒子，形成孔径为 220 nm 的滤膜，用于浓度仅为 100 ng/L 的微污染物分子的流动相光催化降解，降解后雌甾二醇的浓度达到 1 ng/L。研究发现，其优异性能主要来自纳米尺度结构所提供的大比表面积，•OH 能够与 0.8 nm 微污染物小分子更有效地接触，因此可实现对超低浓度有机污染物的高效降解。膜反应体系的建立能够为将来研究更高性能的光催化膜提供参考。

众所周知，太阳光谱中可见光占的比例约为总体的 50%，而紫外光只占约 4%，为了提高太阳能利用率，开发具有可见光驱动的窄带隙半导体受到广泛关注。另外，随着对材料体系的不断深入研究，二维材料，尤其是具有纳米片层结构的二维材料，由于其具有大的比表面积、独特的光学和电学性质，以及在水分解、太阳能电池和环境净化等领域的潜力而逐渐兴起。同样地，在光催化降解领域，也涌现出了一批二维半导体光催化材料。例如，具有二维片层的 $BiVO_4$[42]、Bi_2MoO_6[43]、g-C_3N_4[44]等。然而，由于窄带隙半导体自身光生电荷易复合、缺少催化活性位点以及光生电子或空穴热力学能量不足等瓶颈问题难以实现特定的氧化还原反应等，研究人员已经开发了诸多改性策略来改善窄带隙半导体的光生电荷分离能力，如掺杂[45]、表面修饰[46]、构筑异质结[47]等。针对 g-C_3N_4 光生电荷分离差、光催化降解活性不理想这一问题，Li 等[48]通过在 g-C_3N_4 上修饰氯来捕获空穴的方式实现对光生空穴的有效调控，通过卤素诱导的表面极化作用增强 g-C_3N_4 的电荷分离。除此之外，形成的•OH 作为空穴调制的直接产物可以主导 2, 4-二氯苯酚(2, 4-DCP)光催化降解，因此极大地提高了 2, 4-DCP 的降解活性。Hu 等[49]通过 pH 控制的微波辅助水热工艺合成了超薄（100）面暴露的 Bi_2MoO_6（BMO）纳米片，由于 Bi-Cl 相互作用，其对邻氯苯酚（2-CP）的选择性吸附增强，对 2-CP 降解具有高可见光活性。随后，通过氢键诱导组装和随后的 H_2 热处理，构筑了混价态酞菁铁/钼酸铋（H-FePc/BMO）异质结来提高可见光活性。优化后，样品的可见光活性比 BMO 和 FePc/BMO 高 4.5 倍和 2.5 倍。

含卤污染物是环境有机污染物的典型代表，也是目前分布最广的有机污染物。其中，氯代酚类污染物因其三致效应引起了人们的重点关注。从氯代酚的结构上看，选择性脱氯是实现其高效降毒矿化的关键，然而传统的环境技术如芬顿法等无法实现对氯代酚的选择性脱氯降解。为此，黑龙江大学井立强教授团队从构建表面吸附位点的角度出发，巧妙利用了含铋氧化物中铋元素的空轨道与邻氯苯酚中带有孤对电子的氯相互作用，提出基于含铋纳米氧化物的光催化选择性脱氯降解氯酚新途径，成功制备了具有微纳分级结构的 Bi_2O_3（BO）微球等系列含铋纳米氧化物材料，并成功实现了对典型含氯有机物 2-CP、2, 4-DCP 的选择性优先脱氯降解 [50]。在此基础上，通过与宽带隙半导体 $BiPO_4$（BP）复合构建异质结体系，有效提高了光催化降解 2-CP 性能和深度矿化，其性能明显优于标准的光催化材料 P25-TiO_2。

6. 光催化选择性氧化

20 世纪 80 年代初，有机醇在光照下催化氧化合成酚、醛、醇等反应的实现，加速了光催化选择性氧化的研究[51]。光催化选择性氧化是指将有机物通过光催化氧化反应的作用，将烃、醇或其他有机物转化为醛、酮等产物，其可作为化工产业重要的上游产品和中间体。光催化选择性氧化的机理大概可分为三类：第一类为 h^+氧化机理；第二类为$\cdot O_2^-$ 机理；第三类则为前两类的结合。

在选择性氧化反应过程中，氧气作为重要的元素之一，提高氧气活化产生氧活性物种用于高效反应是十分重要的。Chu 等[52]则设计将具有强氧活化能力的 CoPc 通过 N 掺杂石墨烯（NG）界面调控策略，利用氢键诱导作用组装到 C_3N_4（CN）表面，成功构建了高活性的 CoPc/NG/CN 异质结，作为可见光响应型平面异质结光催化剂，用于光催化好氧有机氧化。同时，证实了 CN 的光电子被 CoPc 接收，转移到中心金属 Co^{2+}上，并活化 O_2形成$\cdot O_2^-$ 自由基，进一步有利于光催化氧化。此外，异质结通过引入 N 掺杂石墨烯增加了 CoPc 的最优量，并极大地促进了电荷分离，使其对芳香醇的氧化具有良好的光催化活性。

随着研究的不断深入，将有机化合物高选择性地生成目标产物成为研究者们迫切追求的目标之一。5-羟甲基糠醛（HMF）已被美国能源部列为 12 大高附加值生物质衍生化学品之一，近年来备受关注。开发将其高选择性地转化为高附加值化学品具有重要的意义。Xia 等[53]首次报道了通过在 CdS 量子点上锚定 Ru 配合物，得到的复合光催化剂在太阳光照射下可控生成两个氧自由基，实现了在氩气和空气气氛下 HMF 分别向 2, 5-二甲酰基呋喃（DFF）和 5-羟甲基-2-呋喃羧酸（HMFCA）的选择性氧化，该反应具有高转化率（>81%）和选择性（>90%），甚至在实验室外的自然阳光下，仍然可以很好地工作。这项工作为光催化可再生碳资源转化为高附加值化学品的发展铺平了道路。

氧化剂在选择性氧化过程中是十分重要的，特别在甲烷转化甲醇过程中其是先决条件，但同时也存在氧化过度的情况。因此发展无氧化剂的情况下，选择性甲烷光氧化为甲醇的高效光催化剂至关重要。为了克服这一障碍，Zheng 等[54]设计了由Fe和Zn不同的金属氧化物组成的二维(2D)面内Z型异质结构ZnO/Fe_2O_3，光生空穴可将H_2O氧化为·OH自由基，进而将CH_4选择性光氧化为甲醇而无需添加任何额外的氧化剂。Fe位点通过从Zn位点捕获电子而具有高浓度的局部电荷，从而有助于活化CH_4分子，而且可以通过增强其O—H键的极性来抑制CH_3OH的过氧化。因此，ZnO/Fe_2O_3多孔纳米片的CH_3OH产率为178.3μmol/g_{cat}，CH_3OH选择性接近100%，均高于之前报道的光催化剂（在室温和常规环境压力，未添加任何氧化剂的情况下）。该项工作阐明了两个具有不同电负性金属位点的合理设计可以调节CH_4的活化活性并抑制CH_3OH的过氧化，这为高选择性地将CH_4转化为CH_3OH开拓了新的途径。

1.3 光生电荷行为

在光催化过程中涉及光激发半导体后光生电荷的产生、转移、传输、分离等光物理过程和分离后的光生电子和空穴分别参与表面化学反应的光化学过程，从热力学和动力学水平上理解这些光生电荷行为在光催化过程的作用具有十分重要的意义。通常，半导体光生电荷的光物理行为在光催化机制分析中被广泛研究。根据半导体光物理知识，当光的能量大于半导体的带隙能时，会激发半导体而产生光生电子-空穴对，也称为激子（exciton）。这些光生电子和空穴经过带内弛豫到半导体的激发态，具有一定能量的电子与吸附物种发生反应或与光生空穴进行复合（recombination），从而产生一系列光生电荷的物理行为。这些光生电荷的物理行为在光催化过程中扮演着至关重要的角色，直接或者间接地影响光催化反应的效率。因此，深入认识和理解光生电荷的物理行为是研究光催化的基础。

1.3.1 光生电荷的物理行为

在光物理过程中，半导体通过光激发（excited）产生光生电子（photogenerated electron）和光生空穴（photogenerated hole），它们统称为光生电荷（photogenerated charge），也称为光生电子-空穴对（photogenerated electron-hole pairs）或光生载流子（photogenerated carrier）。一般而言，光的激发过程是将半导体价带上的基态电子激发到导带、表面态、缺陷态等空轨道上，产生光生电荷（即光生载流子）的过程。光的激发过程与半导体的本征属性直接相关，如半导体的元素组成、晶体结构、结晶程度、体相和表面缺陷以及表面形貌和维度等。光激发而产生光生电荷的过程是一个非常快的过程，大约在飞秒（10^{-15} s）时域。

光激发产生的光生电荷以电子-空穴对的形式存在，一般具有相对较长的寿命（10^{-9} s），随后电子-空穴对将以辐射跃迁和非辐射跃迁两种形式回到基态。通常，非辐射跃迁主要包含热耗散过程、激子共振能量传递过程和电荷转移与分离过程。其中电荷转移与分离过程是光催化反应的关键，那么如何驱动电子-空穴对中的电子和空穴进行有效转移与分离，使其有机会参与氧化还原反应是光催化的关键。根据马库斯（Marcus）理论，电荷的分离和转移强烈依赖于半导体界面驱动力。在不同的半导体体系中，光生电子-空穴对分离的驱动力是不同的。在传统的晶体半导体中，由于表面空间电荷区存在内建电场，光生电子-空穴对在内建电场的驱动下发生了分离。因此，调控内建电场的大小和方向等是提高传统晶体半导体光生电荷分离的关键。理论计算和实验表明，内建电场的宽度大约为几百纳米，所以在大尺寸的晶体半导体中，内建电场是主要的电荷运动驱动力。随着纳米技术的发展，纳米材料被广泛用于光催化中。由于纳米材料的尺寸非常小，内建电场可以忽略不计，甚至不存在内建电场。此时，电子-空穴对的分离主要依靠材料的吸光不均、表面态等形成的驱动力。在这些驱动力的影响下，由于有效质量的不同，光生电子和空穴在迁移过程中会产生一定程度的分离，并进一步参与还原和氧化反应。电子-空穴对的分离主要有三个典型的情况：首先是基于传统晶体半导体材料中，在内建电场作用下的电荷分离与传输，此时光生电子和空穴在电场作用下向两个相反的方向漂移运动，在空间上形成有效的电荷分离。其次是在非自建电场作用下，光激发产生的非同类光生电荷或与异质组分表面复合时，带有不同扩散系数的光生电子和空穴在浓度梯度作用下进行的分离与传输，此时光生电子和空穴的扩散运动方向相同。最后是由于界面接触、晶界以及微观电场、纳米粒子内部缺陷、表面态等而导致的不同势能下的分离与传输，此时电子和空穴的运动方向也是相同的。

光生电荷在运动过程中（从体相到表面以及在表面的迁移等）会不断受到散射、碰撞、势能阱捕获等影响，从而驱动力逐渐减弱，运动速率变低，最终通过复合而消失。事实上，大多数的光生电子和空穴会在迁移过程中复合，从而使其丧失反应能力，这显然是不利于光催化过程的。近半个世纪以来，科学家们探索了各种方法以促进光生电子和空穴的分离，来提高光催化反应效率。通过构建异质结复合体，通过界面电场作用或电荷浓度梯度扩散等实现光生电子和空穴的空间分离，延长电荷寿命（电子或空穴的平均生存时间；取决于复合概率和载流子的初始浓度)，可以有效提高电荷分离效率。因此，通过技术手段揭示和观察光生电荷的物理行为，深入理解光生电荷的产生、转移、分离和复合过程机制对发展高效的光催化体系，提高光催化效率具有至关重要的科学意义。

1.3.2 光生电荷的化学行为

普遍认为，半导体光催化剂的电荷分离是光催化的核心，也是决定其性能的关键因素。因此，大多数光催化的研究都集中在对提高光催化剂电荷分离的设计。然而，光生电子和空穴被分离后，其与催化剂表面吸附的反应物的光化学反应过程却很少得到重视。特别是光生电荷的行为特点与活性、产物选择性等反应特性的关系，以及光生电荷行为与光催化反应之间的关系还有待深入揭示。

在光催化反应中，光生电荷的化学行为主要涉及光生电荷被反应物有效捕获、活化反应物产生自由基或中间体、改变光催化反应过程路径等过程。其中，光生电荷被反应物有效捕获是决定光催化性能和选择性的关键。例如，在光催化降解污染物过程中，吸附氧捕获光生电子形成超氧自由基是实现高效降解的关键。所以，在催化剂的设计过程中，如何有效提高氧气的表面吸附是关键。此外，不同半导体光催化剂由于自身能带结构的差异，产生的光生电子和空穴具有的热力学能力也不同，那么其被反应物捕获后对反应物的活化程度也是不同的，这些不同就导致了光催化反应过程路径存在差异。例如，在光催化还原 CO_2 过程中，不同半导体对 CO_2 的活化程度不同，导致其产生的活性中间体也不同，则产物生成的选择性也不同。此外，不同催化剂表面对反应物的吸附程度不同，也导致了光生电荷对反应物的活化程度的差异，从而影响光催化过程路径和产物。因此，在光催化过程中，通过原位光谱、超快光谱等，深入研究光生电荷后续活化反应等光化学行为也是十分重要的。

综上所述，从光物理和光化学的角度全面深入理解光催化剂的光生电荷行为，是发展高效的光催化剂和深入认识光催化机理的关键。研究者应该针对具体的光催化反应特点，综合考虑光催化剂在吸收利用太阳光、促进电荷分离和提高催化反应效率以及选择性等角度，设计高效的催化剂，提高反应活性。同时，利用现代分析手段，特别是结合时间分辨表面光电压谱、瞬态荧光光谱、原位红外光谱、原位电子顺磁共振波谱等，深入揭示光生电荷的物理和化学行为也是至关重要的。

1.4　本书主要内容

本书以光催化研究为切入点，对光生电荷行为进行了梳理，重点对研究光生电荷行为的方法进行归纳和总结，全面展示了光生电荷行为的技术原理，并通过实际案例概述了各种技术方法的实际应用，本书对研究光催化过程和光生电荷行为等具有一定的指导意义。

本书第 1 章为绪论部分，主要介绍半导体能带理论、杂质和缺陷能级及半导体异质结等半导体物理基础知识，并对光催化的基本原理和应用以及光生电荷物理行为等进行了介绍和梳理。第 2 章介绍表面光电压谱的原理、系统和在研究光生电荷分离机制方面的应用案例。第 3 章介绍瞬态吸收光谱的原理和测试系统以及在研究电荷动力学和过程机制方面的应用案例。第4章介绍荧光光谱的原理、系统装置，并从固体荧光和液体荧光两个角度分别介绍了其在研究电荷分离机制方面的应用案例。第5章介绍了光电子能谱的原理，特别是原位辐照X射线光电子能谱的原理和测试系统，并分别介绍了其在研究光生电荷分离机制和光催化过程机制的应用案例。第6章介绍了开尔文探针力显微镜的基本原理和测试系统，并总结了该技术在研究电荷光物理行为方面的应用。第7章介绍了光电化学技术，包括光电流曲线和交流阻抗谱等的原理、测试设备和模式以及具体应用实例。第8章介绍了电子顺磁共振波谱，分别从固体电子顺磁共振谱和含氧自由基捕获电子顺磁共振谱两个角度介绍了基本原理、测试装置和在研究光生电荷物理行为方面的应用案例。

参 考 文 献

[1] Neamen D A.半导体物理与器件[M]. 4版. 赵毅强，姚素英，史再峰，译. 北京：电子工业出版社，2018.

[2] 刘恩科. 半导体物理学[M]. 7版. 北京：电子工业出版社，2008.

[3] 黄昆，韩汝琦. 半导体物理基础[M]. 北京：科学出版社，1979.

[4] 王竹溪. 统计物理学导论[M]. 北京：高等教育出版社，1956.

[5] Shockly W. Electrons and Holes in Semiconductors[M]. New York：Van Nostrand，1950.

[6] Sharma B L，Purosit R K. Semiconductor Heterojunctions[M]. Oxford：Pergamon Press，1974：24.

[7] 高桥清. 半导体工学[M]. 东京：森北出版株式会社，1975：157.

[8] Feucht D，Milnes A G. Heterojunctions and Metal-semiconductor Junctions[M]. New York and London：Academic Press，1970.

[9] Zhang Z，Bai L，Li Z，et al. Review of strategies for the fabrication of heterojunctional nanocomposites as efficient visible-light catalysts by modulating excited electrons with appropriate thermodynamic energy [J]. Journal of Materials Chemistry A，2019，7：10879-10897.

[10] Zhang L，Zhang J，Yu H，et al. Emerging S-scheme photocatalyst [J]. Advanced Material，2022，34：2107668.

[11] Ross M，Luna P，Li Y，et al. Designing materials for electrochemical carbon dioxide recycling [J]. Nature Catalysis，2019，2（8）：648-658.

[12] Maeda K，Domen K. New non-oxide photocatalysts designed for overall water splitting under visible light [J]. Journal of Physical Chemistry C，2007，111：7851-7861.

[13] Cowana A，Durranta J. Long-lived charge separated states in nanostructured semiconductor photoelectrodes for the production of solar fuels [J]. Chemical Society Reviews，2013，42：2281-2293.

[14] Yang J，Wang D，Han H，et al. Roles of cocatalysts in photocatalysis and photoelectrocatalysis [J]. Accounts of Chemical Research，2013，46：1900-1909.

[15] Jiang C，Moniz S，Wang A，et al. Photoelectrochemical devices for solar water splitting-materials and challenges [J]. Chemical Society Reviews，2017，46：4645-4660.

[16] Chen S，Takata T，Domen K. Particulate photocatalysts for overall water splitting [J]. Nature Reviews Materials，2017，2：17050.

[17] Kim J，Hansora D，Sharma P，et al. Toward practical solar hydrogen production—an artificial photosynthetic leaf-to-farm challenge [J]. Chemical Society Reviews，2019，48：1908-1971.

[18] Halmann M. Photoelectrochemical reduction of aqueous carbon dioxide on p-type gallium phosphide in liquid junction solar cells [J]. Nature，1978，275：115-116.

[19] Bian J，Zhang Z，Feng J，et al. Energy platform for directed charge transfer in the cascade Z-scheme heterojunction：CO_2 photoreduction without a cocatalyst [J]. Angewandte Chemie International Edition，2021，60：20906-20914.

[20] Ma Y，Yi X，Wang S，et al. Selective photocatalytic CO_2 reduction in aerobic environment by microporous Pd-porphyrin-based polymers coated hollow TiO_2 [J]. Nature Communications，2022，13：1400.

[21] Zhang Y，Zhi X，Harmer J，et al. Facet-specific active surface regulation of Bi_xMO_y（M = Mo，V，W）nanosheets for boosted photocatalytic CO_2 reduction[J]. Angewandte Chemie International Edition，2022：e202212355.

[22] Zhao L，Bian J，Zhang X，et al. Construction of ultrathin S-scheme heterojunctions of dingle Ni atom immobilized Ti-MOF and $BiVO_4$ for CO_2 photoconversion of nearly 100% to CO by pure water [J]. Advanced Materials，2022，34：2205303.

[23] Ran L，Li Z，Ran B，et al. Pt Engineering single-atom active sites on covalent organic frameworks for boosting CO_2 photoreduction [J]. Journal of the American Chemical Society，2022，144（37）：17097-17109.

[24] Qi Y，Zhang J，Kong Y，et al. Unraveling of cocatalysts photodeposited selectively on facets of $BiVO_4$ to boost solar water splitting [J]. Nature Communications，2022，13：484.

[25] Nishiokas N，Hojo K，Xiao L Q，et al. Surface-modified，dye-sensitized niobate nanosheets enabling an efficient solar-driven Z-scheme for overall water splitting [J]. Science Advances，2022，8e：9115.

[26] Suguro A，Kishimoto F，Kariya N，et al. A hygroscopic nano-membrane coating achieves efficient vapor-fed photocatalytic water splitting [J]. Nature Communications，2022，13：5698.

[27] Schrauzer G N，Guth T D. Photolysis of water and photoreduction of nitrogen on titanium dioxide [J]. Journal of the American Chemical Society，1977，99：7189-7193.

[28] Di J，Chen C，Wu Y，et al. Polarized Cu-Bi site pairs for non-covalent to covalent interaction tuning toward N_2 photoreduction [J]. Advanced Materials，2022，34：2204959.

[29] Liu S，Teng Z，Liu H，et al. A Ce-UiO-66 metal-organic framework-based graphene-embedded photocatalyst with controllable activation for solar ammonia fertilizer production [J]. Angewandte Chemie International Edition，2022，61：e202207026.

[30] Xia P，Pan X，Jiang S，et al. Designing a redox heterojunction for photocatalytic “overall nitrogen fixation” under mild conditions [J]. Advanced Materials，2022，34：2200563.

[31] Wrighton M S，Ellis A B，Wolczanski P T，et al. Ginley strontium titanate photoelectrodes. Efficient photoassisted electrolysis of water at zero applied potential [J]. Journal of the American Chemical Society，1976，98（10）：2774-2779.

[32] Teng Z，Zhang Q，Yang H，et al. Atomically dispersed antimony on carbon nitride for the artificial photosynthesis of hydrogen peroxide [J]. Nature Catalysis，2021，4：374-384.

[33] Zhang X，Ma P，Wang C，et al. Unraveling the dual defect sites in graphite carbon nitride for ultra-high photocatalytic H_2O_2 evolution [J]. Energy & Environmental Science，2022，15：830-842.

[34] Zhi Q，Liu W，Jiang R，et al. Piperazine-linked metalphthalocyanine frameworks for highly efficient visible-light-driven H_2O_2 photosynthesis [J]. Journal of the American Chemical Society，2022，144（46）：21328-21336.

[35] Liu T，Pan Z，Vequizo J，et al. Overall photosynthesis of H_2O_2 by an inorganic semiconductor[J]. Nature Communications，2022，13：1-8.

[36] Rong P，Jiang Y F，Wang Q，et al. Photocatalytic degradation of methylene blue（MB）with Cu_1-ZnO single atom catalysts on graphenecoated flexible substrates [J]. Journal of Materials Chemistry A，2022，10：6231-6241.

[37] Huang T，Chen J Q，Zhang L L，et al. Precursor-modified strategy to synthesize thin porous amino-rich graphitic carbon nitride with enhanced photocatalytic degradation of RhB and hydrogen evolution performances[J]. Chinese Journal of Catalysis，2022，43：497-506.

[38] Wu Y X，Feng G F，Huang R Y，et al. Simultaneous growth strategy for constructing a Cu-Fe/carboxylate-decorated carbon composite with improved interface compatibility and charge transfer to boost the visible photocatalytic degradation of tetracycline[J]. Chemical Engineering Journal，2022，448：137608.

[39] Cai M X，Li R B，Xie Z J，et al. Synthesis of a core-shell heterostructured $MoS_2/Cd_{0.9}Zn_{0.1}S$ photocatalyst for the degradation of diclofenac under visible light[J]. Applied Catalysis B：Environmental，2019，259：118033.

[40] Zhou H，Sheng X，Xiao J，et al. Increasing the efficiency of photocatalytic reactions via surface microenvironment engineering [J]. Journal of the American Chemical Society，2020，142（6）：2738-2743.

[41] Lotfi S，Fischer K，Schulze A，et al. Photocatalytic degradation of steroid hormone micropollutants by TiO_2-coated polyethersulfone membranes in a continuous flow-through process[J]. Nature Nanotechnology，2022，17：417-423.

[42] Chahkandi M，Zargazi M. New water based EPD thin $BiVO_4$ film：effective photocatalytic degradation of Amoxicillin antibiotic[J]. Journal of Hazardous Materials，2020，389：121850.

[43] Wu J，Sun Y Y，Gu C H，et al. Pt supported and carbon coated Bi_2MoO_6 composite for enhanced 2，4-dibromophenol degradation under visible-light irradiation：insight into band gap structure and photocatalytic mechanism[J]. Applied Catalysis B：Environmental，2018，237：622-632.

[44] Zhang C，Ouyang Z L，Yang Y，et al. Molecular engineering of donor-acceptor structured g-C_3N_4 for superior photocatalytic oxytetracycline degradation[J]. Chemical Engineering Journal，2022，448：137370.

[45] Ren G M，Liu S T，Li Z Z，et al. Highly selective photocatalytic reduction of CO_2 to CO over Ru-modified Bi_2MoO_6[J]. Solar RRL，2022，6：2200154.

[46] Li B S，Lai C，Zhang M M，et al. N，S-GQDs and Au nanoparticles co-modiffed ultrathin Bi_2MoO_6 nanosheet with enhanced charge transport dynamics for full-spectrum-light-driven molecular oxygen activation[J]. Chemical Engineering Journal，2021，409：128281.

[47] Wang Y，Tang Y R，Sun J H，et al. $BiFeO_3/Bi_2Fe_4O_9$ S-scheme heterojunction hollow nanospheres for high-efffciency photocatalytic *o*-chlorophenol degradation[J]. Applied Catalysis B：Environmental，2022，319：121893.

[48] Li J D，Zhang X L，Raziq F，et al. Improved photocatalytic activities of g-C_3N_4 nanosheets by effectively trapping holes with halogen-induced surface polarization and 2，4-dichlorophenol decomposition mechanism[J]. Applied Catalysis B：Environmental，2017，218：60-67.

[49] Hu D H，Song L J，Yan R，et al. Valence-mixed iron phthalocyanines/（100）Bi_2MoO_6 nanosheet Z-scheme heterojunction catalysts for efffcient visible-light degradation of 2-chlorophenol via preferential dichlorination[J]. Chemical Engineering Journal，2022，440：135786.

[50] Sun N，Qu Y，Yang C，et al. Efficiently photocatalytic degradation of monochlorophenol on *in-situ* fabricated $BiPO_4/\beta$-Bi_2O_3 heterojunction microspheres and O_2-free hole-induced selective dechloridation conversion with H_2 evolution [J]. Applied Catalysis B：Environmental，2020，263：118313.

[51] Lang X，Chen X，Zhao J. Heterogeneous visible light photocatalysis for selective organic transformations [J]. Chemical Society Reviews，2014，43（1）：473-486.

[52] Chu X，Liu H，Yu H，et al. Improved visible-light activities of ultrathin CoPc/g-C_3N_4 heterojunctions by N-doped

graphene modulation for selective benzyl alcohol oxidation[J]. Materials Today Energy，2022，25，100963.

[53] Xia T，Gong W，Chen Y，et al. Sunlight-driven highly selective catalytic oxidation of 5-hydroxymethylfurfural towards tunable products[J]. Angewandte Chemie International Edition，2022，61：202204225.

[54] Zheng K，Wu Y，Zhu J，et al. Room-temperature photooxidation of CH_4 to CH_3OH with nearly 100% selectivity over hetero-ZnO/Fe_2O_3 porous nanosheets[J]. Journal of the American Chemical Society，2022，144（27）：12357-12366.

第 2 章　表面光电压谱

表面光伏技术是研究半导体参数的一种重要的测试方法，这种方法通过测量材料表面的光生电压的变化来分析光电材料的特性。早在 1876 年，W. G. Adams 就发现了表面光伏效应，随着这种效应研究的深入，人们基于表面光伏开发了光谱检测技术并将其应用于半导体材料的特征参数和表面特性测量上，这种光谱测量方法被称为表面光伏技术（surface photovoltaic technique）或表面光电压谱（surface photovoltage spectroscopy，SPS）[1-3]。SPS 技术可以通过对材料光致表面电压的改变来分析获得相关材料的电荷行为信息。SPS 的研究始于 20 世纪 40 年代，W. H. Brattain 首先使用这种方法对半导体材料的表面态密度和接触电势差的关系进行了研究，解释了电子在半导体表面的迁移现象[4]。1970 年，SPS 的研究获得重大突破，美国麻省理工学院 Gates 教授领导的研究小组在用低于禁带宽度能量的光照射 CdS 表面时，第一次获得入射光波长与 SPS 的谱图，以此确定表面态的能级，从而形成了 SPS 这一新的研究测试手段[5, 6]。80 年代初，吉林大学的王德军教授将 SPS 的研究引入到光化学和光催化研究中，之后利用该技术对半导体材料中的光生电荷行为进行了详细研究[7-9]。中国科学院大连化学物理研究所的范峰涛研究员和李灿院士团队构建了一种基于开尔文探针力显微镜（KPFM）和 SPS 的光电成像技术，该技术为空间分辨 SPS，具有纳米的空间分辨率和毫伏的灵敏度，可用于光生电荷分离空间成像的表征[10, 11]。多年来，作者所在课题组也在 SPS 的发展和利用方面做了大量的工作[12-15]，基于 SPS 研究，深入探讨了光生界面电荷转移机制，进一步发展和拓宽了 SPS 技术在光催化材料领域的广泛应用。

在光催化领域，研究者针对半导体材料中的 SPS 现象展开了大量的研究。光生电荷的分离与转移是影响光催化材料性能的基础和关键步骤。如何抑制光生电荷在转移和传输过程中的复合，提高光生电荷的分离效率，成为设计和制备高效光催化材料及体系的关键[16, 17]。在这方面，有大量工作致力于探索和设计有益于电荷分离的新型光催化体系，如半导体异质结构建、晶面暴露调控和助催化剂负载等，这些策略可有效提高电荷分离效率，改善光催化性能[18-20]。那么，深入揭示和评估这些光催化材料中的光生电荷转移与分离过程是十分必要的。SPS 技术检测的是材料表面在光作用后产生的微弱电压信号，其主要是通过半导体材料自建电场和电荷扩散作用两种方式驱动光生电荷分离而产生的。因此，SPS 信号的形成取决于半导体材料中光吸收和传输多余电荷的基本特性。所以，它可以提供半导体光催化材料整体上的电荷转移和传输特性，并且有效地评估样品表面和界面电荷特性。

本章将从 SPS 基本原理出发阐述 SPS 产生的机制，并对常见的 SPS 测试原理和方式做了详细介绍，也重点总结了稳态 SPS（SS-SPS）和瞬态 SPS（TS-SPS）技术在光催化材料电荷转移行为研究中的应用进展。

2.1　表面光电压谱的基本原理

2.1.1　半导体能带弯曲

SPS 信号起源于固体表面的光生伏特效应，与半导体的表面状态息息相关。一般来说，表面被定义为具有不同物理特性的介质的边界。例如，半导体与真空或气体之间的表面称为“自由表面”。半导体和另一种固体之间的表面通常称为“界面”。然而，我们通常使用“表面”来表示任何半导体的边界[21]。由于化学势不同，具有不同功函数的两种材料之间会发生相互作用，如相互接触时电子可以从一种具有高费米能级的材料中转移到另一种具有低费米能级的材料。一般地，n 型半导体的费米能级高于金属。因此，电子可以从半导体转移到金属，直到它们相互接触时两者之间建立热力学平衡，即半导体和金属在界面处的费米能级相同，从而形成半导体中的电子耗尽区和表面向上弯曲的能带。反之，p 型半导体的费米能级低于金属的费米能级，电子可以从金属转移到半导体，直到它们之间建立热力学平衡，从而形成半导体中的空穴耗尽区和表面向下弯曲的能带[1]。图 2.1 显示了半导体接触金属时表面能带弯曲的形成过程。半导体的周期结构在其自由表面处可能会在半导体带隙内形成表面局域电子态，这是因为表面处或其附近的原子状态与本体不同，这些状态通常称为“本征表面”状态。此外，由于吸附或不纯物质存在于表面会形成表面态，这些表面态的出现诱导了体相和表面之间的电荷转移，最终达到热力学平衡态。电荷转移在半导体表面产生一个非中性区（具有非零电场），通常称为表面空间电荷区（SCR）。SCR 的厚度通常为 1～10^3 nm，具体取决于半导体的电荷密度和介电常数。SCR 通常可以在两种不同的状态下观察到：一种是电子耗尽，因为表面态作为电子受体状态，可以捕获其附近的电子，此时电子密度大大降低；另一种是空穴耗尽，因为表面态作为电子施主态，可以将电子注入到表面附近，此时空穴密度大大降低。图 2.2 显示了表面态对半导体表面能带弯曲和空间电荷区的影响。根据定义，能带越低，电势越高，因此正的 V_S 对应于向下弯曲的能带。p

型半导体的 V_S 为正，n 型半导体的 V_S 为负。因此，n 型半导体的表面有一个向上弯曲的能带，而 p 型半导体的表面有一个向下弯曲的能带。

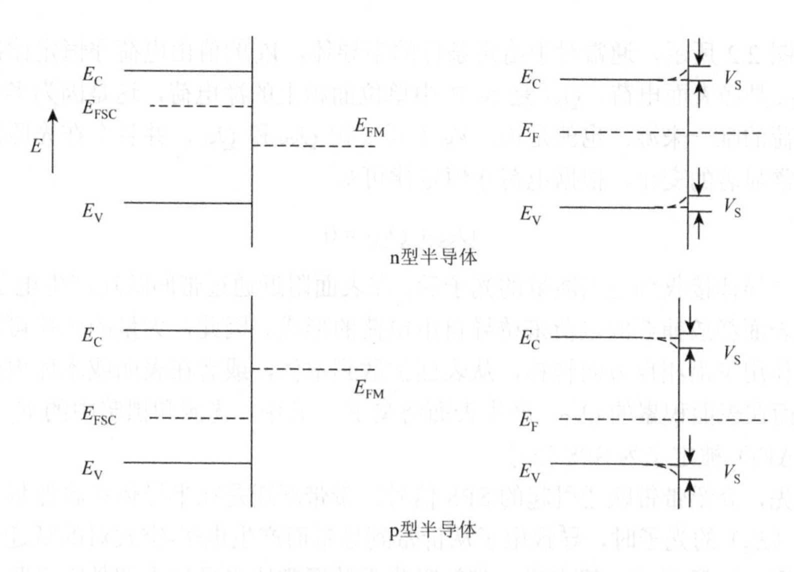

图 2.1　半导体与金属接触时半导体表面能带弯曲形成的曲线图

E_C：导带底；E_V：价带顶；E_F：费米能级；SC：半导体；M：金属；V_S：表面势垒

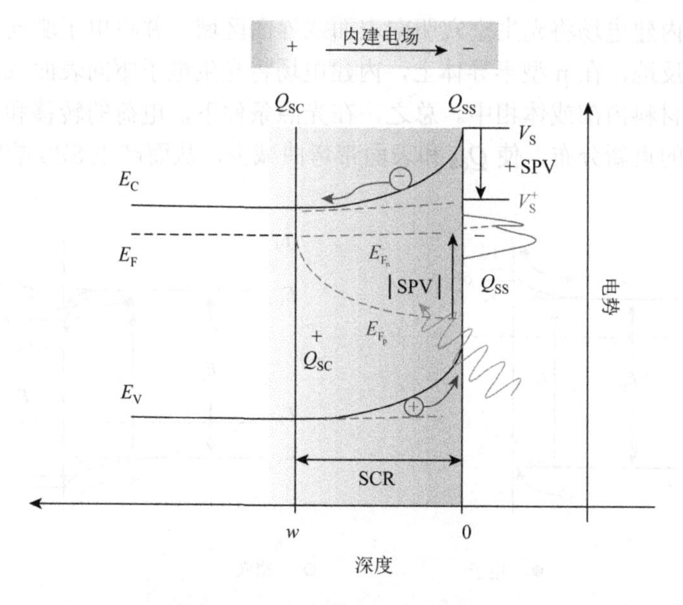

图 2.2　表面态对半导体表面能带弯曲和空间电荷区的影响[22]

E_C、E_F、E_V：表面态的能级；Q_{SC}：SCR 中单位面积上的净电荷；Q_{SS}：净表面电荷

2.1.2　表面光电压信号的产生

如图 2.2 所示，通常对于给定条件的半导体，V_S 的值由电荷守恒定律决定，其中 Q_{SS} 是净表面电荷，Q_{SC} 是 SCR 中单位面积上的净电荷，这是因为半导体是表面电荷的唯一来源。也就是说，V_S 主要依赖 Q_{SS} 和 Q_{SC}，并且会在光照情况下发生非常显著的变化，根据电荷守恒定律可知：

$$Q_{SS} + Q_{SC} = 0$$

当半导体接收到适当能量的光子后，在表面附近通过带间跃迁产生电子-空穴对，在表面释放捕获的电荷来诱导自由电荷的形成。因此，大量的电荷可能在内建电场作用下沿相反方向转移，从表面扩散到本体，或者在表面或本体内重新分布，从而在表面积累的 Q_{SC}，产生表面势垒 V_S。其中，光照和黑暗中的 V_S 之间的差值（ΔV_S）被定义为 SPS 信号。

首先，介绍带带跃迁引起的 SPS 信号。带带跃迁是在半导体接收能量大于材料带隙（E_g）的光子时，导致电子从价带到导带而产生电子-空穴对的跃迁，跃迁过程如图 2.3 所示。一般来说，带间吸收系数通常比半导体中超带隙光照下的陷阱到能带吸收系数大几个数量级，因此可以忽略表面态-能带之间的跃迁对 SPS 的影响。因此，这里只讨论带间跃迁对 SPS 的影响。在 n 型半导体中，存在于空间电荷区域的内建电场将光生空穴驱向表面或界面区域，并将电子驱向材料内部或体相中。相反地，在 p 型半导体上，内建电场将光生电子驱向表面或界面区域，将空穴驱向材料内部或体相中。总之，在光照条件下，电荷的转移和分离过程导致表面电荷的重新分布，使 Q_{SS} 和表面带弯曲减少，从而产生 SPS 响应。

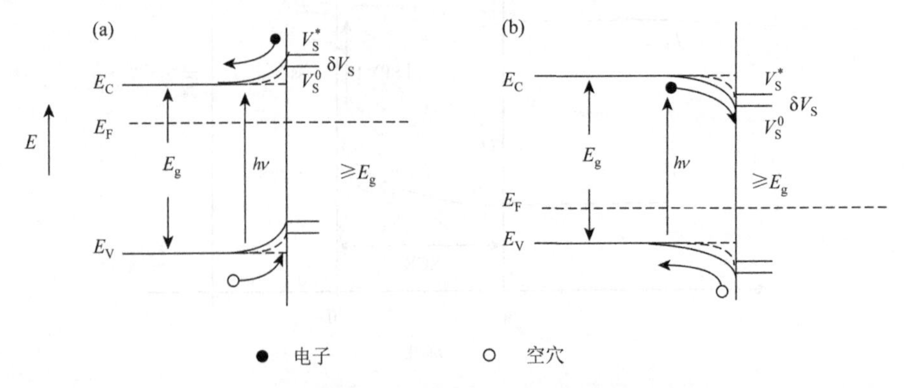

图 2.3　带带跃迁对半导体 SPS 影响的原理示意图

V_S^0 和 V_S^* 分别表示光照前后的表面势能；(a) n 型半导体；(b) p 型半导体

其次，介绍表面态-能带之间的跃迁引起的SPS信号。如果半导体接收到能量低于材料带隙的光子，那么电荷产生过程主要在半导体能带和表面态之间，跃迁过程如图2.4所示。虽然这种跃迁不能产生电子-空穴对，但它可以产生自由的电子或空穴，从而使表面电荷重新分布，从而使 Q_{SS} 和表面能带弯曲发生变化。因此，这种涉及表面态和体相缺陷态的跃迁可能有助于产生SPS信号[21]。在亚带隙激发下，带间吸收的概率基本上为零，这是因为光子没有足够的能量来诱导这种跃迁。然而，某些条件下确实允许具有子带隙光子能量的带间跃迁。一个值得注意的例子是Franz-Keldysh效应，其中子带隙光子通过光辅助在足够大的电场中激发带间跃迁。这种情况下的光子能量通常接近带隙能量 E_g，这种带间跃迁通常可以忽略不计。因此，这里只讨论陷阱到能带跃迁对SPS的影响。为简单起见，假设表面态只有一种能级（E_t）。在耗尽的n型半导体中，Q_{SS} 是负的，Q_{SC} 为正的。能量高于导带（E_C）和捕获表面态（E_t）之间的能量差的光子照射可以促进电子从能级 E_t 的捕获表面态跃迁到 E_C，其中激发的电子在内置表面电场下迅速到达半导体内部。因此，Q_{SS} 减小并且表面空间电荷区没有全部耗尽。这种陷阱到能带的转变也称为表面态的减少，它伴随着能带弯曲程度的减少，这有助于产生SPS信号。此外，能量高于捕获 E_t 和 E_V 之间的能量差的光子照射可以促进电子从 E_V 跃迁到能级 E_t 的表面态，这相当于空穴从表面态到价带的跃迁[23]。这样的跃迁可以使 Q_{SS} 变得更负，导致表面势垒增加。因此，能带弯曲程度的增加有助于SPS信号的产生。通常，带间跃迁通常倾向于降低表面势垒，表面态跃迁的影响被称为“光电压反转”。事实上，各种陷阱到能带跃迁对SPS的影响更为复杂，这是因为半导体带隙之间可能存在具有不同能级的各种表面态[24]。同样地，也可以通过与n型半导体的类比来讨论陷阱到能带跃迁对p型半导体SPS的影响，在此不做赘述。

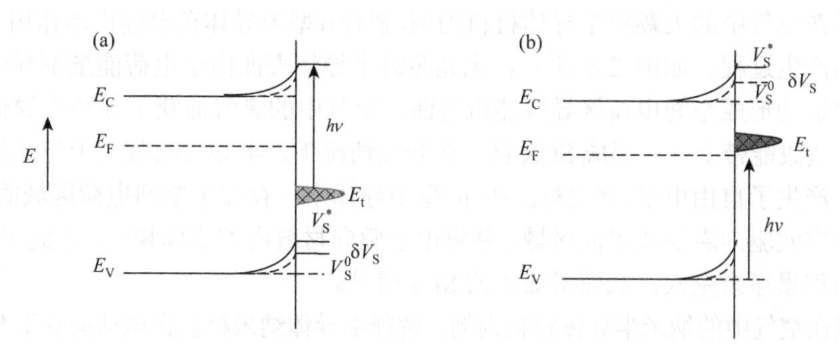

图2.4　在n型半导体中陷阱到能带跃迁对半导体SPS影响的原理示意图

V_S^0 和 V_S^* 分别表示光照前后的表面势能

最后，需要注意的是SPS信号的产生强烈依赖于材料的颗粒尺寸。根据以往的理论研究，当改变半导体粒径尺寸时，半导体表面能带弯曲程度会发生变化[25, 26]。图 2.5 反映了界面电荷分离和 SCR 形成是如何在不同尺寸粒子的半导体之间发生的。在体相或者大颗粒的半导体材料中，内建电场作用占主导地位，此时 SPS 信号主要来自电荷漂移效应。在内建电场作用下造成电荷漂移，在光电极表面积累电荷形成表面势垒。内建电场作用占主导地位时，光激发电子的跃迁通常有两种主要贡献来改变 SPS 信号，包括上面讨论的带带跃迁和表面态-能带跃迁两种过程。对于小颗粒纳米材料，由于材料尺寸较小，耗尽层厚度相比体相材料可以忽略，内建电场作用较弱，那么纳米材料表面的分子、离子或者缺陷会捕获其中的电子或者空穴，剩余的空穴或者电子可扩散到光电极表面而形成 SPS 信号，这种基于电荷捕获机制而形成的 SPS 是纳米材料中独特的现象[24]。纳米材料中 SPS 的产生和应用在以往的书籍中介绍较少，但对光催化纳米材料具有重要指导意义，接下来会重点介绍。

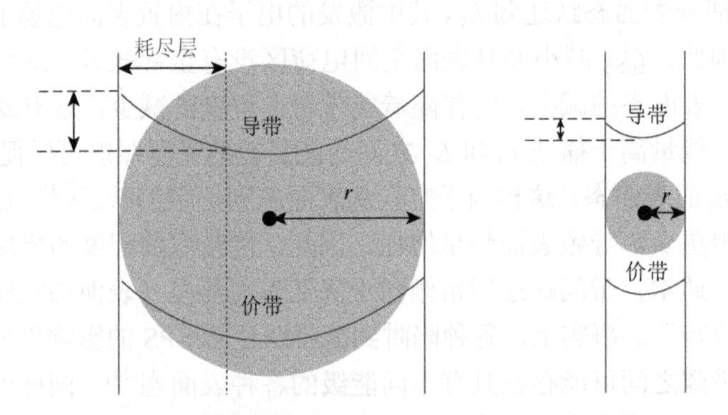

图 2.5　半导体体相材料和纳米材料中内建电场示意图

以在空气中的大颗粒半导体材料为例，解释 n 型半导体在自建电场作用下 SPS 信号的产生过程。如图 2.6 所示，无光照时半导体表面由于电荷能量不同引发的电荷热运动形成空间电荷区导致能带弯曲。空气中的氧气捕获了 n 型半导体中的电子，造成能带上弯，形成 SCR 区。在光照情况下，半导体吸收大于带隙能量的光子，产生了自由电子-空穴对。在 n 型半导体中，存在于空间电荷区域的 SCR 将光生空穴驱向表面或界面区域，并将电子驱向材料内部或体相中。达到平衡后，在表面积累净余空穴，从而形成正的 SPS 信号。

以在空气中的纳米半导体材料为例，解释半导体纳米材料在电荷捕获下 SPS 信号的产生过程。对于纳米材料而言，由于材料尺寸较小，耗尽层厚度相比体相材料可以忽略，SCR 作用较弱，此时起主导作用的是电荷的捕获作用。一般地，当没有电荷捕获时，光生电子和空穴均匀扩散到电极表面，电极表面没有净电荷存在，不能形成 SPS 信号。如图 2.7 所示，在空气气氛下，氧气可以捕获光生电子，使一部分电子处于束缚状态，那么在平衡状态下电极表面积累空穴，因此，形成正的 SPS 信号。另外，如果材料处于氧化性气氛中，气体可以捕获光生空穴，使一部分空穴处于束缚状态，那么在平衡状态下电极表面积累电子，形成负的 SPS 信号。

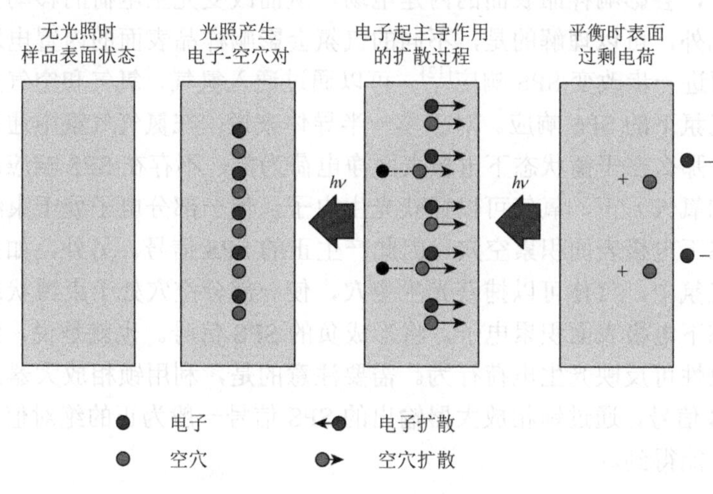

图 2.6　在空气中大颗粒 n 型半导体在自建电场作用下的 SPS 现象

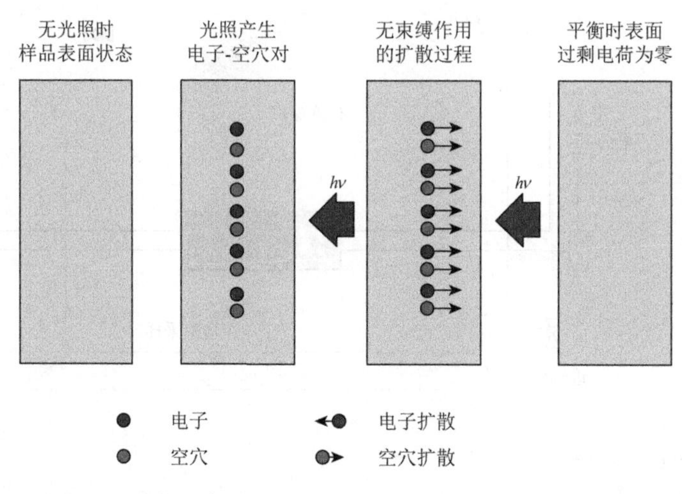

图 2.7　纳米尺寸颗粒基于电子起主导作用产生的 SPS 现象

2.2　表面光电压谱测试系统

2.2.1　稳态表面光电压谱

SS-SPS 光谱基于光电压电池原理测量而获得。如图 2.8 所示，该电池主要由两个氧化铟锡（ITO）玻璃电极组成。在 SPS 测量期间，粉末样品夹在两个 ITO 玻璃电极之间。对于外电场感应 SPS（EFISPS），外部偏压通过 ITO 电极施加到样品的两侧，当被照射的一侧连接到正极时被认为是正极。当对样品施加直流电场时，会影响样品表面的内建电场，从而改变光生电荷的移动方向和扩散距离。此外，可以理解的是，不同的气氛会影响样品表面的内置电场和表面状态，从而进一步改变 SPS 响应[12]。可以通过通入氮气、氧气和空气来研究材料在不同气氛下的 SPS 响应。对于单一半导体来说，在氮气气氛中通常无任何电荷捕获，那么在平衡状态下电极表面净电荷为零，不存在 SPS 响应；在氧化性气氛（如氧气）下，氧气可以捕获光生电子，使一部分电子处于束缚状态，在平衡状态下电极表面积累空穴，因此产生正的 SPS 信号。另外，如果材料处于还原性气氛中，气体可以捕获光生空穴，使一部分空穴处于束缚状态，那么在平衡状态下电极表面积累电子，将形成负的 SPS 信号。也就是说，SPS 响应强度和正负性可反映光生电荷行为。需要注意的是，利用锁相放大器来测量这种弱的 SPS 信号，通过锁相放大器输出的 SPS 信号一般为正的绝对值，信号的正负属性不能得到。

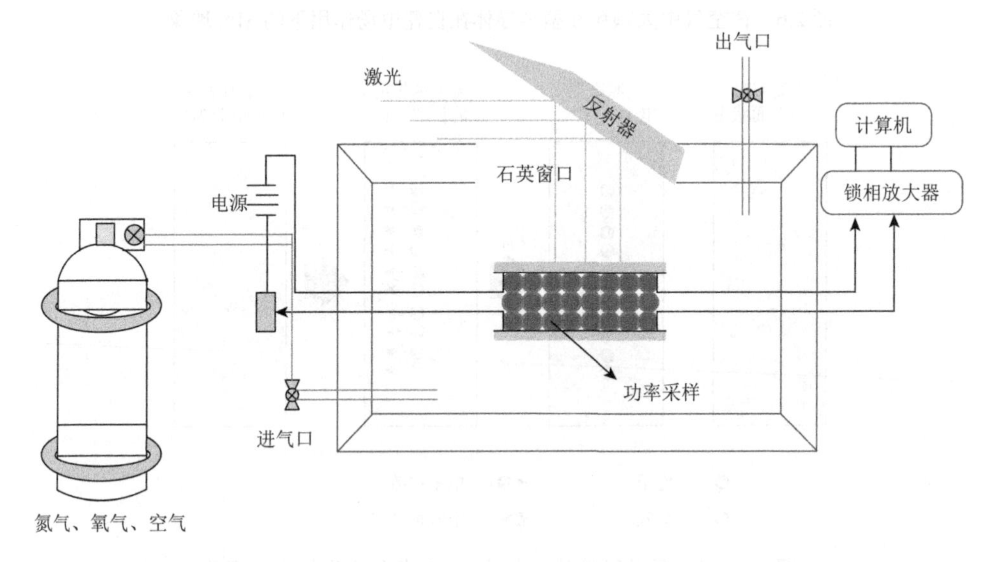

图 2.8　SS-SPS 测量仪器原理图[12]

2.2.2　瞬态表面光电压谱

与 SS-SPS 光谱不同，TS-SPS 响应反映了光生电荷分离的动力学过程。因此，TS-SPS 更全面地揭示了半导体固体材料的光生电荷特性。如图 2.9 所示，TS-SPS

测量设备主要由脉冲激光器、光电压电池、放大器和数字示波器组成。众所周知，当在半导体粒子的空间电荷区产生电子-空穴对时，它们将在内置电场下分离，从而产生快速 SPS 响应成分（$<10^{-5}$ s）。对于 n 型半导体，它的内建电场在空气中是从半导体内向表面的方向。因此，它的 SPS 信号应该是由正空穴的电荷富集产生的[12]。然而，半导体纳米粒子的直径太小，无法建立宽广的空间电荷区，通常会导致较弱的 SPS 信号。除了内建电场外，电荷分离还受电荷扩散过程的影响，主要导致光电压响应慢（$>10^{-4}$ s）。由于氧气的存在有利于捕获光生电子，因此预计正空穴从内部到表面的扩散比空气中的负电子快得多。与 SS-SPS 一样，也可以通过通入氮气、氧气和空气来研究材料在不同气氛下的 TS-SPS 响应。对比在氮气气氛和在空气气氛下 TS-SPS 的响应时间分辨过程，分析电荷转移的动力学过程，对于优化设计高效的光催化材料至关重要。

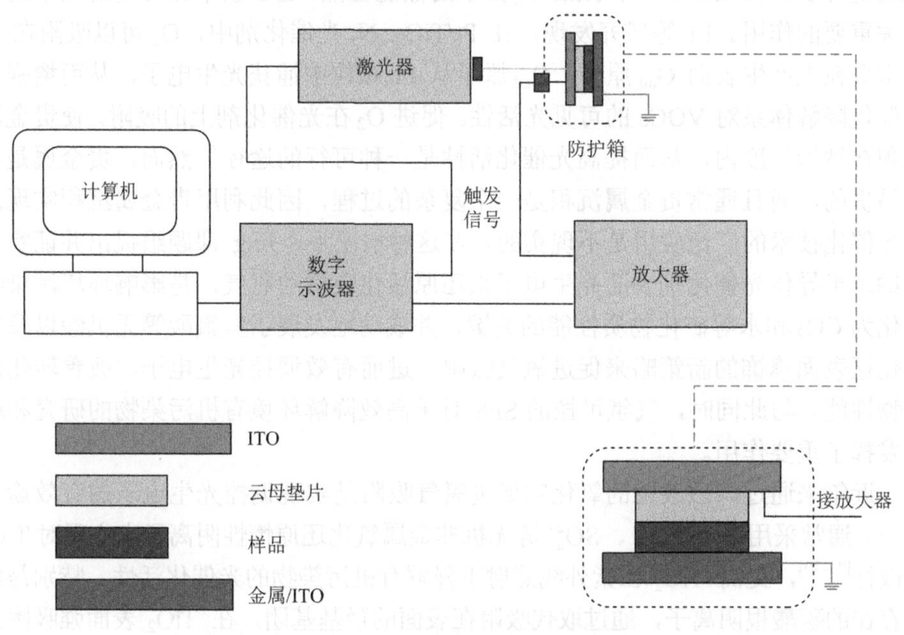

图 2.9　TS-SPS 测量仪器原理图[12]

2.3　表面光电压谱的主要应用

2.3.1　基于促进氧气吸附而调控光生电子的应用

半导体光催化高效降解有机污染物需要光生电荷的有效分离来驱动光化学过程，而 O_2 捕获电子在光催化降解有机物中作为半反应之一是关键步骤。一般情况下，表面吸附的 O_2 捕获光生电子的步骤相对于表面吸附的羟基捕获空穴的步骤较慢，因此，迫切需要开发可行的策略以促进光催化剂对 O_2 的吸附达到改善电荷分离的效果。对于 O_2 分子，它会表现出具有两个自旋平行电子的三重基态。这表明在这两个电子之间，有一个会在半反应中发生自旋反转。然而，电子的反向自旋在热力学和动力学上是被禁止的。此外，它的单电子还原自由基$\cdot O^{2-}$表现出相当低的还原电位(−0.16 V *vs.* pH = 0)，与多电子相比(+ 0.695 V O_2/H_2O_2 和 + 1.229 V O_2/H_2O_2)，它是很难被 O_2 得到第一个电子而产生$\cdot O^{2-}$自由基，这与 O_2 捕获光生电子的缓慢过程是吻合的。

一般来说，降低光电子与 O_2 分子之间的能垒和促进 O_2 吸附是改善光生电荷分离的两种可行策略。纳米贵金属沉积可以增强半导体光催化剂对 O_2 的吸附，这一观点已被广泛接受。Malwadkar 等通过程序升温解吸测量发现，TiO_2 上高度分散的金可以作为直接吸附和激活 O_2 分子的低能位点，这在整个光催化过程中起着至关重要的作用。Li 等研究发现，在 $Pt/TiO_{2-x}N_x$ 光催化剂中，O_2 可以吸附在 Pt 纳米颗粒上产生表面 O_{ad} 原子，O_{ad} 原子从 Pt 颗粒中捕获光生电子，从而增强了光催化降解体系对 VOCs 的可见光活性。促进 O_2 在光催化剂上的吸附，使贵金属沉积在纳米尺度内，从而提高光催化活性是一种可行的途径。然而，贵金属是较为昂贵的，而且通常贵金属沉积是一个复杂的过程，因此利用贵金属沉积实现高效光催化技术的广泛应用是不现实的。在这种情况下，Jing 课题组提出并证实了在纳米半导体光催化剂表面光生电子来还原活化吸附的氧气，是影响环境污染物转化为 CO_2 和水等矿化物质性能的关键，并成功地发展了氢氟酸等无机酸以及二氧化锰表面修饰的新策略来促进氧气吸附，进而有效调控光生电子、改善转化污染物性能。与此同时，气氛可控的 SPS 对于高效降解环境有机污染物的研究和应用发挥了重要作用。

近年来通过磷酸改性的氧化物促进氧气吸附是实现调控光生电子的有效途径之一。通常采用 F^-、PO_4^{3-}、SO_4^{2-} 等无机非金属氧化还原惰性阴离子来实现对 TiO_2 的改性[27-30]，提高 TiO_2 在紫外线照射下降解有机污染物的光催化活性。特别是广泛存在的磷酸根阴离子，通过取代吸附在表面的羟基基团，在 TiO_2 表面强吸附，极大地改善了 TiO_2 的界面和表面化学状态。Zhao 等提出了一种磷酸盐改性的化学行为机制，该机制与水体系中 TiO_2 表面层中的阴离子诱导负静电场有关[31]。但是，所提出的机制不适用于气相光催化反应，因为阴离子诱导的负静电场不能在 TiO_2 表面有效实现磷酸盐改性。基于 SPS 响应（图 2.10)，通过未改性和磷酸盐改性的对比，提出了一种与增加 O_2 吸附有关的新的合理机制[32]。从图 2.10 可以确认，O_2 含量越高，SPS 响应越强。这表明磷酸盐改性不会改变 TiO_2 的 SPS 属性。然而，它会极大地影响 TiO_2 在 O_2 或空气中的 SPS 强度。可以看出，适量磷酸盐的改性增强了在氧气气氛下 TiO_2 的 SPS 响应，这表明 TiO_2 的光生电荷分离得到明显改善。

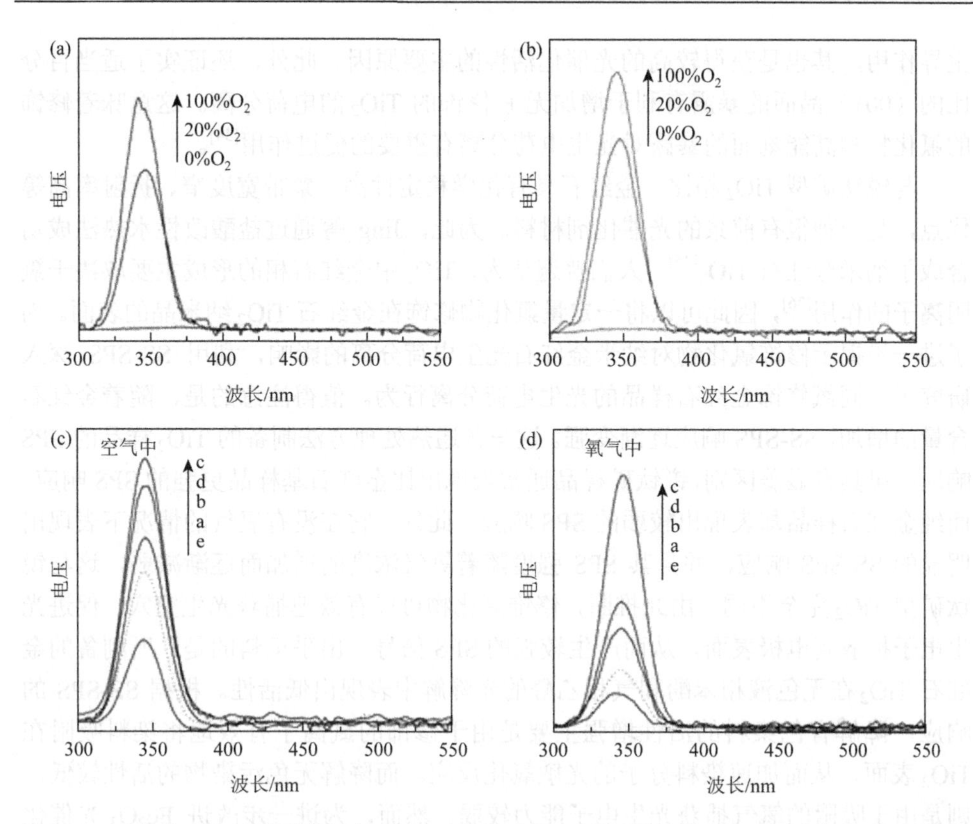

图 2.10　未修饰（a）和磷酸盐改性后（b）的 TiO_2 在空气和 O_2 下的 SS-SPS 响应，不同磷酸盐改性后的 TiO_2 在空气（c）和 O_2（d）下的 SS-SPS 响应[32]

所用磷酸盐浓度：a. 0 mol/L；b. 0.05 mol/L；c. 0.1 mol/L；d. 0.3 mol/L；e. 0.5 mol/L

对于磷酸盐改性的 Fe_2O_3 纳米晶，基于 SPS 的结果分析获得了与 TiO_2 类似的结论[33]。α-Fe_2O_3 中加入了适量的磷酸盐后，苯酚和气相乙醛的含量大大提高，其光催化降解性能获得一定提升。通过气氛控制的 SPS 分析可知，活性的增强主要归因于氧气吸附的提高。此外，对（001）面暴露的 TiO_2 表面修饰的氟化物的作用进行了进一步确认，通过使用 HF 作为表面修饰剂，采取水热法合成得到不同比例的（001）晶面暴露的锐钛矿 TiO_2 纳米晶[34]。结果表明，随着 HF 量的增加，（001）面暴露的百分比得到有效调节，相应的 TiO_2 在降解无色污染物上也表现出更高的光催化活性。然而，当修饰的氟化物用 NaOH 溶液洗掉时，光催化活性会明显下降。通过比较不含 F 的（001）晶面暴露的 TiO_2 与 F 改性样品，可以得出结论，即所制备的（001）晶面暴露的 TiO_2 优异的光催化活性主要取决于氟化氢，它是通过 Ti^{4+} 和 F 之间的配位键有效连接到 TiO_2 表面，主要利用空气气氛的 SPS（AC-SPS）得以证明。与相应的修饰氟化物的 TiO_2 相比，不含 F 的 TiO_2 在空气中表现出弱的 SPS 响应。这表明修饰的氟化物应该在 TiO_2 的光生电荷分离过程中起主导作用，其也是获得较高的光催化活性的主要原因。此外，还证实了适当百分比的（001）晶面的暴露有利于增加无 F 修饰的 TiO_2 的电荷分离。这意味着修饰的氟化物和高能刻面的暴露对光生电荷分离有重要的促进作用[34]。

与锐钛矿型 TiO_2 相比，金红石具有化学稳定性高、禁带宽度窄、折射率高等优点，是一种很有前景的光催化剂材料。为此，Jing 等通过盐酸改性水热法成功合成了纳米金红石 TiO_2[35]。人们普遍认为，TiO_2 中金红石相的形成主要取决于氯阴离子的作用[36]，因此可以将一定量氯化物修饰在金红石 TiO_2 纳米晶的表面。为了进一步揭示修饰氯化物对纳米金红石光生电荷分离的影响，利用 SS-SPS 深入研究了不同氯修饰金红石样品的光生电荷分离行为。值得注意的是，随着金红石含量的增加，SS-SPS 响应逐渐变强。这与普通热处理方法制备的 TiO_2 样品的 SPS 响应结果具有显著区别，锐钛矿样品通常表现出比金红石基样品更强的 SPS 响应，而纯金红石样品却表现出较弱的 SPS 响应。此外，它在没有氧气的情况下表现出明显的 SS-SPS 响应，并且其 SPS 强度随着氧气浓度的增加而逐渐减弱，这与锐钛矿型 TiO_2 完全不同。由此推断，修饰氯化物可以有效地捕获光生空穴，促进光生电子扩散到电极表面，从而产生较强的 SPS 信号。出乎意料的是，所制备的金红石 TiO_2 在无色液相苯酚和气相乙醛的光降解中表现出低活性。根据 SS-SPS 的响应，降解有色染料的活性增强主要是由于修饰的氯离子有效地将染料吸附在 TiO_2 表面，从而加速染料分子的光敏氧化反应。而降解无色污染物的活性较低，则是由于吸附的氧气捕获光生电子能力较弱。然而，为进一步改进 Fe_2O_3 光催化活性，研究发现通过适量的磷酸盐修饰可以使其 SS-SPS 响应增强。TS-SPS 响应进一步支持了这一观点[33]。从 TS-SPS 分析可以看出，磷酸盐修饰导致 TS-SPS 响应增加，而且光生电荷的寿命延长。

除了表面改性外，构建异质结复合材料也是一种有效促进光生电荷分离的可行策略。因此，异质结复合材料的光生电荷特性的研究对于揭示其光催化活性十分重要[37-39]。一般来说，通过复合一定量的石墨烯可以增强 TiO_2 的光催化活性，从而有效地促进光生电子的转移和分离[40]，图 2.11 所示的 TS-SPS 响应证明了这一点。纯还原氧化石墨烯（RGO）几乎没有表现出光电压响应，而对于锐钛矿 TiO_2，仅观察到非常低的光电压响应（0.03 mV）。而锐钛矿 TiO_2 与 RGO 复合后，其光电压响应显著提高到 0.16 mV，比锐钛矿 TiO_2 高 5 倍。这表明，一旦锐钛矿 TiO_2 被激发，光生电子将从锐钛矿 TiO_2 转移到 RGO，而空穴留在锐钛矿 TiO_2 中。通过电子转移过程，在激发的锐钛矿 TiO_2 中产生的电子-空穴对可以有效地分离，从而提高了 RGO-锐钛矿 TiO_2 纳米复合材料的光电压响应。与锐钛矿 TiO_2 相比，RGO-锐钛矿 TiO_2 纳米复合材料的光电压响应的另一个特点是其电子-空穴对的平均寿命从 10^{-7} s 延长到 10^{-5} s。这意味着 RGO 的修饰极大地延缓了锐钛矿 TiO_2 中电子-空穴对的复合。

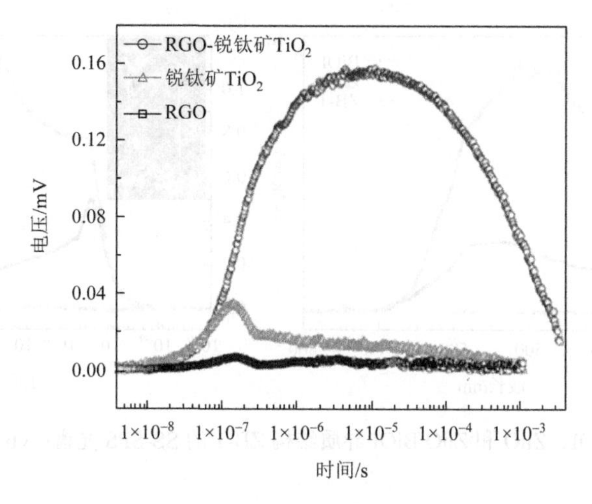

图 2.11 RGO、锐钛矿 TiO_2 和 RGO-锐钛矿 TiO_2 的 TS-SPS 响应[40]

然而，很少有报道通过使用石墨烯来提高 α-Fe_2O_3 的光催化活性。这通过 TS-SPS 响应以及 SS-SPS 响应得到证实，Fe_2O_3 的 SPS 响应主要来源于 O_2 存在下通过扩散过程捕获光生电子所实现的光生电荷分离[41]。值得注意的是，α-Fe_2O_3 的 SS-SPS 响应在与适量的石墨烯复合后得到增强，特别是对于用适量磷酸功能化的石墨烯。根据 SS-SPS 原理，强 SPS 响应的光生电荷分离更好。如果石墨烯用量过多，则不利于 α-Fe_2O_3 的光吸收，会降低其 SPS 响应。此外，过量使用的磷酸将不利于电荷传输，从而降低所得复合材料的 SPS 响应。正如预期的那样，TS-SPS 响应结果证实，通过将适量的未官能化和磷酸官能化的石墨烯与 α-Fe_2O_3 复合，空气中的光生电荷分离得到极大改善，并延长了可利用电子寿命。通过 SS-SPS 响应分析，可以证明通过简单的类微乳液化学沉淀法合成的 AgBr-TiO_2 纳米异质结构显示出更为有效的光生电荷分离[42]，从而大大提高了在紫外或可见光照射下降解液相苯酚水溶液和气相乙醛的光催化活性。

与 AgBr-TiO_2 纳米复合材料类似，通过 SS-SPS 和 TS-SPS 技术系统地研究了 ZnO/BiOI 异质结构的光生电荷转移特性（图 2.12）[43]。纯 ZnO 在紫外光范围内的 SPS 响应较弱，而纯 BiOI 在 300～700 nm 范围内的 SPS 响应较为明显。值得注意的是，在 ZnO/BiOI 异质结构（ZB-1）中观察到 SPS 响应增强，表明通过 ZnO 和 BiOI 的复合实现了光生电子-空穴对的有效分离。与纯 BiOI 的情况不同，ZB-1 的 TS-SPS 响应清楚地显示了两个过程，响应时间分别为 10^{-7}～10^{-5} s 和 10^{-5}～10^{-3} s。更重要的是，ZnO/BiOI 异质结构的电荷寿命比 BiOI 长得多，ZnO/BiOI 的这些特征归因于在 BiOI 和 ZnO 之间的界面处形成的异质结增强了电荷分离，有效提高了光催化活性。

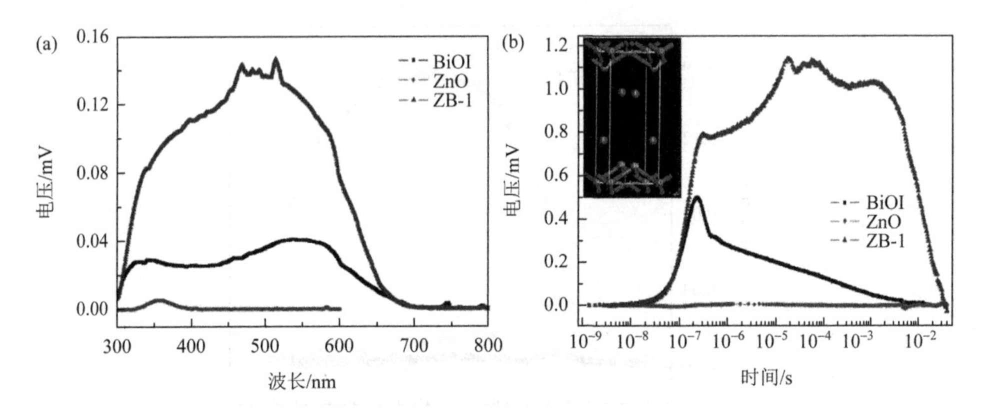

图 2.12　（a）BiOI、ZnO 和 ZnO/BiOI 异质结构 ZB-1 的 SS-SPS 光谱；（b）TS-SPS 响应[43]

2.3.2　基于表面极化而调控光生空穴的应用

在光催化分解水的过程中，水氧化半反应是速控步骤，因此发展对空穴的调控策略并揭示对电荷分离的影响是十分重要的。光电化学系统通常由光阳极电极、金属阴极（对极）电极、电解质和外部电源组成。半导体材料的光阳极首先吸收光子产生电子-空穴对，然后光生电荷进行分离和定向迁移。电子通过外部电路传导到阴极，引发还原反应，同时，光阳极上的光生空穴被氧化反应所消耗。目前，大部分的研究都集中在还原反应上，光阳极上的氧化半反应研究较少。水的氧化反应生成 O_2 需要 4 个空穴，这个生成 O_2 的过程发生在亚秒级时间尺度上（0.27 s），比生成 H_2 的几百微秒时间尺度要慢得多。也就是说，空穴的迁移限制了 PEC 体系的整体反应速率。因此，光生空穴的调控和加速引发表面氧化反应对太阳能-化学转化效率提高至关重要。

磷酸作为一种优良的无机酸改性剂，由于其价格低廉、生物相容性和环境友好性，在光催化体系中得到了广泛的应用。磷酸盐基团通过表面羟基的脱水而牢固地固定在金属氧化物表面，这会显著影响界面和表面化学[44]，改性的无机酸可以在溶液中电离以获得稳定的负静电场，有效地诱导 TiO_2 表面空穴快速迁移到催化剂表面，从而促进电荷分离，进一步提高光催化活性[45]。

2015 年，Jing 课题组证实了磷酸基团在 TiO_2-$BiVO_4$ 异质结中的非凡 PEC 性能，在这项工作中，通过简单的湿化学方法制备了磷酸盐桥接的 TiO_2-$BiVO_4$ 纳米复合材料，并在可见光照射下用于水分解。磷酸盐基团可以作为桥梁，解决两种金属氧化物之间低晶格匹配的问题，更重要的是磷酸盐可以大大改善空间中可见光生电荷的转移，这将延长寿命并促进光生电荷的分离[46]。与未桥接的 TiO_2-$BiVO_4$ 纳米复合材料相比，磷酸盐桥接的 TiO_2-$BiVO_4$ 对水氧化和 H_2 释放的光催化活性高出约三倍。

桥接的磷酸盐基团有利于传输电荷，从而促进纳米复合材料中的电子转移[46]，这很好地解释了空气中SS-SPS响应［图2.13（a）中的插图］和空气中TS-SPS响应［图2.13（b）］。5 PB-5T-BV纳米复合材料在空气中表现出非常强的SS-SPS和TS-SPS响应，特别是毫秒量级的光伏信号，表现出可见光激发下有效的电荷分离。此外，同样发现适量的磷酸盐桥连对增强空气中的SS-SPS响应和空气中的TS-SPS响应［图2.13（b）中的插图］是非常有益的。如果使用的磷酸盐过量，则对所制备的纳米复合材料的SPS信号提高是不利的。另一项工作也证实了这一点，通过磷酸盐对$BiVO_4$的表面进行改性延长了光生电荷寿命，并通过诱导空穴转移到表面来改善电荷分离，导致PEC水氧化的可见光活性明显增强[47]。通过研究光生电荷性质，有望揭示表面负静电场在$BiVO_4$对PEC水氧化活性中的作用。为了揭示这一点，在水中通过TS-SPS技术对改性后的$BiVO_4$的电荷转移特性进行了研究。实验结果表明，所有制备的样品在水中显示出负的TS-SPS响应，这与空气中的光伏信号不同，归因于水中磷酸盐电离产生的SCNC，在$BiVO_4$上形成了表面负电场，这会导致空穴转移到纳米颗粒表面，从而使电子扩散到阳极。

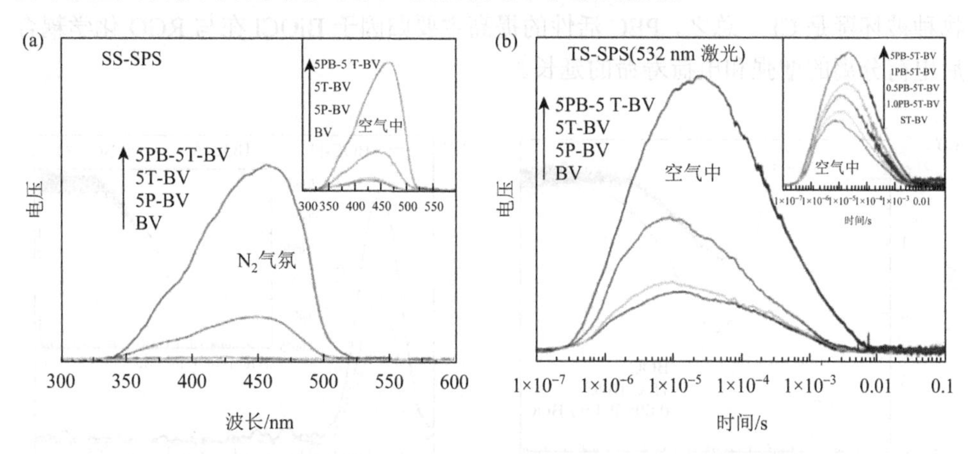

图2.13　SS-SPS（a）和TS-SPS（b）在不同气氛中的响应[46]

TS-SPS的研究结果进一步表明，活性的增强主要归因于电荷寿命的延长和光生电荷分离的增强，随着磷酸盐用量的增加，$BiVO_4$的电荷寿命逐渐延长，同时TS-SPS响应的强度也逐渐增加，在磷酸盐改性的$BiVO_4$膜中，2P-BVO显示出最佳的电荷分离效果，并且如果磷酸盐量持续增加，TS-SPS响应将降低。因此，可以证明，磷酸盐电离形成的表面负电场通过诱导空穴转移到纳米颗粒表面进行水氧化，促进了$BiVO_4$的光生电荷分离，而电子将在正偏压的帮助下转移到光电极，从而提高PEC水氧化的活性。同样地，对BiOCl的改性也可以实现通过表面极化效应来调控光生空穴，基于BiOCl与RGO的化学耦合经由表面上形成的负场捕获空穴可以有效增强电荷分离性能[48]。

如图 2.14（a）所示，在溶液环境中测量了 BOC、15G/BOC 和 0.005P-15G/BOC 薄膜的 TS-SPS 响应。所有薄膜在 Na_2SO_4 电解质溶液中都表现出负 TS-SPS 响应。很明显，BOC 薄膜显示出低 TS-SPS 响应，磷酸盐修饰在 15G/BOC 薄膜的电荷分离中起着至关重要的作用，因为修饰的磷酸盐基团的解离导致表面携带负电荷，从而易于捕获光生空穴，所以 15G/BOC 表现出增强的 TS-SPS 信号。对于 0.005P-15G/BOC 薄膜来说，RGO 独特的 2D 平面结构和丰富的表面基团以及电子接受和转移能力可以进一步增强电子和空穴的分离，因此，可以观察到最强的 TS-SPS 响应。在这个过程中有必要研究 Cl^- 对光生电荷复合的影响。采用 SS-SPS 和 TS-SPS 测量 BOC 在不同气氛下的 SS-SPS 信号，如图 2.14（b）所示。很明显，BOC 在 N_2 中显示出明显的 SPS 信号，然而，在空气和 O_2 中 SPS 响应强度显著降低。这是因为一些特殊种类的 BOC 将作为施主来捕获光生空穴，相应的电子将优先扩散到测试电极表面。在波长 355 nm 的激光脉冲照射下，BOC 的 TS-SPS 信号［图 2.14（b）中的插图］进一步支持了这一点。结果表明，样品在空气中表现出负 TS-SPS 响应，这归因于特殊物质捕获的空穴。根据之前的研究，这种特殊的物种被怀疑是 Cl^-。总之，PEC 活性的提高主要归因于 BiOCl 在与 RGO 化学耦合后电荷分离的增强和电荷寿命的延长。

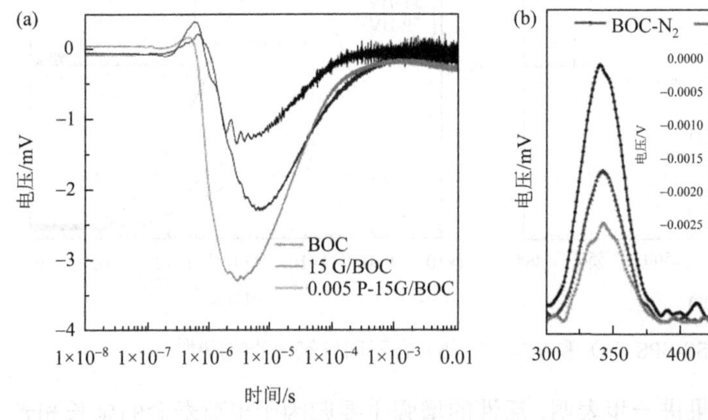

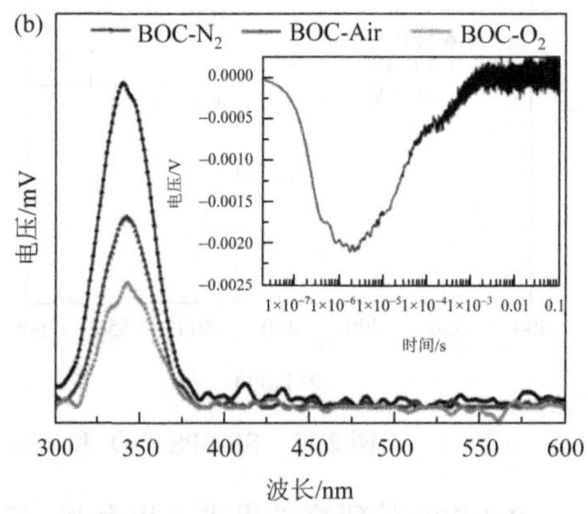

图 2.14　（a）BOC、15G/BOC 和 0.005P-15G/BOC 薄膜的 TS-SPS 响应；（b）BOC 在不同空气中的 SS-SPS 响应，插图是 BOC 在空气中的 TS-SPS 响应[48]

为了深入研究上述工作中氯离子的作用，Jing 等考虑利用卤素离子诱导样品的表面极化有效捕获光生空穴，发现适当量的修饰氯离子可以达到捕获光生空穴的作用，从而大大增强 g-C_3N_4 的电荷分离，并对 2, 4-二氯酚(2, 4-DCP)的降解和 CO_2 转化为 CH_4 的光催化活性明显提高[49]。有趣的是，使用 Br^- 和 F^- 等其他卤素阴离子修饰 g-C_3N_4 后，也证实了类似的正效应，而 Cl^- 修饰效果是最好的。虽然使用的Cl^-和Br^-修饰与F^-上捕获空穴的机制不同，但通过卤素诱导的表面极化可以大大增强电荷分离，这在随后的SS-SPS测试和N_2中的TS-SPS响应测试中得到证明。

CN和xCl/CN在N_2中的SS-SPS测试中没有信号，而CN经氯修饰后的SS-SPS响应明显增强，这表明电荷分离增强。然而，如果改性氯的量持续增加，SS-SPS响应开始减弱。进一步地，在N_2气氛下研究了CN和7Cl/CN的TS-SPS响应，CN也没有TS-SPS响应，表明光生电荷快速复合了。然而，氯修饰的CN表现为负的TS-SPS信号，这是因为使用的氯化物可以有效地捕获空穴，使相应的电子在N_2中优先扩散到被测电极表面。可以看到氯修饰后CN的电荷寿命延长到几毫秒，这进一步证明氯化物改性有利于增强电荷分离，可以获得长寿命光生电子。

进一步地，测量了不同卤素离子改性CN在N_2气氛下的SS-SPS响应，包括7F/CN、7Cl/CN和7Br/CN。有趣的是，7Cl/CN和7Br/CN在N_2中表现出明显的SPS响应，7Cl/CN的SS-SPS响应高于7Br/CN，而7F/CN没有SS-SPS信号。这表明修饰后的Cl^-和Br^-与修饰后的F^-具有不同的空穴捕获机制。这是因为与Cl^-和Br^-相比，F^-电负性更强，很难捕获光生空穴。但是在水溶液中，氟化后的CN表面极化会形成负电场，与磷酸修饰的效果相同，将会诱导光生空穴向表面迁移。总之，利用卤素的修饰促进表面极化，可以加速电荷分离，是提高光催化活性的有效途径。

2.3.3 基于引入适当能级平台调控可见光生电子的应用

半导体能带理论和密度泛函理论（DFT）的计算结果表明，在导带的底部存在大量的空轨道，这些空轨道在适当的能量激发下可以接受价带的光生电子，一定能量的可见光光子激发的氧化物电子可以跃迁到较高的能级，在这个能级上它们有足够的能量诱发许多还原反应。然而，这些高能级激发的高能电子通常在皮秒时间尺度内很快弛豫到导带底（低能级），这意味着它们很难在接下来的光催化反应中被利用。因此，通过构建合适的电子能量平台来分离光生电子和空穴，并延长电子的寿命是实现高效的光催化的关键。高能级电子虽然客观存在，但其是否可以被有效利用及其对光生电荷分离的影响一直未得到深入系统的研究。

近年来白钨矿单斜晶系$BiVO_4$（m-$BiVO_4$）作为O_2还原的催化剂受到了极大的关注。许多工作也证实了$BiVO_4$在O_2还原的应用中表现出较高的光活性，然而，$BiVO_4$有一个明显的缺点，它的导带位置很低，在热力学上不适合H_2还原[50]。这一问题通常导致水分解和降解自然界污染物的光活性较低，针对该缺点的可行性方案是提高$BiVO_4$的导带位置。为此，研究者已经证明使用某些元素（如Mo和W）可以成功地改变导带能级位置。然而，这通常伴随着新的问题的出现，主要涉及的问题有结晶度降低和电荷复合中心的出现。所以，$BiVO_4$ 高能级电子的开发利用可以有效解决问题，当 $BiVO_4$ 被能量高于带隙的可见光激发时，价带中的电子将被激发到导带底部并超过该能级，高于导带底部的激发电子将具有足够高的能量以诱导还原反应。然而，高能电子通常会很快地弛豫到导带的底部，也就是说，产生的高能电子的寿命很短，很难参与还原反应。即使紫外光用于激发，$BiVO_4$ 也显示出较弱的电荷分离，对应的光催化活性也较低。因此，可以推断延长可见光激发高能电子的寿命对于开发高效可见光响应 $BiVO_4$ 基光催化剂至关重要。

2014 年 Xie 等在 $TiO_2/BiVO_4$ 纳米复合体系上实现了高能级的构成，并且通过一系列手段证实复合体系的电荷分离效果[51]。由 $BiVO_4$ 纳米颗粒和 $TiO_2/BiVO_4$ 纳米复合材料在空气中的 SS-SPS 响应可以看出，随着复合 TiO_2 的量增加，$BiVO_4$ 的 SS-SPS 强度逐渐增加。但是，如果使用的 TiO_2 量超出最佳值，相应的 SPS 响应则会减弱。对于 5T-BV 纳米复合材料，SS-SPS 响应最强。有趣的是，SS-SPS 响应与上述 TS-SPS 响应非常吻合。此外，与 $BiVO_4$ 相比，$TiO_2/BiVO_4$ 纳米复合材料的光伏信号峰值位置随着 TiO_2 使用量的增加而略微移至更长的波长区域（约 430 nm），表明 $BiVO_4$ 的可见光激发光生电荷的分离比紫外光激发电荷的分离得到更大程度的改善。

为了进一步探索光生电荷的性质，TS-SPS 也被用于阐述光生电荷的动态过程。在 532 nm 的激光脉冲照射下，$BiVO_4$ 纳米颗粒和 $TiO_2/BiVO_4$ 纳米复合物均表现出正的 TS-SPS 响应信号。正 TS-SPS 响应分为两个部分：一个快（$<10^{-5}$ s）和一个慢（$>10^{-4}$ s）的时域过程。一般来说，快的响应信号主要归因于内置电场下光生电子-空穴对的分离，慢信号产生的原因主要是电荷扩散过程。$BiVO_4$ 作为 n 型半导体，在空气中由于其内建电场方向的影响，表面富集的空穴是由内向外的。然而，纳米粒子内的电场非常弱，它对 TS-SPS 信号的影响很小，甚至可以忽略不计。因为在空气中的慢响应是正的，所以假定吸附的 O_2 会捕获光生电子，这样光生空穴可以优先扩散到电极表面。值得注意的是，适当比例的 $TiO_2/BiVO_4$ 纳米复合材料的光生电荷寿命比 $BiVO_4$ 及其对应材料的寿命长。对于 5T-BV 纳米复合材料，它表现出比 $BiVO_4$ 更长的电荷寿命（约 3 ms）和更大程度的电荷分离。众所周知，强烈的 TS-SPS 响应对应于高的光生电荷分离效率。然而，过大的 TiO_2 复合量对 TS-SPS 响应的提高是不利的，这是因为宽带隙的 TiO_2 对可见光没有响应。

$BiFeO_3$（BFO）由于其高化学稳定性、窄带隙（2.0～2.7 eV）、铁电和铁磁性质，被视为第三代可见光响应光催化剂之一。2016 年，Jing 团队通过将制备的 P-BFO 放入 TiO_2 溶胶中，然后在 80℃下干燥，制备了具有有效接触的纳米晶锐钛矿 TiO_2/多孔纳米尺寸 $BiFeO_3$（T/P-BFO）纳米复合材料[52]，该复合体系对污染物降解和 H_2 产生表现出高活性。SS-SPS、TS-SPS 和光致发光谱清楚地表明，与单独生成的 P-BFO 相比，具有适当摩尔比的 TiO_2（9%）的 T/P-BFO 纳米复合材料表现出了促进光生电荷分离的效果。

半导体固体材料中的光生电荷转移和分离可以通过高灵敏度和非破坏性的气氛控制 SPS(AC-SPS)技术深入分析。为了研究掺杂剂引入的表面态对 XN-LFO-AC 样品的光生电荷性质的影响，Jing 团队对其进行了 SPS 测量和分析[53]。根据测试结果，LFO-AC 在 N_2 气氛中表现出微弱的 SPS 信号，并且在掺杂 N 后显著增强，6N-LFO-AC 的信号最强。这表明 N 掺杂态在捕获光生空穴和提高电荷分离方面的促进作用。为了阐明这一点，在不同气氛条件下测量了 LFO-AC 和 6NLFO-AC 样品的 SPS 响应。一般来说，对于 LFO-AC，氧的存在对于 SPS 响应至关重要，因为光诱导的电子将被表面吸附的 O_2 捕获，空穴将优先扩散到测试电极表面并产生 SPS 响应。LFO-AC 在 O_2 中显示出强烈的 SPS 信号。相比之下，6N-LFO-AC 在 N_2 中显示出更强的 SPS 信号。这是因为 N 引入的表面态对光生空穴的捕获效应比吸附的 O_2 对相关电子的捕获效应更为明显。因此，6NLFO-AC 在空气中表现出微弱的 SPS 信号是合理的，因为光诱导的电子和空穴将分别被吸附的 O_2 和 N 引入的表面态捕获。基于 SPS 结果，得出结论，N 引入的表面态可以有效地捕获光生空穴，并且非常有利于光生电荷分离。

近年来，在采用介孔分子筛磷酸钛（MMS TiP）作为高效的纳米光催化剂降解 2, 4-DCP 氧化 CO 的工作中，也有相关工作采用 SPS 技术测试阐述其电荷分离机制[54]。优化合成的 MMS TiP 的高光活性主要来源于其多孔结构，进一步地，制备的 MMS TiP 的光催化活性还可以通过与纳米晶 SnO_2 偶联而大大提高。这是因为 SnO_2 作为平台可以极大地提高电子的寿命和分离效率。为了确定固态半导体中光生电荷的光物理性质，直接测量了 SS-SPS。MMS TiP 的 SS-SPS 响应表明，与纳米晶 SnO_2 耦合后样品信号显著增强，1Sn-1.74MMS-TiP6-180 纳米复合材料的响应最高。如果 SnO_2 的量超过一定的含量（1.5Sn-1.74MMS-TiP6-180），则 SS-SPS 响应开始降低，这对可见光吸收不利。因此，MMS TiP 的 SS-SPS 响应在与适量的纳米 SnO_2 偶联后可以增加，表明电荷分离增强，增强的 TS-SPS 响应进一步支持了这一点。总之，通过 SS-SPS 和 TS-SPS 测量观察到，这种平台的引入可以广泛用于提高光生电子-空穴对的分离和转移，延长半导体材料光生电荷的寿命。

Jing 课题组通过后续的工作深入验证了通过引入适当能级平台可以有效调控光生电荷。2019 年 Jing 等成功地构建了 NiMOF/CN 异质结，该复合体系对 CO_2RR 产生 CO 和 CH_4 表现出优异的光催化活性[55]。同时，SPS、波长依赖的光电流作用谱、电化学阻抗谱和 CO_2 电化学还原测试等技术的测试和分析表明，优异的光活性主要是由于超薄 CN 和 NiMOF 之间的良好的电荷传输特性。这主要是因为通过维度匹配策略合成的高质量异质结有效促进 CN 到 NiMOF 的高能级电子转移，其中心的 Ni(Ⅱ)作为催化位点用于 CO_2 活化。通常，更强的 SS-SPS

信号响应反映出更有效的电荷分离。在具有不同程度负载 NiMOF 的 NiMOF/CN-OH 异质结中，4NiMOF/CN-OH 表现出最强的 SS-SPS 信号，说明其电荷分离最有效。当 NiMOF 的比例较低时，电荷转移的数量将受到限制，而当 NiMOF 比例较高时，将受到 NiMOF 聚集的负面影响。在相同负载量的 NiMOF 下，与 4NiMOF/CN-OH 相比，4NiMOF-CN-AA 显示出进一步增强的 SS-SPS 响应，表明电荷分离得到改善［图 2.15（a）］。这主要是由于 AA 基团的诱导形成了更分散和更薄的 NiMOF 纳米片以及紧密的界面，这两者都可以显著促进光生电荷转移和分离。

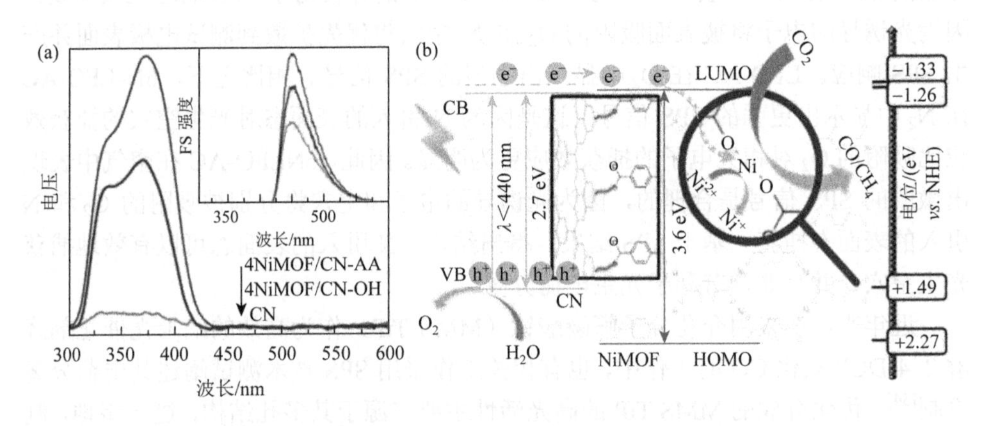

图 2.15　（a）SS-SPS 响应和 FS 光谱；（b）4NiMOF-CN-AA 机理[55]

2.3.4　基于改善 Z 型电荷转移调控光生电荷分离的应用

在光催化过程中，电子需要首先被具有足够能量的光子从半导体的价带激发到导带，在价带中留下空穴。对于光催化 CO_2 还原反应而言，产生特定产物的可能性取决于光催化剂导带的能级以及所需 CO_2 还原产物相应的还原电势。导带电势增加可以提高 CO_2 还原过程的驱动力。因此，为了提高光活度，半导体的导带电势需要比相应的 CO_2 还原反应的电势负得多。同时，在整个反应周期中，半导体的价带电位需要大于氧化半反应的价带电位，从而阻止了光催化剂的光腐蚀。然而，单个半导体要同时具备二氧化碳还原反应和氧化半反应的能级水平较难实现。此外，在光催化过程中，单个半导体通常会发生光生电子空穴对的快速复合，从而降低了光转换效率，限制了其实际应用。这种单一组分的缺陷，可以通过异质结的构建来解决，其中，Z 型异质结是目前的研究热点。Z 型光催化材料体系可以拓宽光谱吸收范围，并保持光生电荷高效的氧化还原能力，这意味着 Z 型光催化体系可以克服传统的单组分光催化材料固有的缺陷，因此，基于 SPS 技术揭示 Z 型异质结体系电荷分离机制及影响因素对光催化 CO_2 还原反应十分重要。

2019 年，Jing 团队通过氢键连接的锌酞菁/$BiVO_4$ 纳米片制备了 ZnPc/BVNS 复合物[56]，合成了一种有效的宽可见光驱动光催化剂，并将其用于光催化 CO_2 转化为 CO 和 CH_4。与之前报道的 $BiVO_4$ 纳米颗粒相比，优化的 ZnPc/BVNS 纳米复合材料在 520 nm 的光子辅助激发下，在 660 nm 光子的辅助激发下，量子效率提高了约 16 倍。实验和理论的结果共同表明这些异常活性归因于尺寸匹配的超薄（约 8 nm）异质结纳米结构形成 Z 型电荷转移机制，实现了快速电荷分离。

为了深入研究所得纳米复合材料上电荷分离的机理，设计了气氛 SPS 测量实验。在 N_2 气氛中记录了 BVNS 和 1ZnPc/BVNS 的 SPS 光谱响应（图 2.16）。无论

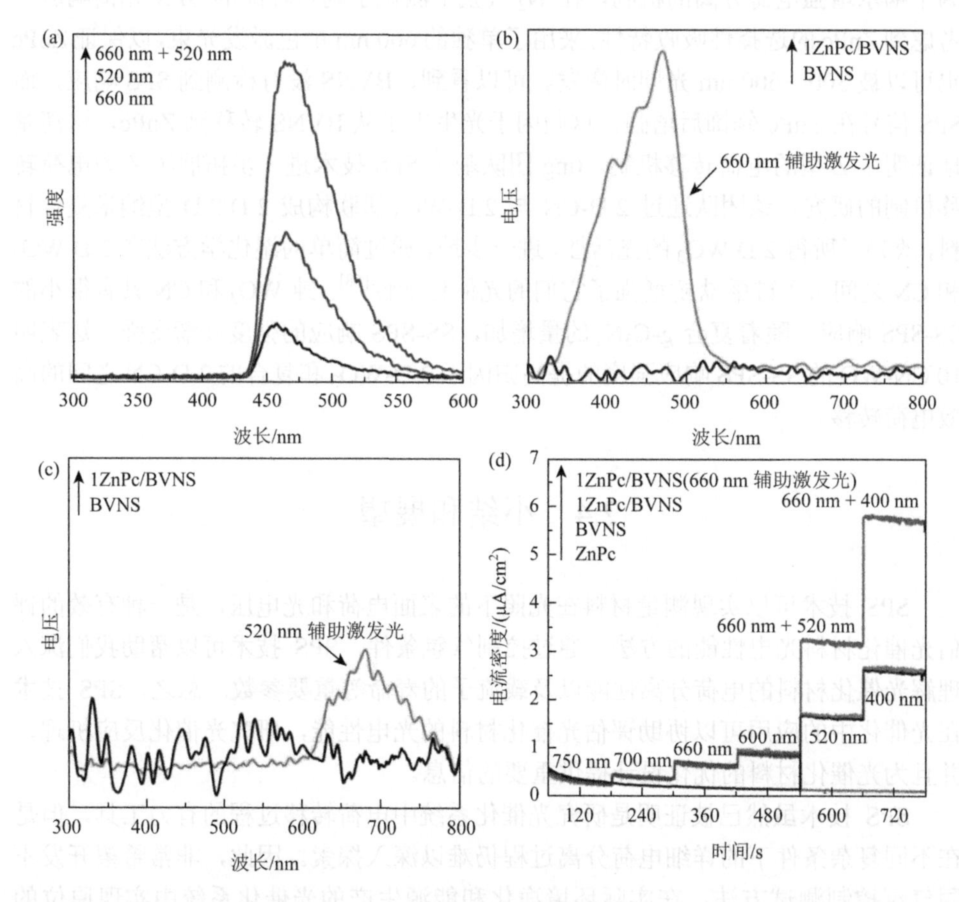

图 2.16　（a）1ZnPc/BVNS 和 BVNS 在 N_2 气氛中的 SPS 响应；（b）660 nm 和（c）520 nm 单色光束辅助激发下的 SPS 测试；（d）BVNS、ZnPc 和 1ZnPc/BVNS 在不同单色光照射下的归一化光电流作用光谱[56]

有无 ZnPc 表面负载，BVNS 都没有可检测的 SPS 响应，表明在单色光束探测下没有电荷转移和分离。这一结果也排除了由Ⅱ型异质结主导的电荷转移作用。

如图 2.16（b）所示，在 425～600 nm 的范围内可以检测到相当弱的 SPS 信号。然而，使用单独的 660 nm 单色光激发，纳米复合材料在 300～550 nm 范围内显现出 SPS 响应。当样品 1 ZnPc/BVNS 在 520 nm 单色激发时，在 600～800 nm 范围内可以得到 SPS 响应信号。因此，只有当 BVNS 和 ZnPc 同时被激发时，SPS 信号才能被检测到，这充分说明该异质结体系符合 Z 型电荷转移机制。这种机制是使 $BiVO_4$ 的导带中的光生电子与 ZnPc 的 HOMO 中的空穴结合，从而大大增强所制备的 ZnPc/BVNS 纳米复合材料上的电荷分离。Bian 等开发了一种新型的 Z 型 ZnPc/$BiVO_4$ 纳米片（ZnPc/BVNS）异质结，用于高效的光催化 CO_2 还原[57]。为了揭示增强电荷分离的机制，在 N_2 气氛下测试了制备样品的 SPS 光谱响应。考虑到 ZnPc 的选择性吸收特性，采用了单独的 660 nm 单色激发光束，以保证 ZnPc 也可以被 300～600 nm 光同时激发。可以看到，BVNS 没有检测到 SPS 响应，而 SPS 信号在 ZnPc 修饰后增强，这归因于光生电子从 BVNS 转移到 ZnPc，这清楚地证明了 Z 型的电荷转移机制。Jing 团队基于 SPS 技术进一步拓展了 Z 型电荷转移机制的研究。该团队通过 2 D-CN 与 2 D-WO_3 偶联构成 2 D/2 D 型纳米复合材料，改善了所得 2 D WO_3 的光活性，进一步地，通过简单的湿化学方法在 2 D WO_3 和 CN 之间引入硅酸盐桥增强了它们的光催化活性[58]。纯 WO_3 和 CN 具有很小的 SS-SPS 响应。随着复合 g-C_3N_4 的量增加，SS-SPS 响应的强度逐渐变强，这表明 10 CN-WO 的 SS-SPS 响应强度的提高归因于 2 D-WO_3 和复合的 2 D-CN 之间的高效电荷转移。

2.4 小结和展望

SPS 技术可以实现测量材料在光照下的表面电荷和光电压，是一种有效的评估光催化材料光电性能的方法。通过控制气氛条件，SPS 技术可以帮助我们深入理解光催化材料的电荷分离性能以及载流子的寿命等重要参数。总之，SPS 技术在光催化中的应用可以协助评估光催化材料的光电性能，研究光催化反应机理，并且为光催化材料的优化设计提供重要的信息。

SPS 技术虽然已被证明是研究光催化系统中电荷转移过程的有力工具，但是在不同复杂条件下的详细电荷分离过程仍难以深入探索。因此，非常希望开发不同气氛控制测试方法，在实际环境净化和能源生产的光催化系统中实现原位的 SPS 测试，获得光催化更加直接的信息。另外，常规的 SPS 技术仅能提供光催化剂大面积的 SPS 平均信号，无法区分单个催化剂颗粒之间的差异，因此，基于

KPFM 技术对局部表面电势和光诱导表面电势变化在纳米尺度上的测量，实现空间分辨 SPS 技术，该技术允许纳米级空间分辨率和 mV 级能量敏感性的 SPS 测试，有望进一步加强对微区结构的表面界面过程的理解，为研究光催化中的局部电荷分离开辟新的有力途径。基于这些原位和微区表征技术指导实现高精度纳米材料合成和发展新的界面调控策略，从而更好地控制界面，使界面面积增加引起的能量损失过程最小化，从而实现光生电荷转移效率最大化。

参考文献

[1] Kronik L，Shapira Y. Surface photovoltage spectroscopy of semiconductor structures：at the crossroads of physics，chemistry and electrical engineering [J]. Surface and Interface Analysis，2001，31：954-965.

[2] Baohui W，Wang D，Lihua Z，et al. A comparative study of transition states of porous silicon by surface photovoltage spectroscopy and time-resolved photoluminescence spectroscopy [J]. Journal of Physics and Chemistry of Solids，1997，58：559-569.

[3] Brattain W H，Shockley W. Density of surface states on silicon deduced from contact potential measurements [J]. Physical Review，1947，72：345.

[4] Gatos H C，Lagowski J. Surface photovoltage spectroscopy—a new approach to the study of high-gap semiconductor surfaces [J]. Journal of Vacuum Science and Technology，1973，10：130-135.

[5] Balestra C L，Łagowski J，Gatos H C，et al. Determination of surface state energy positions by surface photovoltage spectrometry：CdS [J]. Surface Science，1971，26：317-320.

[6] Chen L，Xie T，Wang D，et al. Surface photovoltage phase spectroscopy study of the photo-induced charge carrier properties of TiO_2 nanotube arrays [J]. Science China Chemistry，2012，55：229-234.

[7] Peng L，Xie T，Fan Z，et al. Surface photovoltage characterization of an oriented α-Fe_2O_3 nanorod array [J]. Chemical Physics Letters，2008，459：159-163.

[8] Zhang Y，Xie T，Jiang T，et al. Surface photovoltage characterization of a ZnO nanowire array/CdS quantum dot heterogeneous film and its application for photovoltaic devices [J]. Nanotechnology，2009，20：155707.

[9] Gao Y，Zhu J，An H，et al. Directly probing charge separation at interface of TiO_2 phase junction [J]. Journal of Physical Chemistry Letters，2017，8：1419-1423.

[10] Gao Y，Nie W，Zhu Q，et al. The polarization effect in surface-plasmon-induced photocatalysis on Au/TiO_2 nanoparticles [J]. Angewandte Chemie International Edition 2020，59：18218-18223.

[11] Jing L，Zhou W，Tian G，et al. Surface tuning for oxide-based nanomaterials as efficient photocatalysts [J]. Chemical Society Reviews，2013，42：9509-9549.

[12] Li Z，Luan Y，Qu Y，et al. Modification strategies with inorganic acids for efficient photocatalysts by promoting the adsorption of O_2 [J]. ACS Applied Materials & Interfaces，2015，7：22727-22740.

[13] Zhang Z，Bai L，Li Z，et al. Review of strategies for the fabrication of heterojunctional nanocomposites as efficient visible-light catalysts by modulating excited electrons with appropriate thermodynamic energy [J]. Journal of Materials Chemistry A，2019，7：10879-10897.

[14] Sun R，Zhang Z，Li Z，et al. Review on photogenerated hole modulation strategies in photoelectrocatalysis for solar fuel production [J]. ChemCatChem，2019，11：5875-5884.

[15] Xie S，Zhang Q，Liu G，et al. Photocatalytic and photoelectrocatalytic reduction of CO_2 using heterogeneous

catalysts with controlled nanostructures [J]. Chemical Communications，2016，52：35-59.

[16] Fan X，Wang X，Yuan W，et al. Diethylenetriamine-mediated self-assembly of three-dimensional hierarchical nanoporous CoP nanoflowers/pristine graphene interconnected networks as efficient electrocatalysts toward hydrogen evolution [J]. Sustainable Energy & Fuels，2017，1：2172-2180.

[17] Qu Y，Sun N，Humayun M，et al. Improved visible-light activities of nanocrystalline CdS by coupling with ultrafine NbN with lattice matching for hydrogen evolution [J]. Sustainable Energy & Fuels，2018，2：549-552.

[18] Xin B，Jing L，Ren Z，et al. Effects of simultaneously doped and deposited Ag on the photocatalytic activity and surface states of TiO_2 [J]. The Journal of Physical Chemistry B，2005，109：2805-2809.

[19] Chen S，Yan R，Zhang X，et al. Photogenerated electron modulation to dominantly induce efficient 2, 4-dichlorophenol degradation on BiOBr nanoplates with different phosphate modification [J]. Applied Catalysis B：Environmental，2017，209：320-328.

[20] Kronik L，Shapira Y. Surface photovoltage phenomena：theory，experiment，and applications [J]. Surface Science Reports，1999，37：1-206.

[21] Chen R，Fan F，Dittrich T，et al. Imaging photogenerated charge carriers on surfaces and interfaces of photocatalysts with surface photovoltage microscopy [J]. Chemical Society Reviews，2018，47：8238-8262.

[22] Schroder D K. Surface voltage and surface photovoltage：history，theory and applications [J]. Measurement Science and Technology，2001，1：R16.

[23] Liqiang J，Xiaojun S，Jing S，et al. Review of surface photovoltage spectra of nano-sized semiconductor and its applications in heterogeneous photocatalysis [J]. Solar Energy Materials and Solar Cells，2003，79：133-151.

[24] Bai Y，Zhou Y，Zhang J，et al. Homophase junction for promoting spatial charge separation in photocatalytic water splitting [J]. ACS Catalysis，2019，9：3242-3252.

[25] Zhang Z，Yates J T J. Band bending in semiconductors：chemical and physical consequences at surfaces and interfaces [J]. Chemical Reviews，2012，112：5520-5551.

[26] Park H，Choi W. Effects of TiO_2 surface fluorination on photocatalytic reactions and photoelectrochemical behaviors [J]. Journal of Physical Chemistry B，2004，10：4086-4093.

[27] Kőrösi L，Papp S，Bertóti I，et al. Surface and bulk composition，structure，and photocatalytic activity of phosphate-modified TiO_2 [J]. Chemistry of Materials，2007，19：4811-4819.

[28] Lin L，Lin W，Xie J L，et al. Photocatalytic properties of phosphor-doped titania nanoparticles [J]. Applied Catalysis B：Environmental，2007，75：52-58.

[29] Samantaray S K，Mohapatra P，Parida K，et al. Physico-chemical characterisation and photocatalytic activity of nanosized SO_4^{2-} /TiO_2 towards degradation of 4-nitrophenol [J]. Journal of Molecular Catalysis A：Chemical，2003，198：277-287.

[30] Zhao D，Chen C，Wang Y，et al. Surface modification of TiO_2 by phosphate：effect on photocatalytic activity and mechanism implication [J]. Journal of Physical Chemistry C，2008，112：5993-6001.

[31] Cao Y，Jing L，Shi X，et al. Enhanced photocatalytic activity of Nc-TiO_2 by promoting photogenerated electrons captured by the adsorbed oxygen [J]. Physical Chemistry Chemical Physics，2012，14：8530-8536.

[32] Sun W，Meng Q，Jing L，et al. Facile synthesis of surface-modified nanosized α-Fe_2O_3 as efficient visible photocatalysts and mechanism insight [J]. Journal of Physical Chemistry C，2013，117：1358-1365.

[33] Luan Y，Jing L，Xie Y，et al. Exceptional photocatalytic activity of 001-facet-exposed TiO_2 mainly depending on enhanced adsorbed oxygen by residual hydrogen fluoride [J]. ACS Catalysis，2013，3：1378-1385.

[34] Luan Y，Jing L，Meng Q，et al. Synthesis of efficient nanosized rutile TiO_2 and its main factors determining its

photodegradation activity：roles of residual chloride and adsorbed oxygen [J]. Journal of Physical Chemistry C，2012，116：17094-17100.

[35] Zhang Q，Gao L. Preparation of oxide nanocrystals with tunable morphologies by the moderate hydrothermal method：insights from rutile TiO_2 [J]. Langmuir，2003，19：967-971.

[36] Jiang T，Xie T，Chen L，et al. Carrier concentration-dependent electron transfer in Cu_2O/ZnO nanorod arrays and their photocatalytic performance [J]. Nanoscale，2013，5：2938-2944.

[37] Jiang T，Xie T，Zhang Y，et al. Photoinduced charge transfer in ZnO/Cu_2O heterostructure films studied by surface photovoltage technique [J]. Physical Chemistry Chemical Physics，2010，12：15476-15481.

[38] He D，Wang L，Xu D，et al. Investigation of photocatalytic activities over Bi_2WO_6/$ZnWO_4$ composite under UV light and its photoinduced charge transfer properties [J]. ACS Applied Materials and Interfaces，2011，3：3167-3171.

[39] Wang P，Zhai Y，Wang D，et al. Synthesis of reduced graphene oxide-anatase TiO_2 nanocomposite and its improved photo-induced charge transfer properties [J]. Nanoscale，2011，3：1640-1645.

[40] He L，Jing L，Li Z，et al. Enhanced visible photocatalytic activity of nanocrystalline α-Fe_2O_3 by coupling phosphate-functionalized graphene [J]. RSC Advances，2013，3：7438-7444.

[41] Wang W，Jing L，Qu Y，et al. Facile fabrication of efficient AgBr-TiO_2 nanoheterostructured photocatalyst for degrading pollutants and its photogenerated charge transfer mechanism [J]. Journal of Hazardous Materials，2012，243：169-178.

[42] Jiang J，Zhang X，Sun P，et al. ZnO/BiOI Heterostructures：photoinduced charge-transfer property and enhanced visible-light photocatalytic activity [J]. Journal of Physical Chemistry C，2011，115：20555-20564.

[43] Korösi L，Dékány I. Preparation and investigation of structural and photocatalytic properties of phosphate modified titanium dioxide [J]. Colloids and Surfaces A：Physicochemical and Engineering Aspects，2006，280：146-154.

[44] Jing L，Zhou J，Durrant J R，et al. Dynamics of photogenerated charges in the phosphate modified TiO_2 and the enhanced activity for photoelectrochemical water splitting [J]. Energy and Environmental Science，2012，5：6552-6558.

[45] Xie M，Feng Y，Fu X，et al. Phosphate-bridged TiO_2-$BiVO_4$ nanocomposites with exceptional visible activities for photocatalytic water splitting [J]. Journal of Alloys and Compounds，2015，631：120-124.

[46] Xie M，Bian J，Humayun M，et al. The promotion effect of surface negative electrostatic field on the photogenerated charge separation of $BiVO_4$ and its contribution to the enhanced PEC water oxidation [J]. Chemical Communications，2015，51：2821-2823.

[47] Li Z，Qu Y，Hu K，et al. Improved photoelectrocatalytic activities of BiOCl with high stability for water oxidation and MO degradation by coupling RGO and modifying phosphate groups to prolong carrier lifetime [J]. Applied Catalysis B：Environmental，2017，203：355-362.

[48] Li J，Zhang X，Raziq F，et al. Improved photocatalytic activities of g-C_3N_4 nanosheets by effectively trapping holes with halogen-induced surface polarization and 2, 4-dichlorophenol decomposition mechanism [J]. Applied Catalysis B：Environmental，2017，218：60-67.

[49] Tan H L，Amal R，Ng Y H. Alternative strategies in improving the photocatalytic and photoelectrochemical activities of visible light-driven $BiVO_4$：a review [J]. Journal of Materials Chemistry A，2017，5：16498-16521.

[50] Xie M，Fu X，Jing L，et al. Long-lived，visible-light-excited charge carriers of TiO_2/$BiVO_4$ nanocomposites and their unexpected photoactivity for water splitting [J]. Advanced Energy Materials，2014，4：4-9.

[51] Humayun M，Zada A，Li Z，et al. Enhanced visible-light activities of porous $BiFeO_3$ by coupling with

nanocrystalline TiO_2 and mechanism [J]. Applied Catalysis B：Environmental，2016，180：219-226.

[52] Humayun M，Qu Y，Raziq F，et al. Exceptional visible-light activities of TiO_2-coupled N-doped porous perovskite $LaFeO_3$ for 2, 4-dichlorophenol decomposition and CO_2 conversion [J]. Environmental Science & Technology，2016，50：13600-13610.

[53] Liu Y，Sun N，Chen S，et al. Synthesis of nano SnO_2-coupled mesoporous molecular sieve titanium phosphate as a recyclable photocatalyst for efficient decomposition of 2, 4-dichlorophenol [J]. Nano Research，2018，11：1612-1624.

[54] Zhao L，Zhao Z，Li Y，et al. The synthesis of interface-modulated ultrathin Ni(Ⅱ)MOF/g-C_3N_4 heterojunctions as efficient photocatalysts for CO_2 reduction [J]. Nanoscale，2020，12：10010-10018.

[55] Bian J，Feng J，Zhang Z，et al. Dimension-matched zinc phthalocyanine/$BiVO_4$ ultrathin nanocomposites for CO_2 reduction as efficient wide-visible-light-driven photocatalysts via a cascade charge transfer [J]. Angewandte Chemie International Edition，2019，58：10873-10878.

[56] Bian J，Feng J，Zhang Z，et al. Graphene-modulated assembly of zinc phthalocyanine on $BiVO_4$ nanosheets for efficient visible-light catalytic conversion of CO_2 [J]. Chemical Communications，2020，56：4926-4929.

[57] Sun L，Li B，Chu X，et al. Synthesis of Si-O-bridged g-C_3N_4/WO_3 2D-heterojunctional nanocomposites as efficient photocatalysts for aerobic alcohol oxidation and mechanism insight [J]. ACS Sustainable Chemistry and Engineering，2019，7：9916-9927.

第3章　瞬态吸收光谱

瞬态吸收光谱技术也称时间分辨泵浦-探测（pump-probe）技术。这种技术是基于早年的闪光光解技术发展而来的，该技术利用一束泵浦脉冲光源激发被测样品，使其化学或物理性状发生改变，该变化往往伴随着新的瞬态组分（transient species）的产生，然后利用另一束光探测样品被激发后的吸光度变化[1]。通过改变泵浦和探测光之间的延迟时间，可以得到样品在光激发后不同延迟时刻的瞬态吸收光谱，再经过解析就能获得和瞬态组分产生及衰减相对应的光谱和动力学信息。因此，时间分辨瞬态光谱技术可以用于研究激发态的演化以及能态之间相互作用等电荷动力学过程[2]。20世纪50年代，闪光光解技术主要采用放电闪光灯作为激发光源，因而时间分辨率在很长一段时间限制在微秒水平[3]。直到1967年，脉冲激光器的问世使闪光光解技术产生了新的飞跃，时间分辨率提高到纳秒水平。到20世纪90年代，随着激光锁模技术的发展，出现了飞秒激光器。基于飞秒激光系统发展出了超快的泵浦-探测技术，使时间分辨率提高到飞秒水平，超快瞬态吸收技术在物质界面的超快电荷转移研究中发挥了重要作用[4]。总之，如今的瞬态吸收光谱具备飞秒到秒的时间分辨本领，能够探测到电子激发态的绝大部分动力学信息，因而被广泛应用于能量传递、电荷转移等过程的研究，极大地推动了发光器件、太阳能电池和光催化等应用领域的发展。

众所周知，电荷转移研究对于光催化性能的提高至关重要。与传统的光电转换系统相比，光催化反应过程更加复杂，一个光催化反应的基本步骤主要有三步，即半导体催化剂吸收大于其带隙的光后产生光生电荷，电荷迁移到催化剂表面，在助催化剂的作用下同反应物接触，进行催化转化。光能到化学能的转化效率等于光的捕集、光生电荷分离迁移和高效催化反应这三个过程效率的乘积，如何实现三个过程的高效协同是一个非常关键的科学问题[5]。其中光生电荷高效分离是一个非常复杂的多时间尺度和多空间尺度的过程，由于涉及激发态的反应，体相、表面以及界面光生电荷的复合过程不可避免，弛豫的时间范围从飞秒到几十毫秒之间。因此，对光生电荷动力学的研究就很有必要。在这之中，时间分辨瞬态吸收光谱技术起到了重要作用。

因此，本章将先从瞬态吸收光谱的基本原理出发，介绍微秒瞬态吸收光谱系统和飞秒瞬态吸收光谱系统，最后总结瞬态吸收光谱技术在电荷转移行为表征方面的应用和进展。

3.1　瞬态吸收光谱的基本原理

瞬态吸收光谱本质上是时间分辨的吸收光谱，可以测量激发态随着时间的演化过程。瞬态吸收信号通常反映在物质的吸光度或者光密度随时间的变化，可以通过测量样品的透射率或者反射率得到。当样品浓度较低，彼此之间不会发生相互作用时，根据比尔-朗伯定律，吸光度与浓度成正比。这一情况适用于大多数光催化剂材料的研究，因为在太阳光照射下光生电荷的浓度通常很低，然而光生电荷的消光系数受样品孔隙率等因素的影响[6]，一般不能直接使用文献中报道的消光系数来计算绝对电子/空穴浓度。稳态吸收测量的是基态样品，而瞬态吸收光谱测量的是样品的基态和激发态，瞬态吸收信号（即吸收的变化，ΔA）定义为激发态和基态样品的吸光度之差：

$$\Delta A(\lambda, \tau) = A^{*}(\lambda, \tau) - A^{0}(\lambda) \tag{3.1}$$

其中，$A^{*}(\lambda, \tau)$和$A^{0}(\lambda)$分别为激发态和基态样本的吸光度；λ为波长；τ为延迟时间，瞬态信号是泵浦-探测延时的函数，定义为光激励后经过的时间。

在实验中，可测量的量是被样品透射或散射的探测光的强度。在透射模式测量中，ΔA可以表示为

$$\Delta A = \lg\left(\frac{I}{I^{*}}\right) \tag{3.2}$$

其中，I和I^{*}分别为基态和激发态样品透射光的强度。透射模式瞬态吸收测量样品的方法如图 3.1 所示。

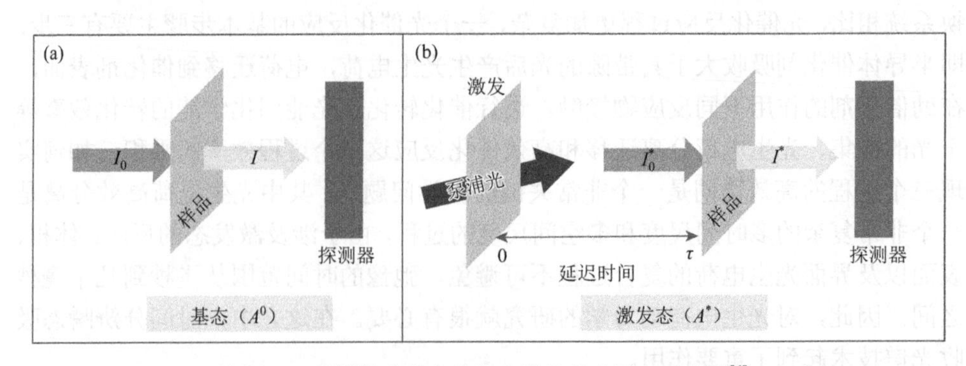

图 3.1　透射模式瞬态吸收光谱的基本原理示意图[4]

（a）样品在基态的吸收测量结果，I_0和I分别表示通过基态样品的入射和透射探测光的强度。（b）样品在激发态的测量结果，实验时间 0 被定义为样品激发的时刻，延迟时间（τ）定义为泵浦光脉冲和探测光脉冲之间的时间差，通过改变时间的延迟来实现瞬态吸收光谱的测量。而I_0^*和I^*分别表示通过激发态样品的入射和透射强度

半导体材料的吸收峰对应于能带内电子的跃迁，这些跃迁如图 3.2 所示。对于处于基态的材料，其吸收光谱反映了基态电子的跃迁，即 $S_0 \rightarrow S_n$；对于激发态分子，其吸收光谱则反映了激发态电子的跃迁，通常为 $S_1 \rightarrow S_n$ 或 $T_1 \rightarrow T_n$。不同于基态的是，电子激发态不能稳定存在，会快速跃迁回到基态，因此探测激发态的吸收光谱与基态的方法不同，需要一种时域匹配的时间分辨的技术，即瞬态吸收光谱技术。在瞬态吸收的实验中，先用一束泵浦光将被测分子激发到激发态上，另一束探测光探测处于激发态的待测样品分子在某一延迟时间 Δt 上的光谱性质。记录所有不同 Δt 下的吸收光谱，则可以获得完整的待测样品分子随时间变化的激发态吸收光谱，经过进一步处理与分析得到其激发态的动力学信息[7]。

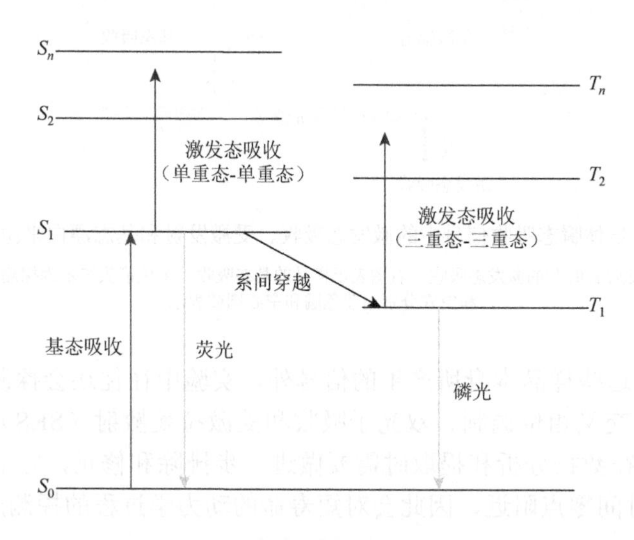

图 3.2　半导体材料的光物理跃迁示意图

一般来说，瞬态吸收光谱信号主要来源于三种光物理过程：激发态吸收（ESA），也被称为光诱导吸收；受激发射（SE）和基态漂白（GSB）。通常观测到的瞬态吸收光谱一般可以认为是所有三种光物理过程的共同贡献[8]，在瞬态吸收光谱的负区域，可以推断基态漂白或受激发射的贡献大于激发态吸收，而在光谱的正区域则相反，激发态吸收大于基态漂白或受激发射。这三个贡献的介绍如图 3.3 所示。由于一定量的分子在基态被泵浦脉冲激发到激发态，被激发到激发态的样品对探测光的基态吸收会少于未被激发且还处于基态的样品对探测光的基态吸收，从而导致在相关的波长范围内就会得到一个负的 ΔA 信号，即基态漂白信号。受激发射指的是，处于激发态的分子在外来辐射场的作用下会弛豫回到基态，并辐射光子的现象。在激发态吸收过程中，样品会产生荧光，导致进入探测器的光强增加，这样就产生了一个负的 ΔA 信号。样品吸收泵浦光后跃迁到激发态，处于激发态的粒子在探测脉冲的作用下进一步吸收能量跃迁到更高的能级上，从而使得探测器会探测到一个正的 ΔA 信号。值得注意的是，此信号通常与材料的电子或者空穴密度密切相关，可以用于区分电子或者空穴的动力学过程。

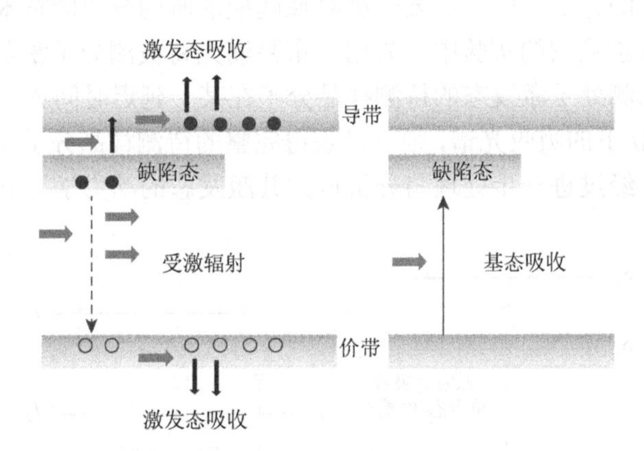

图 3.3 半导体瞬态吸收信号中的激发态吸收、受激发射和基态漂白来源示意图[4]

左图表示样品被激发后 τ_1 时刻的激发态吸收。右图表示样品的基态吸收。黄色箭头表示为探测光，光激发的电子和空穴分别用蓝色圆和空心圆圈表示

除了以上这些样品本身所产生的信号外，实验中往往还会探测到一些假信号，其中包括交叉相位调制、双光子吸收和受激拉曼散射（SRS）等过程产生的信号[9, 10]，在数据分析和提取时需要做进一步排除和修正，它们一般形成于泵浦-探测的时间零点附近，因此会对短寿命的动力学过程的探测产生影响。

3.2 瞬态吸收光谱测试系统

3.2.1 微秒瞬态吸收光谱

微秒瞬态吸收光谱仪与市场上商业化的激光闪光光谱仪类似，通常使用纳秒短脉冲光照射测试样品，然后可以通过检测在紫外、可见光和红外区域中选定波长的吸收变化来监测激发后形成的反应中间体的动力学[11, 12]。如图 3.4 所示，一般来说，使用纳秒脉冲光作为激发光，用钨灯或氙灯作为探测光源提供探测光。为了控制所使用激光的强度，在激光和样品之间放置光学滤光片。探测光的波长由薄膜样品后的单色仪控制。探测器产生的光电流被放大系统放大以提取瞬态信号，用数字示波器记录信号，并传送到计算机进行分析。

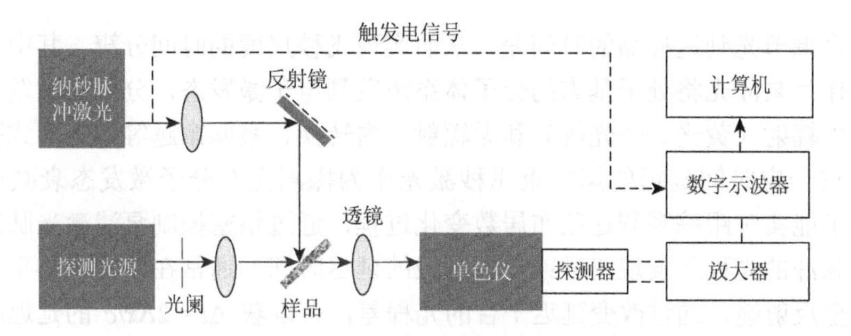

图 3.4　微秒瞬态吸收系统光路图[13]

微秒瞬态吸收光谱仪与实验室常见的稳态紫外-可见吸收光谱仪具有一些明显的区别。通常样品（处于基态）被泵浦源（通常是激光）的强脉冲激发，然后来自氙灯的探测光照射到样品上并与激光光束重合。探测光在通过样品后被引导至单色仪/光谱仪，然后通过单个检测器（用于单一波长的动力学分析）或阵列检测器（用于给定时间的光谱分析）测量透射的探测光强度的变化。样品在激发脉冲之前、期间和之后的传输特性被探测器转换成电信号，探测器一般为光电倍增管加示波器测量，或者通过 ICCD 相机直接记录光谱的变化。

另外，与稳态吸收测量一样，微秒瞬态吸收光谱也需要一个参考背景信号，以便测量光密度变化。与传统吸收光谱仪不同的是其可以测量时间尺度的变化。微秒瞬态吸收光谱仪通常在微秒以上的时间尺度上观察到样品的激发态动力学衰减过程。对于这些时间尺度的测量，连续氙源的光强是不够的。为了给微秒或纳秒瞬态吸收测量提供更大的背景水平，探测氙灯以脉冲模式运行。脉冲模式操作在脉冲持续时间内将光子通量增加大约 100 倍。这导致在这些时间尺度上测量的信噪比显著提高。

通常微秒瞬态吸收信号较弱，在测试时需要样品表面具有较高的平整度以减少对探测光的散射，因此，需要制备高质量半透明薄膜用于测试。另外，在电荷转移行为的表征中，需要样品处于较低的光激发水平以消除非线性光学效应对瞬态吸收信号的影响，一般需低于 1 mJ/cm^2。

3.2.2　飞秒瞬态吸收光谱

飞秒泵浦–探测技术是飞秒超短脉冲技术与泵浦–探测技术的结合。随着超短激光脉冲技术的发展，人们对分子中态与态的转化、化学键的生成与断裂等超快过程的跟踪与探测已成为可能[14, 15]。分子的动力学过程主要涉及分子的核运动，通常发生在极短的时间尺度内（10^{-15}～10^{-9} s）。要准确地探测这些超快过程，必须要有飞秒量级的时间分辨率技术。主要利用光的传播特性，通过改变两束光的光程差来调节光到达样品的时间差，从而实现飞秒尺度的时间分辨。其中一束飞秒脉冲作为泵浦光将处于基态的分子体系激发到电子激发态，分子的激发态不稳定，会以辐射（荧光、磷光等）和无辐射（内转换、系间窜越等）等形式弛豫，使用经过一定时间延迟的第二束飞秒激光作为探测光对分子激发态衰减进行探测。为了能实时跟踪观测这些布居数变化过程，通过精密控制泵浦激光脉冲与探测激光脉冲的光程差实现飞秒或皮秒量级的延迟时间。通常在精密位移平台上安装一个全反射镜，通过改变延迟平台的光程差，可以获 $\Delta t = 2\Delta x/c$ 的延迟时间，其中，c 为光速，Δx 为光程差。如图 3.5 所示，目前的精密位移平台技术通常利用步进电机控制精密螺纹杆，带动精密位移平台运动，可以达到微米量级位移扫描精度（1 μm 的光程差相当于延迟时间 3.3 fs），在这个机械精度上可以实现飞秒级别的时间分辨。

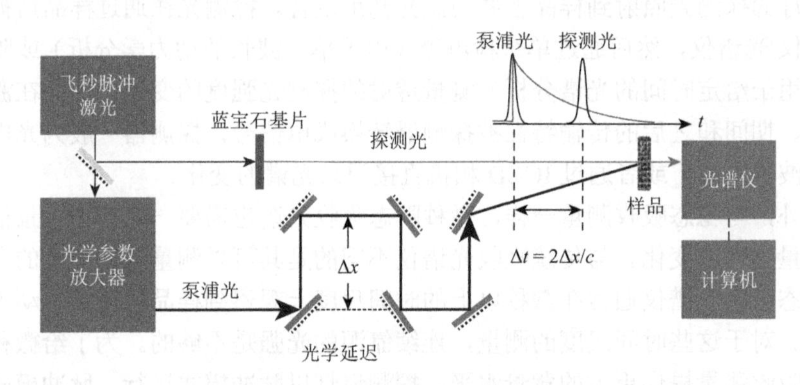

图 3.5　飞秒瞬态吸收系统光路图[7]

实验中所用的探测光为超连续白光，光谱范围为 400～780 nm（也可拓展至红外区域），包含了不同频率组分的光。光在传播的过程中，不同频率的光在介质中的折射率不同，即传播速度不同。这使得白光存在群速度色散现象[16]，即不同频率的光并不在脉冲的同一时间点上，而是有先有后。正因如此，探测光和泵浦光无法在时间上达到绝对的重合。在光谱上，这表现为不同波长的时间零点不同，如果将各波长下的时间零点连接起来，得到的并不是一条垂直于时间轴的直线，而是一条倾斜的曲线，这称为“零点漂移”现象。为了排除白光探测的这种啁啾效应对光谱造成的影响，在对实验数据进行处理时必须对零点漂移进行修正[17]。对信号演化信息的提取，通常需要建立数学模型来对实验数据进行拟合。拟合主要分为单波长下的信号拟合以及对所有波长下的信号进行的全局拟合，具体拟合方式的选取取决于光谱信号的特点及信号的复杂程度，同时也要考虑分子弛豫过程的动力学模型。

3.3 瞬态吸收光谱动力学解析

3.3.1 动力学时域分布

基于半导体光生电荷引发的氧化还原反应动力学过程主要分布在飞秒到秒的时间尺度上（图 3.6）。半导体在光的照射下产生激发态，将电子从价带激发到导带，从而使自由电荷能够传输至其他材料以达到电荷分离，用于光伏效应或者催化反应。一般地，由于半导体氧化物晶体的强离子特性，光生电荷倾向于与晶格强烈相互作用形成极化子，这被称为自束缚态。尽管在某些条件下可以提取到这些束缚的电荷[18-20]，但在电荷产生和催化之间的广泛时间尺度内，有多种复合途径会导致这些电荷损失（衰减至基态），这些途径主要包括体相复合和表面复合[21]。也就是说，光生电荷的复合与电荷分离参与催化之间的动力学竞争可以说是设计光催化剂材料和器件的最大挑战，特别是与太阳能电池中异质结超快电荷分离过程相比，光催化中的电子和空穴通常在纳秒到微秒的时间尺度上被提取用于催化反应。在光催化反应过程中，以水氧化为例，其中有多个电荷驱动多重氧化还原反应，通常发生在毫秒到秒的时间尺度上，这比大多数太阳能电池中的电子提取时间尺度高大约六个数量级。总之，有效利用光生电荷需要电子和空穴的有效空间分离，以使它们参与复合的湮灭最小化。在自然

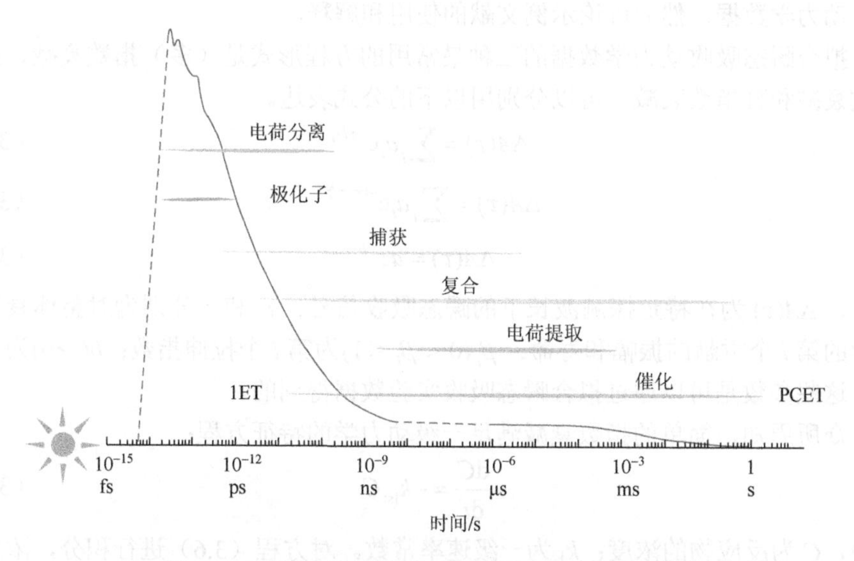

图 3.6 半导体材料中电荷动力学的时间尺度分布[25]

半导体在光激发后产生电子-空穴对，这些电荷必须在空间上分离并持续长达几毫秒甚至几秒才能进行有效的化学催化反应（其中 1ET 代表单电子转移到助催化剂的过程，PCET 代表质子耦合电子转移，即催化反应过程）

界中，植物光合利用一系列电子传递链达到足以驱动水氧化的寿命，然而，这是有代价的：在电荷分离过程中损失了大约一半的光激发态初始能量。半导体光催化也面临类似的问题，在半导体主体中产生的电子和空穴的寿命从几皮秒到几纳秒不等，而界面水氧化和还原的时间尺度是毫秒到几秒。因此，电荷传递平台如电荷提取层和助催化剂等被越来越多地引入到半导体光催化材料中以延长电荷寿命，以较低的能量耗散成本促进电荷的空间分离[22-24]。对于光催化剂颗粒来说解决这种动力学难题是一个巨大的挑战。因此，研究电荷动力学过程对光催化研究具有重要意义。

3.3.2 动力学过程分析

在电荷转移过程的研究中，人们经常基于瞬态吸收光谱技术对比不同样品之间的动力学曲线。在许多情况下，较慢的衰减动力学意味着较慢的电子-空穴复合，这通常将转化为更高的电荷转移效率[21, 26, 27]。但情况并非总是如此，如 Dillon 等对 4 种不同二氧化钛（TiO_2）结晶度的 Au@TiO_2 核-壳纳米结构的瞬态吸收动力学进行了观察，发现尽管不同样品的氢气生成能力存在显著差异[28]，但它们的瞬态吸收动力学曲线相互重叠较好，最长延迟时间为 1.5 ns。这可能是因为寿命显著长于 1.5 ns 的电荷是光催化 H_2 演化的主要原因，而在瞬态吸收光谱的 1.5 ns 实验时间窗口中没有观察到这一点。因此，本节将介绍三个最常用的方程拟合瞬态吸收动力学数据，然后讨论示例文献的使用和解释。

拟合瞬态吸收动力学数据的三种最常用的方程形式是（多）指数衰减、拉伸指数衰减和幂指数衰减，可以分别用以下的公式表达。

$$\Delta A(\tau)=\sum_i a_i \mathrm{e}^{-\tau/\tau_i} \tag{3.3}$$

$$\Delta A(\tau)=\sum_i a_i \mathrm{e}^{-(\tau/\tau_i)^{\beta_i}} \tag{3.4}$$

$$\Delta A(\tau)=a\tau^{-b} \tag{3.5}$$

其中，$\Delta A(\tau)$为在特定探测波长下的瞬态吸收信号；a_i 和 τ_i 分别为对整体衰减动力学的第 i 个贡献的振幅和寿命；$\beta_i\,(0<\beta_i<1)$为第 i 个拉伸指数；$b(>0)$为幂指数，这些参数是可以通过拟合瞬态吸收实验数据得到的。

众所周知，简单的指数衰减满足一级动力学的特征方程：

$$\frac{\mathrm{d}C}{\mathrm{d}t}=-k_{1\mathrm{st}}C \tag{3.6}$$

其中，C 为反应物的浓度；k_1 为一级速率常数。对方程（3.6）进行积分，浓度为 C 在 $t=0$ 时刻到 $t=\tau$ 时的变化。C_0 为 $t=0$ 时的浓度。

$$C=C_0\mathrm{e}^{-k_{1\mathrm{st}}\tau} \tag{3.7}$$

将方程（3.7）外推到几个独立的一阶反应同时发生的情况，可以得到方程：

$$\sum_i C(i)=\sum_i C_0(i)\mathrm{e}^{-k_{1\mathrm{st}}(i)\tau} \tag{3.8}$$

在测试环境中，$C(i)$ 表示激发后 $t=\tau$ 时第 i 个光激发物种的浓度；$C_0(i)$ 表示光激发后第 i 个光激发物种的初始浓度；$k_1(i)$ 表示与第 i 个物种相关的一级速率常数。根据之前的讨论，$\Delta A(\tau)$ 与光激发物种的浓度成正比。因此，比较方程（3.8）和方程（3.3）可以确定 $\Delta A(\tau)\propto\sum_i C(i)$，$a_i\propto C_0(i)$，$\tau_i=1/k_{1\mathrm{st}}(i)$ 等参数。

当用方程（3.3）拟合瞬态吸收动力学曲线时，通常只需两项或三项即可较好地进行拟合[29-32]。一般来说，在一个拟合中包含的项越多，拟合越好，但是方程的形式不再与消耗光激发物质的可识别物理过程相对应。有时为了拟合数据，也需要一个恒定的误差[29, 33]。拟合常数误差要么意味着样品永远不会弛豫回它的基态（即在光激发下引起一个不可逆的变化），要么意味着存在一个时间常数（τ_i）衰减分量。

对于一级动力学的过程，衰减只取决于单一物质的浓度，因此，一般不能解释为独立电子和空穴的复合。这里要强调的是单独复合过程，因为激子可以被视为一个单一的实体（由一个电子和一个空穴组成），因此，可以得到一级动力学衰减过程。或者，在由粒子组成的系统中，如果激发强度足够低，平均每个粒子内只产生一个电子-空穴对，则在不存在粒子间电荷转移的情况下，瞬态吸收动力学也可能遵循一级速率定律。一阶动力学的一个著名的性质是，浓度减半所需的时间（定义为半衰期，$\tau_{1/2}$）与初始浓度无关。注意到使激发态浓度降至原值的一半所经过的时间 $\tau_{1/2}$ 与寿命 τ_i（使激发态浓度降至原值所经过的时间）是不同的，但这两个名词有时在文献中作同义词使用[11]。在瞬态吸收光谱中，一级动力学意味着在不同激发强度下记录的动力学曲线在归一化衰减曲线时应该重叠，这在文献中有时被忽略。例如，Wang 等利用飞秒-瞬态吸收研究了石墨氮化碳（$g\text{-}C_3N_4$）的行为，发现观察到的动力学可以用三指数衰减函数很好地拟合[34]。当激发强度从 0.5 mJ/cm^2 增加到 0.8 mJ/cm^2 时，三个拟合寿命常数分别从 3.5 ps 降低到 3.3 ps；从 60 ps 降低到 26 ps；从 4.5 ns 降低到 2.2 ns。最快的部分归因于多激子俄歇复合过程，中间部分归因于三重态-三重态湮灭（产生单线态激子），最慢的部分归因于单线态激子衰减。这里要注意三点：①这三个过程不是独立的，因此不能简单地用三个独立函数的和拟合；②随着激发强度的增加，衰减动力学明显加快，因此衰减不能纯粹是一阶过程；③三重态-三重态湮灭不是一阶过程。因此，在这种情况下，使用指数函数拟合缺乏物理依据。

如果指数函数拟合不能满足实验研究实际情况，可以对指数函数进行修正，即拉伸指数函数。拉伸指数衰减过程可以等同于具有连续寿命分布的单指数函数的线性组合。因此，可以被认为是一个具有多个弛豫路径的系统的代表，该系统可以表现出单指数衰减动力学[35, 36]。在这种情况下，方程（3.4）中的参数 τ_i 和 β_i 分别表示样品的特征寿命和特异性，$\beta = 1$ 表示具有单一弛豫路径的齐次系统表现出一级衰减动力学。然而，当使用拉伸指数函数拟合光催化剂的瞬态吸收动力学时，通常只将其作为时间常数的量化工具[28, 37, 38]，而不进一步解释 β。

近来研究者对拉伸指数动力学也做了详细的研究。Nelson 等基于染料敏化 TiO_2 材料体系的研究，提出了“连续时间随机迁移”模型用以描述拉伸指数拟合的电荷行为，认为晶格中导带电子扩散是通过缺陷态对电子的束缚-去束缚的过程发生的[39]，其中的缺陷密度具有指数分布的特征。Barzykin 和 Tachiya 根据缺陷状态呈指数能量分布的特征，推导出电荷的长寿命行为也符合幂指数动力学特征[40]。因此，非指数电荷衰减行为被认为是电荷的束缚-去束缚有限扩散的表现。在许多情况下，观察到幂指数动力学并将其归因于捕获限制的复合[40, 41]，拉伸指数动力学很难与幂指数动力学区分开来。

与一级动力学特征不同的是，多体衰减动力学受光生电荷浓度和激发强度的影响，这与非指数动力学特性一致。例如，Tang 等发现锐钛矿型 TiO_2 在氩气中的瞬态吸收动力学服从幂指数衰减规律，且与激发强度密切相关，光激发电荷的半衰期随激发强度的增加而降低[41]。这种衰减动力学的强度依赖性常常符合二级动力学特征[33, 42]。对于一个简单的电子-空穴复合模型，其中电子和空穴以类似于溶液中两种反应物质的方式在光催化剂周围分散。在惰性条件下，光激发电子的浓度和光激发空穴的浓度相同，因此速率方程可以写成

$$\frac{\mathrm{d}C}{\mathrm{d}t} = -k_{2\mathrm{nd}}C^2 \tag{3.9}$$

其中，$k_{2\mathrm{nd}}$ 为二级速率常数；C 为光激发电子或空穴的浓度。对方程（3.9）进行积分，得到电子/空穴浓度在 $t=0$ 时的 C_0 到 $t=\tau$ 时浓度 C 的变化。

$$C = \frac{C_0}{k_{2\mathrm{nd}}C_0\tau + 1} \tag{3.10}$$

如前所述，C 与瞬态吸收信号 $\Delta A(\tau)$成正比，因此方程（3.10）可以写成

$$\Delta A(\tau) = \frac{pC_0}{k_{2\mathrm{nd}}C_0\tau + 1} \tag{3.11}$$

其中，p 为 $\Delta A(\tau)$与 C 之间的比例常数。上面带有常数偏移的方程可以很好地拟合瞬态吸收动力学数据。

另外，幂指数衰减和二阶动力学都可以在对数-对数图上显示为线性。对方程（3.5）取对数得到：

$$\lg[\Delta A(\tau)] = \lg(a) - b\lg\tau \tag{3.12}$$

因此，$\lg[\Delta A(\tau)]$ 与 $\lg\tau$ 的曲线应该是一条斜率为$-b$ 的直线。同理，对方程（3.11）取对数，得到：

$$\lg[\Delta A(\tau)]=\lg\left(\frac{p}{k_{2nd}}\right)-\lg\left(\tau+\frac{1}{k_{2nd}C_0}\right) \tag{3.13}$$

因此，对于足够大的$k_{2nd}C_0$，$\lg[\Delta A(\tau)]$与$\lg\tau$的曲线也近似于一条直线，斜率为–1。

根据上述讨论，幂指数衰减的指数有时接近–0.5[41]。为此，考虑以下形式的简单速率方程：

$$\frac{dC}{dt}=-kC^{\alpha} \tag{3.14}$$

其中，k为一般的速率常数，且$\alpha\neq 1$。再次对上述方程进行积分，得到电子/空穴浓度在$t=0$时的C_0到$t=\tau$时浓度C的变化。

$$C=\left(\frac{C_0^{1-\alpha}-k\tau}{1-\alpha}\right)^{\frac{1}{1-\alpha}} \tag{3.15}$$

同样，设p为$\Delta A(\tau)$与C之间的比例常数，则由方程（3.15）可知，

$$\Delta A(\tau)=p\left(\frac{C_0^{1-\alpha}-k\tau}{1-\alpha}\right)^{\frac{1}{1-\alpha}} \tag{3.16}$$

将$\alpha=2$代入方程（3.16）得到方程（3.11）。对方程（3.16）取对数可得：

$$\lg[\Delta A(\tau)]=\frac{1}{1-\alpha}\left[\lg\left(\tau-\frac{(1-\alpha)C_0^{1-\alpha}}{k}\right)+\lg\left(\frac{k}{\alpha-1}\right)\right]+\lg p \tag{3.17}$$

将$\alpha=2$代入方程(3.17)得到方程(3.13)。对于足够小的$\frac{(1-\alpha)C_0^{1-\alpha}}{k}$，$\lg[\Delta A(\tau)]$与$\lg\tau$的曲线近似为斜率为$\frac{1}{1-\alpha}$的直线。当斜率为–0.5时，$\alpha=3$。这表明三体过程占据主导地位，如俄歇复合，这在高激发强度下是经常见到的。另外，缺陷辅助的复合是一个有效的多体过程，这是因为电子–空穴复合依赖于缺陷态密度。由于电荷的束缚–去束缚限制了复合过程，因此通常在对数–对数图上的线性被认为是幂指数衰减。

在某些情况下，多个过程可能在一个光催化剂中消耗相同属性的电荷，所以经常使用不同函数的组合拟合动力学数据以反映这种复杂性。例如，Cowan等发现在偏压为0 V的碱性溶液中，TiO_2光电电极的瞬态吸收光谱动力学表现为幂指数衰减和拉伸指数衰减的线性组合，瞬态吸收信号初期（1～100 μs）以幂指数衰减为主，后期以拉伸指数分量为主[43]。图3.7（a）中展现了相应数据和拟合曲线，幂指数拟合部分来源于电子–空穴复合，拉伸指数拟合部分来源于光生空穴与水的反应。光激发10 μs后，电子–空穴复合组分的量约为光反应组分的5倍，说明水分解产生O_2的量子效率较低，这主要是由于电子–空穴快速复合。

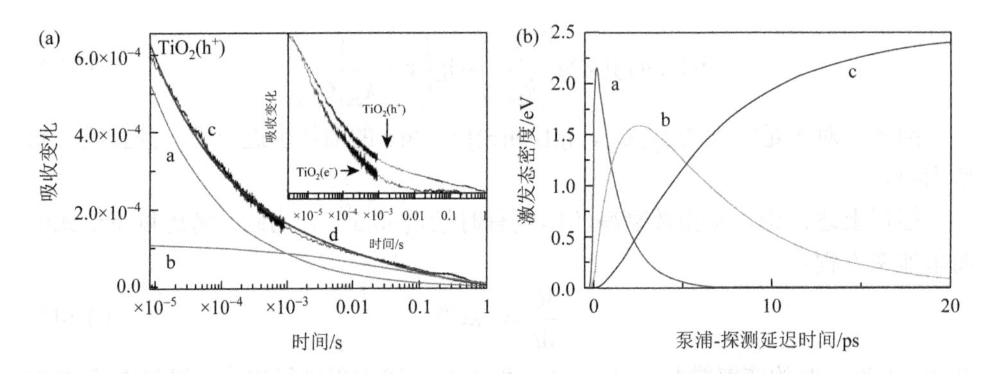

图 3.7 （a）在 355 nm 激发后，偏压为 0 V 时 TiO_2 光电极在 460 nm 处监测的瞬态吸收动力学 c；基于幂指数 a 和拉伸指数衰减 b 模型拟合的动力学衰减曲线；整体的衰减动力学用 d 拟合；插图显示了在 800 nm 波长监测的电子和在 460 nm 波长监测的空穴衰减动力学，两者都在相同的条件下记录[43]；（b）WS_2 在光激发后的电荷随时间演化模型，a 代表激子布居数，b 和 c 分别代表未束缚电荷和捕获电荷的布居数[37]

Vega-Mayoral 等没有直接将不同的贡献求和，而是基于级联模型分析了二硫化钨（WS_2）的瞬态吸收动力学，其中电荷的性质在光激发后演变为时间的函数[37]。该模型假设激子是光激发产生的主要物种，它通过指数衰减到一个中间状态，然后以非指数形式弛豫到基态。中间态和最终态电荷分别被确定为自由电荷和束缚电荷。激子分解为自由电荷的时间常数为 1.3 ps，自由电荷以 5.5 ps 的时间常数被捕获形成束缚电荷态，然后，最终束缚电荷以拉伸指数衰减的方式进行弛豫，时间常数为 450 ps，拉伸指数为 0.3。图 3.7（b）给出了快速时间衰减过程（＜20 ps）的拟合曲线。

需要注意的是，在非均相光催化的瞬态吸收光谱研究中，通常采用整体和局部分析的方法从数据集中提取动力学信息，对不同探测波长的动力学数据进行综合分析[2, 44]。这种综合分析常被用于研究光催化剂的动力学过程，因为任何一种类型的电荷都可以在不同的探测波长贡献瞬态吸收信号。然而，对均相光催化的瞬态吸收光谱数据分析通常不采用这种整体和局部分析的方法，这可能是因为简单的单组分（有时是双组分）分析往往足以用于比较不同化学环境下光催化剂中电荷动力学行为。

基于以上的动力学分析，长寿命的电荷被认为是获得光催化活性的关键，但有时候长寿命电荷并不总是对光催化有用。根据之前的文献报道，如在可见光/近红外区域表现出较强的瞬态吸收信号的石墨氮化碳，其光催化还原性依然较低，这主要归因于光生电荷在石墨氮化碳中经常被深缺陷捕获。一般石墨氮化碳中的浅束缚态电子与深束缚态电子处于热平衡状态。处于浅束缚态的电子具有足够的还原电位，可以被用于水分解产生氢气，而在可见光区域吸收的深束缚态电子没有足够的还原电位，不能用于水分解产生氢气。尽管瞬态吸收光谱观察到的电荷并不总是有用的，但是，瞬态吸收光谱技术可以帮助我们深入理解光生电荷的动力学行为，为光催化材料的研究提供重要的光物理信息。

3.4 瞬态吸收光谱的主要应用

3.4.1 金属氧化物光生电荷性质

1972 年 TiO_2 首次被报道为具有光催化水裂解能力的金属氧化物[45]。此后对 TiO_2 和其他金属氧化物光催化剂进行了大量的研究。这一领域一直受到人们的广泛关注[46-48]，尽管许多金属氧化物已经被研究用于各种光催化反应，但 TiO_2 始终是研究最为广泛的材料。关于 TiO_2 光催化的基础研究很多，大量的文献报道也详细介绍了利用一系列时间分辨光谱技术去揭示 TiO_2 基光催化剂中的电荷动力学[48, 49]。在这些已报道过的重要文献的基础上，本节重点研究了二氧化钛（TiO_2）、三氧化钨（WO_3）、赤铁矿和钒酸铋（$BiVO_4$）等代表性金属氧化物光催化剂的时间分辨吸收光谱。Duonghong 等最早报道了利用时间分辨吸收光谱技术来表征 TiO_2 的研究，使用紫罗碱（MV^{2+}）作为电子受体，硫氰酸盐（SCN^-）作为空穴受体。它们的还原产物和氧化产物分别为 MV^+和 $(SCN)_2^-$，通过观察它们在可见区域的特征吸收峰来进行监测[50]。前期主要研究了光催化形成的化学中间体和产物所产生的可见吸收信号，而忽略了光激发电荷所产生的吸收信号，但由于光生电荷体现出与光催化活性有很强的相关性，因此光生电荷逐渐成为研究的重点[51, 52]。

Rothenberger 等在 1985 年报道的直接跟踪光生电荷行为，是该方向最早的研究之一。将胶体 TiO_2 在 pH 值 2.7 的条件下分散后，在 620 nm 处有一个宽峰瞬态吸收光谱。从 20 ps 到观察的极限 5 ns，峰值始终保持在 620 nm。后来的研究表明，可以认为 620 nm 处的瞬态吸收光谱信号是由 TiO_2 中的捕获电子所导致的，同时信号上升的时间可以反映出光生电子被捕获发生在数百飞秒的时间尺度之内[53, 54]。

为了确认电荷的指纹波长，通过使用醇类的空穴清除剂来获得 TiO_2 中光激发电子的吸收光谱，并利用光沉积的方法将 Pt 沉积于 TiO_2 表面，作为电子清除剂去获得光激发空穴的吸收光谱[51, 55-57]，这两种测试方法通常应用于不同的工作。如图 3.8 所示，不同研究之间的明显差异可能归因于瞬态吸收光谱对体系的 pH、测试体系的表面条件以及粒径等条件的敏感性差异。此外，如激发波长之类的实验参数也可能导致结果产生明显差异。尽管很难在不同的研究之间进行精确的比较，但是仍然可以观察到一些重复性特征。例如，在许多报道中可以发现锐钛矿型 TiO_2 的 650～750 nm 处有光激发电子的特征宽峰，光激发空穴特征峰出现在 400～500 nm 附近，并且信号向更长的波长单调增加[56, 58]。

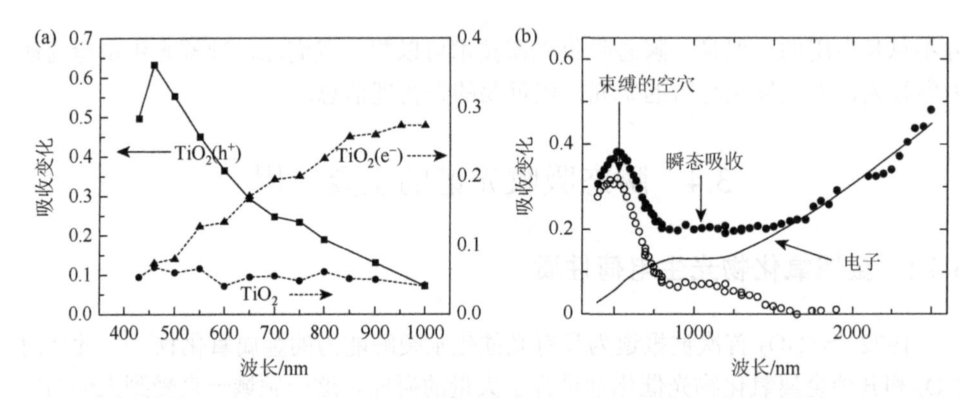

图 3.8　(a) 锐钛矿型 TiO_2 在存在甲醇空穴清除剂（三角形-光激发电子信号）、氩气中沉积的 Pt 电子清除剂（正方形-光激发空穴）和不存在清除剂（圆圈）的情况下，在激发后 20ms 的记录[55]；(b) 锐钛矿型 TiO_2 在 N_2 饱和重水（实心圆圈-包含电子和空穴的光谱贡献）的情况下，在激发后 1ms 的记录，在存在 N_2 饱和 CD_3OD 的情况下，30min UV 照射后在稳态下记录的标准化电子吸收（实线），它们的差异光谱（空心圆）代表由于光激发空穴引起的吸收[56]

TiO_2 中的深缺陷处的电荷通常会表现出瞬时吸收峰，而自由电荷则没有明显的吸收光谱。这是由于捕获的作用降低了光激发空穴的氧化电位或电子的还原电位，因此有理由认为在浅缺陷处的电荷比深缺陷处的电荷具有更强的反应驱动力。有报道显示，自由空穴是导致氧化反应发生的主要物质，而深缺陷处的空穴氧化能力不足以支持氧化反应[58]。然而，另一研究发现捕获到的电子会立即与空穴反应，而自由电子则缓慢地与牺牲剂分子发生反应（这主要归因于分布在表面上的缺陷位点），这些观察主要强调的是不同竞争因素之间的相互作用有助于光生电荷整体的反应活性。Pesci 等报道在存在空穴清除剂的情况时，WO_3 的瞬态吸收光谱与 TiO_2 的光谱相似[59]。然而，与之前讨论的针对 TiO_2 观察到的在小于皮秒的时间尺度发生的电荷捕获时间相反，乙醇中 WO_3 胶体的瞬态吸收信号（在 630 nm 处监测）会随着时间的变化而不断上升，直至纳秒时间尺度，这表明乙醇清除空穴后电子捕获速度缓慢[60]。

与 TiO_2 和 WO_3 不同，赤铁矿的瞬态吸收光谱不是通过加入化学清除剂的方法确认的，而是使用电偏压的方法对其进行了深入研究。在赤铁矿的瞬态吸收光谱中，570～580 nm 处有一个明显的正光谱峰，通过电偏置法可以确定这个正信号主要源自光激发的空穴[12, 29]。此外，Pendlebury 等发现，在 +0.4 V 偏置（相对于 Ag/AgCl）下，瞬态吸收在 580 nm 处的寿命从微秒的时间尺度（对于−0.1 V 偏置）延长到 3 s，进一步加入甲醇后寿命缩短至 400 ms[12]。因此 580 nm 左右的正光谱峰被认为是具有表面活性的空穴。另外，不同文献所报道的赤铁矿瞬态吸收光谱也有所不同，在 550～600 nm 之间并不总是能观察到正的瞬态吸收光谱[61, 62]。

$BiVO_4$的瞬态吸收光谱与赤铁矿相似。带隙附近的一个独特的正光谱峰经常被报道并归因于光激发空穴信号[63, 64]。然而对于$BiVO_4$和赤铁矿来说，有证据表明带隙附近的正瞬态吸收特征是由热效应产生的[65, 66]，将赤铁矿和$BiVO_4$的热差光谱分别与瞬态吸收光谱进行比较，从中可以观察到一定的相似性。有时近带边正光谱峰也可以归因于极化子，极化子可以通过热效应、偏压以及光激发产生[4]。由于电荷布居数是通过电荷复合而衰减的，因此扭曲的晶格也会以相应的动力学弛豫回其基态，研究中需要特别注意区分这些瞬态吸收光谱信号。

一旦确定了光激发电子和空穴的吸收特征指纹，就可以针对性研究这些光生电荷的动力学行为。Rothenberger 等发现，当TiO_2颗粒中的电荷浓度非常大时，瞬态吸收衰减曲线可以通过二阶动力学很好地拟合。然而，当电荷载体浓度非常低时，衰减动力学会变为一级。也就是说当电荷的平均数量在每个粒子中小于 1 对时，衰减复合是均匀线性的，就可以用一级动力学描述。Colombo 等也发现水中TiO_2粒子表现出的瞬态吸收衰减曲线可以由二级动力学很好地描述［图 3.9（a）］[54]。但是 Colombo 等计算出的二阶速率常数比 Rothenberger 等得到的值大 5 倍，这可以归因于激发条件的差异，Rothenberger 等使用分辨率为 30 ps 的激光系统，而 Colombo 等则使用分辨率为 150 fs 的系统。Colombo 等指出，在最初的 30 ps 内发生了超过 50% 的复合，Rothenberger 等由于其激发脉冲持续时间过长而错过了复合，导致二阶速率常数值偏小。此外 Colombo 等发现，需要一个基线来使他们的动力学数据符合二阶过程。另外，在漫反射模式下对TiO_2粉末进行瞬态吸收光谱分析，确认了其长寿命物种是深度捕获的电子[67]。

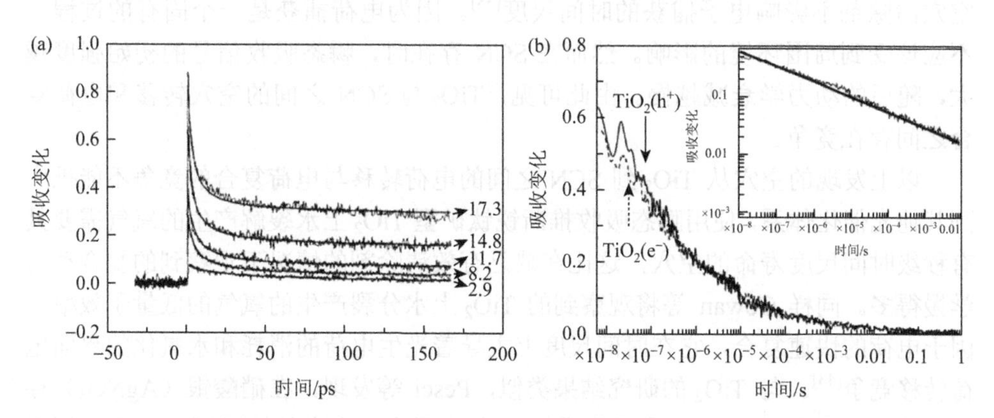

图 3.9　（a）TiO_2的瞬态吸收动力学轨迹表现出二阶动力学[54]；（b）TiO_2的瞬态吸收动力学轨迹表现为幂律动力学[56]

与上述文献中报道的一级/二级复合动力学相反，惰性条件下锐钛矿型TiO_2薄膜在 800 nm 处监测到的光激发电子和在 460 nm 处监测到的光激发空穴均表现出幂指数衰减动力学，这归因于电荷的捕获-去捕获有限运动（图 3.9）。锐钛矿型 TiO_2 光激发后，在大于 1 ns 时间范围内反复观察到幂律复合动力学[55]，这与先前描述的早期研究观察到的二级动力学形成鲜明对比，如图 3.9 所示。需要注意的是，观察到一阶/二阶动力学的早期研究是在小于纳秒时间尺度上监测了电荷载体动力学，而后来的研究报道了幂律动力学是在大于纳秒时间范围内监测了电荷载体动力学。因此，可能是小于纳秒时间尺度上发生的复合符合一阶/二阶动力学，但在光激发后的时间尺度上复合演变为幂指数衰减动力学。一阶/二阶动力学表明，复合的方式类似于一个溶液中的两种反应物，这可能是小于纳秒时间尺度上电荷行为的一个很好的模型。然而，随着电荷的浓度因共振状态而降低，电子的运动受到捕获-去捕获的限制，动力学发展为幂律衰减。一般来说，当只有一个反应物与一种电荷反应时，就会发生一阶动力学，二阶动力学发生在有两个反应物时，而幂律动力学发生在受电子和空穴捕获限制的复合中。描述电子-空穴动力学的常见动力学模型已经在其他地方进行了更深入的讨论，因此此处将不再详细介绍。

3.4.2 金属氧化物光生电荷转移动力学

在光催化领域，瞬态吸收光谱已被应用于理解界面电荷转移与化学反应之间的相互作用。Colombo 等研究了 SCN^-空穴清除剂对 P25（TiO_2）电荷动力学的影响，发现在 620 nm 处光电子信号（＜200 fs）的上升不受 SCN^-影响，这表明空穴清除剂不影响电子捕获的时间尺度[53]。因为电荷捕获是一个固有的过程，不应该受到周围环境的影响。然而在 SCN^-存在时，瞬态吸收信号的初始强度越大，随后的动力学衰减越慢。由此可见，TiO_2 与 SCN^-之间的空穴转移和电荷复合之间存在竞争。

以上发现的空穴从 TiO_2 到 SCN^-之间的电荷转移与电荷复合的竞争不能推广到其他光催化体系，使用瞬态吸收推断锐钛矿型 TiO_2 上水裂解产生的氧气需要具有秒级时间尺度寿命的空穴，这比在缺乏有效清除剂的情况下观察到的复合动力学慢得多。同样 Cowan 等将观察到的 TiO_2 上水分裂产生的氧气的低量子效率归因于电荷的快速复合，它在时间尺度上主导着光生电荷的消耗和水氧化的界面电荷转移竞争[43]。与 TiO_2 的研究结果类似，Pesci 等发现，在硝酸银（$AgNO_3$）存在的情况下，光照 WO_3 很容易生成 O_2，但在只有水存在的情况下，O_2 会被缓慢消耗。结合惰性条件下 95%以上的电荷会在 10 μs 内重新结合，而 $AgNO_3$ 能将空穴的寿命延长到 ms～s 的时间尺度，推断出 WO_3 表面完成水氧化需要时域为 ms～s 的长寿命空穴[59]。这里的 Ag^+在 $Ag^+ + WO_3(e^-/h^+) \longrightarrow Ag + WO_3(h^+)$的反应中起到电子捕获剂的作用，使 WO_3 得到长寿命空穴。当加入的物质的还原电位大于质子的还原电位时，就可能出现类似的现象。综合结果表明，无论是什么材料，光催化水氧化都需要长寿命的空穴，这可能是因为水完全氧化成 O_2 需要四个空穴，水分子（连续）接触四个光激发空穴需要很长的时间。

上述工作证明了长寿命的空穴对于水裂解产生氧气是必不可少的，并强调了辅助催化剂负载等策略在促进电子-空穴分离和增强化学反应的光催化中的重要性[68, 69]，尽管在一系列光催化剂中，被抑制的电荷复合与各种反应的高光催化活性密切相关，但更长的电荷寿命并不能保证更好的光催化活性[21, 26, 70]。Sieland 等发现，对于电荷寿命较长的 TiO_2 样品，光催化降解 NO 的效率很高，但对于相同的样品，发现乙醛降解与电荷寿命无关，这是因为 TiO_2 与乙醛之间有强烈的吸附作用，而 TiO_2 对 NO 吸附相对较弱，而且 TiO_2 和乙醛之间的电荷转移足够快，不受观察到的 μs 时间尺度上电荷寿命的影响[71]。Patrocinio 等报道，TiO_2 样品表现出更快的复合，具有更高的光催化氧化效率，这归因于其更大的表面积，抵消了较差的电子性能[72]。然而样品的比表面积对 H_2 的演化几乎没有影响，而 TiO_2 到铂助催化剂的电子转移效率是影响 H_2 光催化性能的主要因素。在另一项详细的研究中，Wang 等使用瞬态吸收光谱研究了致密介孔锐钛矿和金红石 TiO_2 薄膜中的电荷动力学，发现在惰性条件下，光激发的电荷在金红石中寿命更长，但锐钛矿具有更强的光催化活性[57]。研究发现，电荷的复合与样品的形貌无关，但由于介孔样品的比表面积更大，其光催化活性明显高于致密样品，瞬态吸收光谱显示，在甲醇存在的情况下，锐钛矿中的空穴在 μs 前的时间尺度内几乎被完全清除，但金红石中的空穴在 10 μs 前只有 2/3 被清除。此外，锐钛矿 TiO_2 的电子半衰期在甲醇存在时从 100 μs 增加到 0.7 s，而金红石的半衰期只略有增加，这可以解释为甲醇在金红石上的氧化是容易可逆的，因此在延长电子寿命方面相对无效。由此推断，介孔锐钛矿在染料还原过程中具有较高的光催化活性，这是由于醇对空穴的快速不可逆清除，延长了电子寿命，使染料以 62%的量子效率被还原。金红石的电子寿命延长幅度较小，因此其染料还原活性较低（1.9%的量子效率）。而且在没有空穴清除剂的情况下，染料的还原没有发生，这是因为在没有空穴清除剂的情况下，染料的还原需要的时间比复合时间更长，这证明用清除剂来延长电子/空穴的寿命对于具有慢动力学的光催化还原/氧化反应是必不可少的。Wang 等的研究强调，惰性条件下测量的电荷寿命不一定与光催化活性相关，但空穴清除剂存在下的瞬态吸收光谱研究表明，对于良好的光催化活性，界面电荷转移所需的时间必须与电荷寿命相当[58]。与 Wang 等的工作类似，Sachs 等也研究了形貌对锐钛矿和金红石 TiO_2 电荷行为的影响，发现致密和介孔样品表现出类似的瞬态吸收衰减动力学，这表明表面介导的电荷复合并不显著，这被认为是 TiO_2 良好光催化性能的潜在关键因素[73]。

3.4.3 有机高分子材料光生电荷性质

随着对非金属光催化剂石墨相氮化碳（g-C_3N_4）的深入研究，瞬态吸收光谱已被广泛用于探究各种 g-C_3N_4 基材料的电荷动力学行为。然而与 TiO_2 相比，对 g-C_3N_4 的光生电荷吸收特性的系统研究有限，且当前的研究中关于 g-C_3N_4 的瞬态吸收特征信号也存在差异。Li 等构建了锌铟混合金属氧化物与石墨相氮化碳（ZnIn-MMO/g-C_3N_4）复合体系，并考察了其在可见光照射下对罗丹明 B 的降解性能[27]。重点利用瞬态吸收光谱分别研究了 ZnIn-MMO、g-C_3N_4 和 3-MMO/C_3N_4 光催化剂的电子-空穴复合动力学行为。通过对衰减时间常数进行拟合可知，ZnIn-MMO、g-C_3N_4 和 3-MMO/C_3N_4 的寿命分别为 97.8 ns、130.3 ns 和 165.1 ns。3-MMO/C_3N_4 较长的寿命表明其电子-空穴复合更慢，因此利于 ZnIn-MMO 和 g-C_3N_4 界面间的光生电子-空穴对的转移和分离。

Li 等利用时间分辨光谱技术探究了质子化对 g-C_3N_4 电荷分离效率的影响[74]。在 410 nm 的脉冲激光激发下，g-C_3N_4 和质子化氮化碳（p-g-C_3N_4）都显示出 400～800 nm 的连续吸收［图 3.10（a)］，这可归因于位于这些半导体中不同捕获态的光生电子或空穴形成的吸收。这也进一步通过 700 nm 处的瞬态吸收信号的动力学过程证实［图 3.10（b)］。相较于 g-C_3N_4，p-g-C_3N_4 表现出极大的延迟衰减动力学信号。p-g-C_3N_4 相对较长的寿命的电荷分离可增加电荷参与催化氧化还原反应的概率，从而提高其水氧化能力。

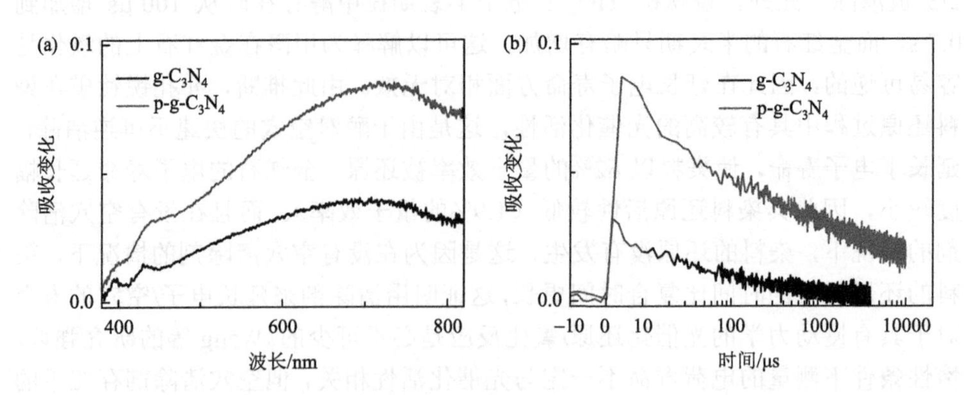

图 3.10 （a）g-C_3N_4 和 p-g-C_3N_4 在激发后延迟时间为 1 μs（λ_{exc} = 410 nm）的瞬态吸收光谱；（b）在 700 nm 处的瞬态衰减曲线[74]

然而，由图 3.11（a）可以看出，瞬态吸收光谱曲线信号最初主要为负信号，但在纳秒时域后迅速变为正向信号。另外，在图 3.11（b）中则无负信号区域，这

可能是由于 μs 时间分辨率导致无法检测到≤ns 时域的负信号。基于上述研究推断，$g-C_3N_4$的瞬态吸收信号在≤ns 时域内为负向，但在更长时域内则为正向信号，这与 Tang 等的研究结果相一致[75]。在光激发持续超过 5 ns 后，$g-C_3N_4$在可见光区域表现出负向瞬态吸收信号［图 3.11（a）］，但在≥μs 时间尺度上可见光区域中仅观察到正向的瞬态吸收信号［图 3.11（b）］，而这则主要归属于光生电子的信号。相反，Yu 等则发现在 ps 时域内，$g-C_3N_4$在 450 nm 和 395 nm 激发条件下分别在 510～650 nm 和 470～700 nm 范围内表现出正向瞬态吸收信号[76]。此外，Schlenker 等研究发现，在 365 nm 激发后，仅在 ps 时域内观察到 420～550 nm 之间的负向瞬态吸收信号，而在 600 nm 后则为明显的正向信号[77]。上述研究结果的差异极有可能是因为在不同研究体系中样品制备方法不同。Corp 等是将 $g-C_3N_4$样品分散在水中，而 Yu 等则是在四乙基氢氧化铵水溶液热处理 $g-C_3N_4$得到稳定

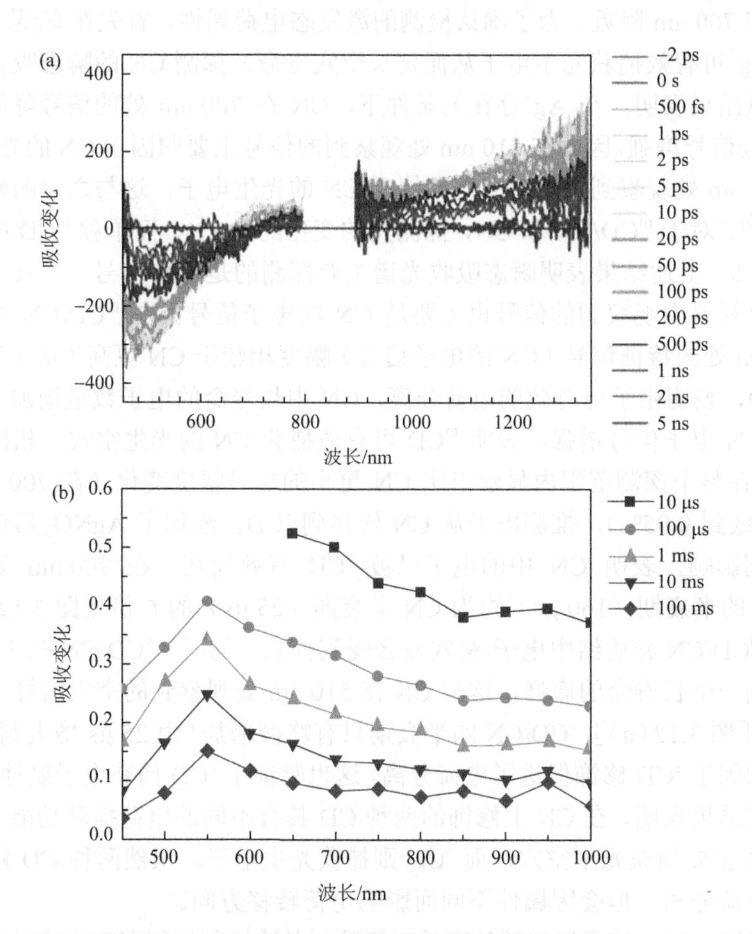

图 3.11　不同延迟时间条件下 $g-C_3N_4$在水分散体系的瞬态吸收光谱：（a）$g-C_3N_4$的飞秒瞬态吸收光谱；（b）$g-C_3N_4$的微秒瞬态吸收光谱[75]

的透明胶体溶液，所得的胶体溶液似乎在更长的探测波长处猝灭了瞬态吸收信号，这可能与近红外波长处正的瞬态吸收信号或超快（亚 ps）电荷转移到四乙基氢氧化铵过程有关。因此，样品的制备条件是影响瞬态吸收光谱测试及诠释其属性的重要影响因素。

Tang 等利用瞬态吸收光谱揭示了利用不同合成方法制备的碳点（CD）在其与 CN 复合体系中捕获电荷属性的差异。以微波法制备的 ^{m}CD（石墨相）在 ^{m}CD/CN 复合材料中表现为捕获空穴的独特功能；而基于超声方法制备的 ^{s}CD（非晶态）在 ^{s}CD/CN 复合材料中则表现为捕获电子的作用[78]。^{m}CD 使 CN 的电子寿命相较于 ^{s}CD 延长四倍，有利于多电子还原过程，其在 420 nm 处的内量子效率为 2.1%。对比而言，^{s}CD/CN 复合材料则只产生 CO。利用瞬态吸收光谱对系列样品进行探测发现，CN 在 450～1000 nm 范围内表现出较宽的吸收信号，其峰值在 700 nm 附近。为了确认检测的激发态电荷属性，首先在有/无 Ag^+的条件下（Ag^+可有效捕获光生电子从而延长空穴寿命）探测 CN 的瞬态吸收光谱信号。测试结果表明，在 Ag^+存在的条件下，CN 在 700 nm 处的信号降低，而在 510 nm 处信号增强。因此在 510 nm 处观察到的信号主要归因于 CN 的光生空穴，而在 700 nm 处观察到的宽信号则归属于 CN 的光生电子，这与之前的研究结果相一致[79]。对于 ^{m}CD/CN 和 CN，探测光的变化约为 1%，而单独 ^{m}CD 的变化约为 0.005%。上述结果表明瞬态吸收光谱主要探测的是 CN 信号，且在 ^{m}CD/CN 纳米复合材料中观察到的信号也主要是 CN 的电子信号。在 ^{m}CD/CN 样品中位于 700 nm 处的特征信号（CN 的电子信号）幅度相较于 CN 更高（从 1.25%增加到 1.5%），表明由于更有效的电荷分离，CN 中长寿命的电子数量增加了。^{m}CD 修饰后 CN 电子信号增强，表明 ^{m}CD 可有效捕获 CN 的光生空穴。相比之下，^{s}CD/CN 在整个探测范围内显示出比 CN 更小的信号幅度变化（在 700 nm 处从 1.25%降低到 0.95%），推测电子从 CN 转移到 ^{s}CD。添加了 $AgNO_3$ 后信号强度没有受到影响，表明 CN 中的电子已被 ^{s}CD 有效捕获。在 700 nm 处观察到 ^{m}CD/CN 的半衰期（160 μs）约为 CN 半衰期（25 μs）的 6 倍［图 3.12（a）］，表明在 ^{m}CD/CN 异质结中电子-空穴复合受到抑制。同时，^{s}CD/CN 在 550 nm 附近观察到一个长寿命的肩峰，这与 CN 在 510 nm 处观察到的空穴信号一致。与 CN 相比［图 3.12（a）］，^{s}CD/CN 的半衰期只有略微增加（由 25 μs 增大到 40 μs），这主要归因于 ^{s}CD 修饰促进了电荷分离，这也验证了 ^{s}CD 捕获电子属性的猜想。上述研究结果表明，在 CN 上修饰的两种 CD 具有不同的电荷捕获功能，具体而言，^{m}CD 主要捕获光生空穴，而 ^{s}CD 则捕获光生电子。虽然两种 CD 修饰均可以促进电荷分离，但会因属性不同而影响电荷转移方向。

类似地，Tang 等通过甲酸处理的双氰胺制备连接剂控制聚合物（FAT），在其表面修饰碳量子点（CD），可控合成的 CD/FAT 在水介质中可将 CO_2 选择性还原

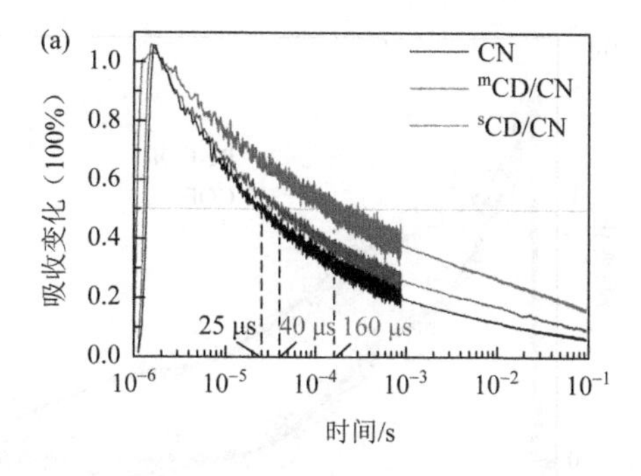

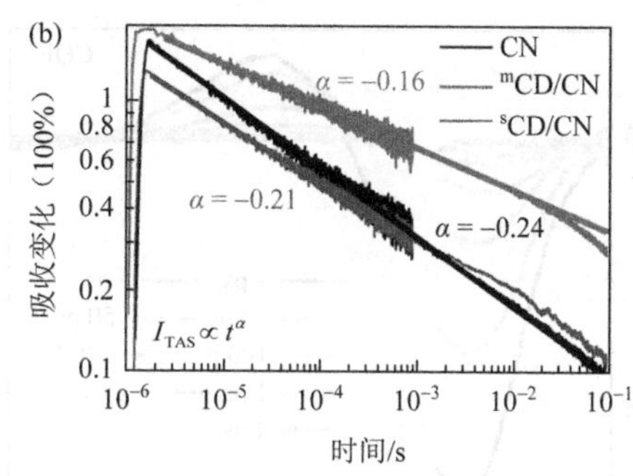

图 3.12　（a）在 355 nm 脉冲激发（460 μJ/cm^2）、700 nm 探测条件下 CN、^{m}CD/CN 和 ^{s}CD/CN 的微秒瞬态吸收衰减动力学曲线；（b）基于幂指数方程的数据拟合结果[78]

为甲醇[80]。重点利用瞬态吸收光谱研究了 FAT 和 CD/FAT 在微秒时域的电子-空穴动力学，并以 CD/CN 作为参比。FAT 在 550 nm 附近的瞬态吸收光谱信号归属于光生空穴，在 700～900 nm 范围观察到的信号则归属于光生电子。CD/FAT 异质结在 550 nm 附近的瞬态吸收信号强度明显降低，从光谱反卷积结果可知空穴的贡献减少为将近 1/3。瞬态吸收光谱研究还表明，碳量子点能在 FAT 发生深能级捕集之前，在亚微秒时域从 FAT 中提取 75%的光生空穴，以保持空穴的反应活性，并增加有效电子的数量，从而有利于 CO_2 还原至甲醇的 6 电子过程。CD 可以 100%选择性地吸附水而非甲醇，有利于水的氧化，不会将产物氧化为 CO_x，从而提高了甲醇的选择性[80]。同时，光谱反卷积结果也证实相较于 CN，CD/CN 的空穴信号降低而电子信号升高。这些电荷浓度改变均与 CD 的空穴捕获特性相关。CD 对空穴的有效捕获可显著促进电荷分离，有利于提高光催化性能。

共价有机骨架（COF）是一种近年来备受关注的聚合物光催化材料，瞬态吸收光谱也已应用于研究这类催化剂的光生电荷动力学行为。确切地说，瞬态吸收光谱更多地被应用于阐明供体-受体（D-A）COF 组装体中的电荷动力学，包括从供体到受体的超快电子转移（ET）以及由此产生的激发态的寿命。共价三嗪骨架（CTF）是 COFs 材料的一个分支，当前利用瞬态吸收光谱对其也进行了相对广泛的研究。Zhang 等利用瞬态吸收光谱研究了稀土金属铼（Re）修饰对 COF 本征电荷分离的影响[81]，重点考察了 530 nm 激发条件下，COF 和 Re-COF 的电荷分离动力学过程。如图 3.13 所示，COF 在 600 nm 处的正向信号归因于激发态分子内电荷转移的吸收，而 500 nm 处的负向信号归因于受激发射，Re-COFs 展现出相似的瞬态吸收曲线，但是激发态分子内电荷转移的吸收宽度明显增强。并且 Re-COF 的激发态分子内电荷转移寿命（τ = 171 ps）相较 COF 长得多，这表明掺入的三羰基氯（联吡啶基）稀土配合物[Re(bpy)(CO)$_3$Cl] 会抑制 Re-COF 中的电荷复合。

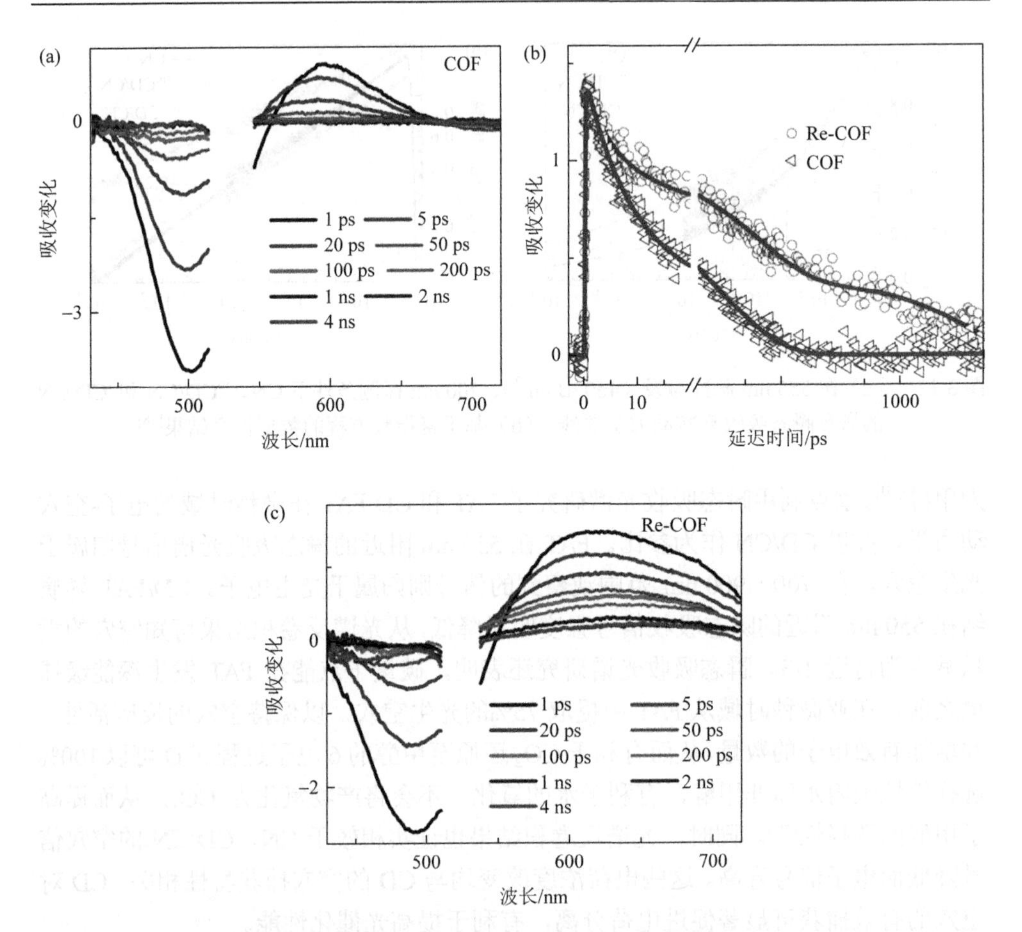

图 3.13　(a)COF 的瞬态吸收光谱；(b)COF、Re-COF 的分子内电荷转移动力学曲线；(c)Re-COF 的瞬态吸收光谱，数据全部在 530nm 激发下测量[81]

金属-有机骨架（MOF）是一类由金属或金属团簇节点与多齿有机配体连接而形成的晶态多孔聚合物材料，在各类光催化反应中得到广泛研究。利用瞬态吸收光谱可对 MOFs 材料的光生电荷行为进行探测，如构建单元之间的电荷转移和光激发物种的寿命等。Li 等合成了两种 Fe 基 MOF[82]，并考察了其在可见光下及 O_2 作为氧化剂的条件下，邻氨基苯硫酚和醇类之间直接氧化缩合产生 2-取代的苯并噻唑的性能。研究发现 MOF 的结构会影响其催化性能，并利用瞬态吸收光谱探究了其原因。

在惰性气体保护下，将 MIL-100（Fe）和 MIL-68（Fe）分别分散在乙腈（CH_3CN）中以排除它们不同光吸收系数的影响。在 532 nm 激光激发条件下以相同的功率（25 mJ，1 Hz）对样品进行探测，MIL-100（Fe）和 MIL-68（Fe）的瞬态吸收光谱在 450～700 nm 范围内均表现出负向信号，这与基态漂白有关。

MIL-100（Fe）的瞬态吸收信号强度高于 MIL-68（Fe）。由于两种 MOF 分散体的激光功率及其光吸收在实验误差范围内是相同的，因此在 MIL-100（Fe）分散体上观察到的瞬态吸收信号越强，表明达到微秒时域的激发物质浓度越高。在 532 nm 激发的条件下，在 560 nm 探测 MIL-100（Fe）和 MIL-68（Fe）的瞬态吸收动力学曲线。MIL-100（Fe）的激发态寿命约为 1.48 μs，而 MIL-68（Fe）的激发态寿命仅为 0.63 μs。上述结果表明，相较于 MIL-68（Fe），MIL-100（Fe）的光生电荷寿命更长。

3.4.4　有机高分子材料光生电荷转移动力学

当前有些研究表明，具有大量长寿命正向瞬态吸收信号的 g-C_3N_4 样品表现出较低的光催化活性，这与深捕获态的电荷对活性贡献有限有关。Durrant 等证实在可见光到近红外光区观察到的 g-C_3N_4 正向瞬态吸收信号对应于深捕获态的电子[83]。从图 3.14 可以看出，负载 Ag 的 g-C_3N_4 相较于 g-C_3N_4 具有更快的瞬态吸收衰减动力学行为，这是由于 Ag 可有效捕获 g-C_3N_4 的光生电子。对比在较短的探测波长下瞬态吸收强度的变化，发现 Ag/g-C_3N_4 寿命加速衰减的趋势不明显，说明 g-C_3N_4 中深捕获态的电子不容易向 Ag 发生转移，因此在较短的探测波长条件下有无 Ag 负载 g-C_3N_4 的衰减动力学曲线无明显差异。因为深捕获态的电子不容易向 Ag 转移，证明了这些电子由于被深度捕获而失活，不利于光催化反应所需的界面电荷转移，从而使 Ag/g-C_3N_4 具有较长寿命的样品反而表现出较低的光催化活性的特征。

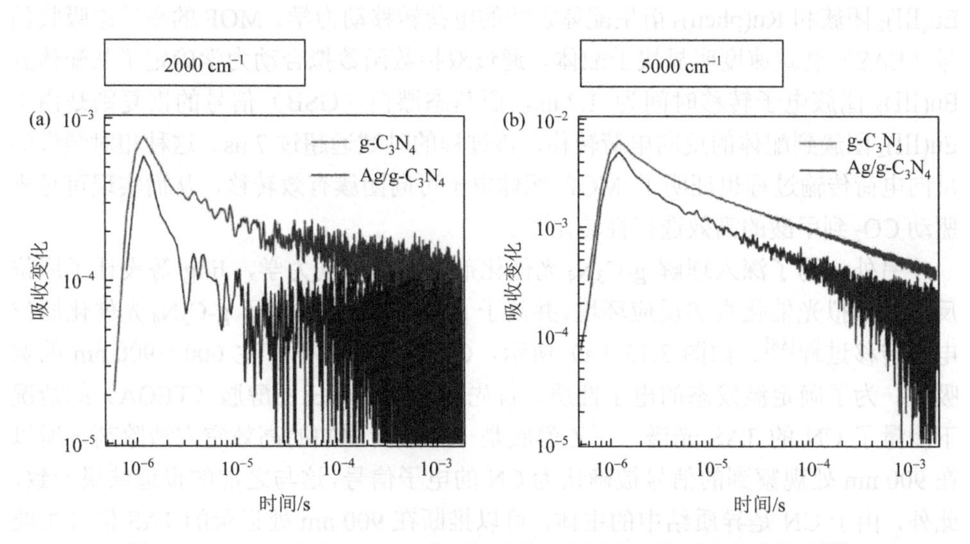

图 3.14　g-C_3N_4 和 Ag/g-C_3N_4 在不同波数下的瞬态吸收强度衰减曲线[83]

Tang 等通过超声处理向 g-C_3N_4结构中引入 N 缺陷以及 C—OH 端后，n 型光阳极材料（ref-g-C_3N_4）可转化为光阴极材料（def-g-C_3N_4）[84]。研究发现在分解水反应中 g-C_3N_4作为光阳极的瞬态吸收信号与作为光阴极的瞬态吸收信号有很大的不同。通过实验观察到当 g-C_3N_4作为光阳极时表现出负向的瞬态吸收信号，而在超过 ns 时域范围，信号则变为正向。但是作为光阴极材料时，在光激发几十微秒后仍保持显著的负向瞬态吸收信号。与光阳极相比，光阴极的浅能级捕获电子的寿命延长了 3 个数量级。这与观察到的这些材料的光电极特性是一致的，即光阴极材料具有大量高还原电势的长寿命电子，以促进还原反应，而光阳极在光激发后主要从 ns 时域开始受深捕获态电子影响，但是这些深捕获态的电子无法参与分解水的还原反应。

但是有些高分子材料的光催化活性和瞬态吸收光谱结果之间有更为一致的联系。例如，对于 CTFs 材料而言，较长的瞬态吸收光谱寿命通常对应于较高的光催化活性。Tan 等利用瞬态吸收光谱探测了 CTFs 材料的电荷动力学行为，研究结果表明随着结晶度的增加，CTF 的光生电荷寿命延长。综合其他实验结果，进一步判断 CTF 具有更高的光催化析氢活性可归因于其更高的结晶度[85]。在此之前，该团队就利用瞬态吸收光谱比较了供体-受体（D-A）CTF 体系和 D-A_1-A_2（双受体）CTF 体系的电荷动力学。相较于 CTF-CBZ（3.6 ns），D-A_1-A_2CTF 的光生电荷寿命显著延长（11.6 ns）。D-A_1-A_2CTF 所表现出高量子效率和良好的光催化产氢性能是因为有效抑制的光生电子-空穴复合提高了电荷分离效率[86]。类似地，MOFs 材料也表现出较慢的瞬态吸收衰减动力学，这可以解释为其较长寿命的激发态导致更高的光催化活性。Kong 等通过瞬态吸收光谱研究了 MOF 中双核 $Eu(III)_2$ 团簇和 $Ru(phen)_3$ 衍生配体之间的电荷转移动力学。MOF 的激发态吸收信号（EAS）衰减速度明显快于配体。通过双指数函数拟合动力学确定了从配体到 $Eu(III)_2$ 团簇电子转移时间为 1.2 ns，而基态漂白（GSB）信号的恢复则是由于 $Eu(III)_2$ 团簇到配体的反向电荷转移，该过程的时域远超过 7 ns。这种相对缓慢的反向电荷传输过程也证明了 MOF 配体电子可向团簇有效转移，从而实现可见光驱动 CO_2 到甲酸的高效选择性转化[87]。

另外，为了深入理解 g-C_3N_4 光催化剂原位反应动力学，Jing 等设计了原位反应池模拟光催化真实反应环境，并基于 μs-TAS 光谱研究了 g-C_3N_4 光催化原位电荷转移过程[88]。如图 3.15（a）所示，CN 在光激发下产生 600～900 nm 的宽吸收。为了确定激发态的电子性质，首先在有和没有三乙醇胺（TEOA）的情况下测量了 CN 的 TAS 光谱，三乙醇胺是一种众所周知的高效空穴清除剂，所以在 900 nm 处观察到的信号被确认为 CN 的电子信号，这与之前的报道结果一致。此外，由于 CN 是异质结中的主体，可以推断在 900 nm 处记录的 TAS 信号主要来自 CN。

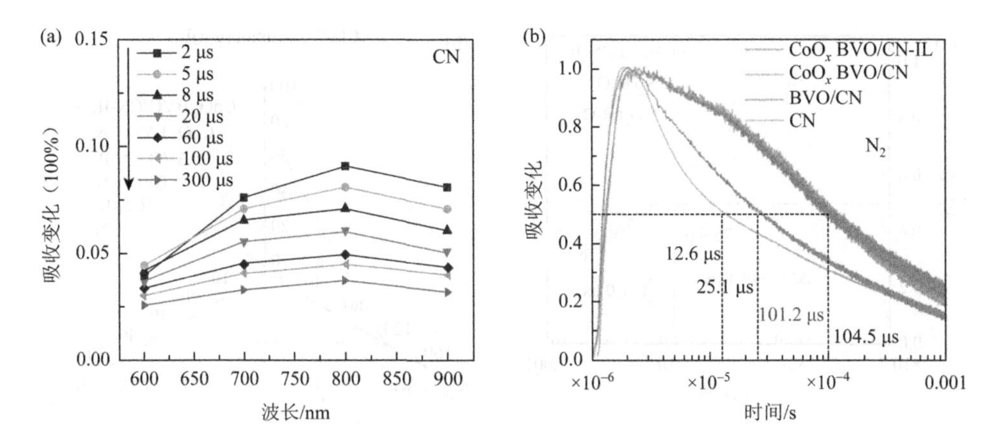

图 3.15 （a）CN 在水中的 μs-TAS 光谱；（b）CN、BVO/CN、CoO_x BVO/CN 和 CoO_x BVO/CN-IL 在 N_2 中的 μs-TAS 衰减动力学[88]

在 N_2 气氛下，电子信号的寿命（τ_{50}）从 CN 中的 12.6 μs 增加到 BVO/CN 中的 25.1 μs［图 3.15（b）］，并且在 CoO_x BVO/CN 上检测到 τ_{50} 明显增加（101.2 μs）。然而，CoO_x 修饰的 CN(CoO_x-CN)的寿命被确定为仅 18.9 μs。这些清楚地证明了，CoO_x 修饰后 BVO 和 CN 之间促进的 Z 方案电荷转移大大延长了 CN 上光生电子的寿命。然而，在 N_2 气氛下，在 CoO_x BVO/CN-IL 上观察到的 τ_{50}（3.3 μs）的变化相对较小，而 CoO_x BVO/CN 的变化相对较少。

此外，在模拟的光催化 CO_2 还原条件下进行了电子动力学的原位研究，其中将携带 H_2O 的 $CO_2(g)$ ［$CO_2(H_2O)$］引入测试系统中。为了进行比较，也用 N_2 代替 CO_2 来进行测量。与 $CO_2(H_2O)$条件下的 BVO/CN 相比，BVO/CN-IL 中的电子 τ_{50} 缩短了 9.2 μs。这两个样品在 $N_2(H_2O)$中的电子 τ_{50} 变化非常小，表明 IL 修饰有利于在这种富含 CO_2 的环境中加速 CO_2 还原的电子动力学。另外，在 $N_2(H_2O)$系统中 CoO_x 修饰后，BVO/CN 中的电子 τ_{50} 显著延长（从 32.6 μs 延长到 133.3 μs），与 N_2 的变化形成鲜明对比（从 25.1 μs 到 104.5 μs）。结果验证了 CoO_x 通过提取空穴然后活化水的重要作用促进了水氧化动力学，这有助于 CN 中积累的长寿命电子。此外，可以看到，在 $CO_2(H_2O)$条件下，在 CoO_x BVO/CN 上观察到的 τ_{50} 与充 N_2 条件下相比仅缩短了 7.2 μs。

然而，在 CoO_x BVO/CN-IL 中，电子寿命缩短时具有明显变化（44.1 μs）［图 3.16（a）］，表明与 CoO_x 相比，修饰的 IL 对 CO_2 活化具有相当大的影响。为了清楚起见，通过计算 CO_2 还原的电子转移效率（ETE）研究样品 CO_2 还原、半衰期（τ_{50}）、ETE 和 CO 产率的关系，如图 3.16（b）所示。可以看出，计算得到的 CN 的 ETE 为 3.1%，在 CN-IL 上获得了 3.4%的微小增长，而 BVO/CN-IL 的 ETE 高达 27.1%，表明改性的 IL 促进了 CO_2 对电子的捕获，特别是对于具有长寿命电子的 Z-scheme 异质结。

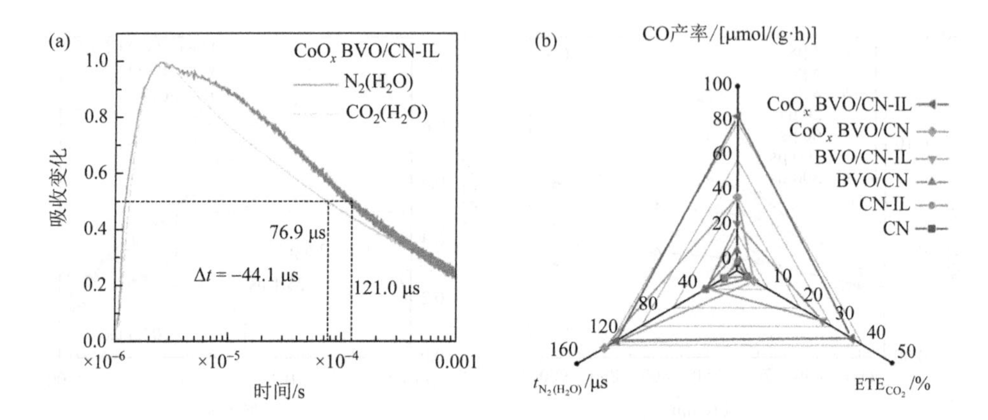

图 3.16 (a)CO_2/H_2O 和 N_2/H_2O 条件下 CoO_xBVO/CN-IL 的 μs-TAS 动力学；(b)样品的电子转移效率和 CO 产率[88]

这一结果也支持了 IL 可以作为 CO_2 还原的良好催化活化位点的事实。同时，尽管计算出的 BVO/CN-IL 的 ETE 高于 CoO_x BVO/CN，但在 $N_2(H_2O)$条件下检测到的 τ_{50} 的光催化活性上观察到了相反的情况，这可能是由于在 CoO_x BVO/CN 上保留了更多的电子来参与 CO_2 还原反应。这里需要指出的是，CO_2 还原的 ETE 反映了催化基于电子寿命，而光活性取决于 ETE 值，以及电子寿命决定了转移的电子量。

因此，在 CoO_x BVO/CN-IL 上，最大 ETE 达到 36.4%，这与 CoO_x 修饰后 BVO/CN Z-scheme 异质结中 CN 的电子寿命显著延长以及改性离子液体对 CO_2 还原的催化作用有关，相对长寿命的电子将为 IL 催化 CO_2 还原带来更有利的条件。从另一个角度来看，在 900 nm 处观察到的电子寿命从 BVO/CN 中的 32.6 μs 增加到 CoO_x BVO/CN 中的 121.0 μs，而 ETE 变化很小，这是因为它缺乏催化位点，导致光活性不佳。因此，通过原位 TAS 数据延长电子寿命和促进催化的结合是获得高活性的关键。显然，改性 CoO_x 和 IL 用于调节 Z 型电荷转移和水的活化共同促进了整个 CO_2 还原反应。

为了深入了解 IL/Co-bCN 上的光催化反应机理，Jing 等利用 μs-TAS 技术研究了其中的电荷转移动力学[89]。CN 材料近红外区域的 TAS 信号来源于光激发的电子，而空穴对 TAS 信号的贡献可以忽略。因此，可以基于近红外区域的 TAS 信号直接监测 CN 的电子动力学，并通过检测电子信号来进一步间接观察空穴转移过程。

通过添加三乙醇胺（TEOA）区分 CN 相关波长的 TAS 信号，确认 CN 电子指纹区域。考虑到 TAS 信号强度随着波长而增加，选择 900 nm 作为电子指纹检测波长。如图 3.17(a)所示为 bCN、Co-bCN 和 IL/bCN 的电子衰减动力学的 μs-TAS

曲线。900 nm 的波长很好地符合 $I_{TAS(\tau)} \propto (\tau-\tau_0)^{\beta}$ 的幂律函数，其中 β（$0<\beta<1$）代表拟合拉伸指数，可以观察到具有捕获-去捕获动力学的双对数图上的线性衰减规律。拟合得到 bCN 的 β 值，介于 IL/bCN 和 Co-bCN 的 β 值之间。此外，半衰期 τ_{50} 定义为 50%的初始激发态粒子数衰减一半的时间，代表 TAS 曲线的平均动力学衰减寿命。因此，用 τ_{50} 来评价电子动力学衰减过程是合理的。与 bCN 相比，IL/bCN 在初始时间的 TAS 振幅从 0.007 降低到 0.006，电子寿命更短（τ_{50} = 22.5 μs），这表明电子从 bCN 转移到 IL。相反，Co-bCN 显示出比 bCN 更高的 TAS 振幅（从 0.007 增加到 0.009）和更长的电子寿命（τ_{50} = 37.6 μs），推断空穴被 Co 单原子捕获。

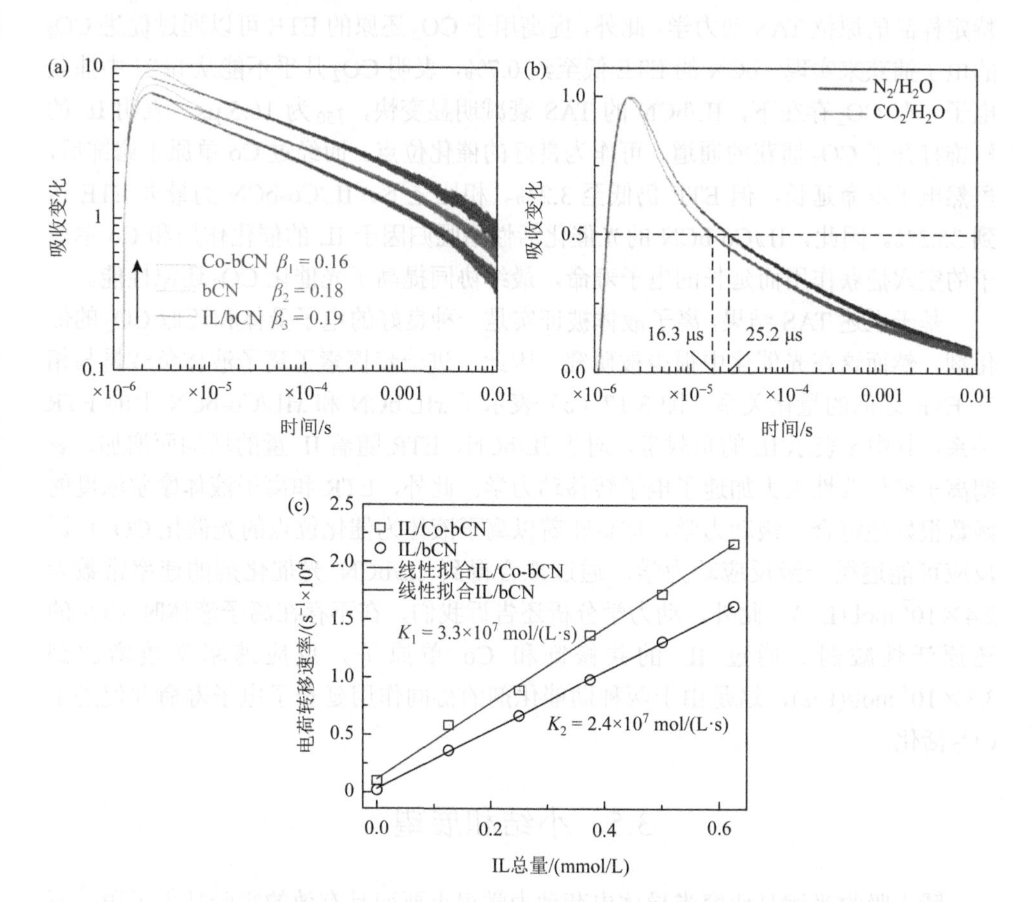

图 3.17　（a）在 N_2/H_2O 的气体混合物中，样品 bCN、Co-bCN 和 IL/bCN 的 μs-TAS 衰减曲线，其中的实线由 $I_{TAS(\tau)} \propto (\tau-\tau_0)^{\beta}$ 拟合获得；（b）在 N_2/H_2O 或 CO_2/H_2O 的气体条件下，样品 IL/Co-bCN 上的原位 μs-TAS 衰减曲线；（c）电子转移速率与 IL 总量的函数关系；速率常数是从线性拟合的斜率获得的，而背景速率是从截距获得的[89]

为了确认 Co 单原子的空穴捕获能力，将 Co-bCN 的电子衰减动力学与加入甲醇（MeOH）空穴捕获剂的 bCN 的电子衰减动力学进行比较。观察到 Co-bCN（τ_{50} = 37.6 μs）显示出比添加了 MeOH 的 bCN 更长的 τ_{50}(τ_{50} = 31.9 μs)。这表明 Co 单原子比 MeOH 具有更强的空穴捕获能力。总之，IL 和 Co 单原子分别被证实是有效的电子捕获剂和空穴捕获剂。

接下来的问题在于理解 CO_2 光还原的动力学机制，这对于设计光催化材料至关重要。原位 μs-TAS 是通过监测反应过程来阐明光催化剂电荷载流子动力学的一种强有力的技术。通过 CO_2 还原反应的动力学监测可以揭示样品电荷状态的减少机理。通过将 CO_2/H_2O 的混合气体输入样品池以分别模拟 CO_2 还原条件，来确认特定样品的原位 TAS 动力学。此外，提高用于 CO_2 还原的 ETE 可以通过促进 CO_2 的电子捕获来实现。bCN 的 ETE 低至约 0.7%，表明 CO_2 几乎不能从 bCN 中捕获电子。在 CO_2 存在下，IL/bCN 的 TAS 衰减明显变快，τ_{50} 为 16.5 μs，表明 IL 的修饰打开了 CO_2 捕获的通道，可作为良好的催化位点。而经过 Co 单原子修饰后，虽然电子寿命延长，但 ETE 仍低至 3.2%。相比之下，IL/Co-bCN 的最大 ETE 达到 35.3%。因此，IL/Co-bCN 的光催化活性增强归因于 IL 的催化作用和 Co 单原子的空穴捕获作用而延长的电子寿命，最终协同提高了光催化 CO_2 还原性能。

基于上述 TAS 结果，离子液体被证实是一种良好的电子受体和还原 CO_2 的催化剂，然而这在光催化中很少被研究。因此，进一步探索了离子液体负载量与相应 ETR 之间的量化关系。图 3.17（c）表示了 xIL/bCN 和 xIL/Co-bCN 上的 ETR 关系，其中 x 表示 IL 的负载量，对于 IL/bCN，ETR 随着 IL 量的增加而增加，表明离子液体改性大大加速了电子转移动力学。此外，ETR 和离子液体摩尔浓度的函数很好地符合一级动力学，这意味着以离子液体为催化位点的光催化 CO_2 还原反应可能遵循一级反应动力学。通过拟合得到 IL/bCN 光催化剂的速率常数为 2.4×10^7 mol/(L·s)。此外，动力学分析还告诉我们，在不存在离子液体时 CO_2 的还原活性减弱。通过 IL 的共修饰和 Co 单原子，反应速率常数增加到 3.3×10^7 mol/(L·s)，这是由于两种助催化剂的协同作用延长了电子寿命并促进了 CO_2 活化。

3.5 小结和展望

瞬态吸收光谱是研究半导体电荷动力学很重要而且有效的实验技术手段，不仅仅应用在光催化中，在太阳能电池、发光器件、光电探测器等很多领域都有广泛的应用。根据激发光源的不同，可以实现飞秒到秒时间尺度上的光谱探测，这与光催化过程中光生电荷的产生、迁移或复合的时间尺度相一致，因此，使用瞬态吸收光谱技术可以高效地研究光生电荷的动力学行为。

以往文献中瞬态吸收光谱通常探测从几十纳秒到毫秒的时间范围，或者从飞秒到最多几纳秒的超快时间范围。但从整个时域（飞秒到秒）上研究半导体光催化动力学的报道较少，而将光生电荷前期的超快动力学过程和后续较慢的光催化化学反应过程结合起来整体考虑对于复杂的光催化过程是十分必要的。另外，瞬态吸收光谱与红外光谱（IR）的组合是一种强大的技术集成手段，因为可见区瞬态吸收光谱可以监测电荷的深捕获态信息，而红外区瞬态吸收光谱（TAIR）对自由电荷和浅捕获电荷比较敏感。在一些光催化剂上，深捕获电荷的光催化活性较低，而自由和浅捕获电荷是促进光催化性能的主要成分。不同状态的电荷对观察到的光催化活性的贡献不同，因此，将可见的瞬态吸收光谱与中红外区域的 TRIR 相结合，有可能从整体上阐明光催化反应的机理。总之，结合这些技术可以使光生电荷的行为与化学物质的行为有效关联，为光催化剂的合理设计和光催化电荷转移机制的深入理解提供实验支持。

参考文献

[1] Ma J，Miao T J，Tang J. Charge carrier dynamics and reaction intermediates in heterogeneous photocatalysis by time-resolved spectroscopies [J]. Chemical Society Reviews，2022，51：5777-5794.

[2] Kennis R B R，van G J T M. Ultrafast transient absorption spectroscopy：principles and application to photosynthetic systems [J]. Photosynthesis Research，2009，101：105-118.

[3] Boag J W. Techniques of flash photolyise [J]. Photochemistry and Photobiology，1968，8：565-577.

[4] Miao T J，Tang J. Characterization of charge carrier behavior in photocatalysis using transient absorption spectroscopy [J]. The Journal of Chemical Physics，2020，152：194201.

[5] Feng C，Wu Z P，Huang K W，et al. Surface modification of 2D photocatalysts for solar energy conversion [J]. Advanced Materials，2022，34：2200180.

[6] Cowan A J，Leng W，Barnes P R F，et al. Charge carrier separation in nanostructured TiO_2 photoelectrodes for water splitting [J]. Physical Chemistry Chemical Physics，2013，15：8772-8778.

[7] Wang Ye，Zhang S Z B. Femtosecond transient absorption spectroscopy and its applications [J]. Chinese Journal of Quantum Electronics，2021，38：5.

[8] Berera R，van Grondelle R，Kennis J T M. Ultrafast transient absorption spectroscopy：principles and application to photosynthetic systems [J]. Photosynthesis Research，2009，101：105-118.

[9] Ekvall K，van der Meulen P，Dhollande C，et al. Cross phase modulation artifact in liquid phase transient absorption spectroscopy [J]. Journal of Applied Physics，2000，87：2340-2352.

[10] Dietzek B，Pascher T，Sundström V，et al. Appearance of coherent artifact signals in femtosecond transient absorption spectroscopy in dependence on detector design [J]. Laser Physics Letters，2007，4：38.

[11] Pendlebury S R，Cowan A J，Barroso M，et al. Correlating long-lived photogenerated hole populations with photocurrent densities in hematite water oxidation photoanodes [J]. Energy & Environmental Science，2012，5：6304-6312.

[12] Pendlebury S R，Barroso M，Cowan A J，et al. Dynamics of photogenerated holes in nanocrystalline α-Fe_2O_3 electrodes for water oxidation probed by transient absorption spectroscopy [J]. Chemical Communications，2011，47：716-718.

[13] Jing L，Zhou W，Tian G，et al. Surface tuning for oxide-based nanomaterials as efficient photocatalysts [J]. Chemical Society Reviews，2013，42：9509-9549.

[14] Kumar G S，Lin Q. Light-triggered click chemistry [J]. Chemical Reviews，2021，121：6991-7031.

[15] Šebelík V，Kuznetsova V，Lokstein H，et al. Transient absorption of chlorophylls and carotenoids after two-photon excitation of LHCII [J]. The Journal of Physical Chemistry Letters，2021，12：3176-3181.

[16] Ziólek M，Lorenc M，Naskrecki R. Determination of the temporal response function in femtosecond pump-probe systems [J]. Applied Physics B，2001，72：843-847.

[17] Kovalenko S A，Dobryakov A L，Ruthmann J，et al. Femtosecond spectroscopy of condensed phases with chirped supercontinuum probing [J]. Physical Review A，1999，59：2369-2384.

[18] Corby S，Francàs L，Selim S，et al. Water oxidation and electron extraction kinetics in nanostructured tungsten trioxide photoanodes [J]. Journal of the American Chemical Society，2018，140：16168-16177.

[19] Corby S，Francàs L，Kafizas A，et al. Determining the role of oxygen vacancies in the photoelectrocatalytic performance of WO_3 for water oxidation [J]. Chemical Science，2020，11：2907-2914.

[20] Pastor E，Park J S，Steier L，et al. *In situ* observation of picosecond polaron self-localisation in α-Fe_2O_3 photoelectrochemical cells [J]. Nature Communications，2019，10：3962.

[21] Cowan A J，Durrant J R. Long-lived charge separated states in nanostructured semiconductor photoelectrodes for the production of solar fuels [J]. Chemical Society Reviews，2013，42：2281-2293.

[22] Pan L，Kim J H，Mayer M T，et al. Boosting the performance of Cu_2O photocathodes for unassisted solar water splitting devices [J]. Nature Catalysis，2018，1：412-420.

[23] Sivula K，Formal F Le，Grätzel M. WO_3-Fe_2O_3 photoanodes for water splitting：a host scaffold，guest absorber approach [J]. Chemistry of Materials，2009，21：2862-2867.

[24] Maeda K，Domen K. Solid solution of GaN and ZnO as a stable photocatalyst for overall water splitting under visible light [J]. Chemistry of Materials，2010，22：612-623.

[25] Moniz S J A，Shevlin S A，Martin D J，et al. Visible-light driven heterojunction photocatalysts for water splitting–a critical review [J]. Energy & Environmental Science，2015，8：731-759.

[26] Lan M，Fan G，Yang L，et al. Enhanced visible-light-induced photocatalytic performance of a novel ternary semiconductor coupling system based on hybrid Zn–in mixed metal oxide/g-C_3N_4 composites [J]. RSC Advances，2015，5：5725-5734.

[27] Dillon R J，Joo J B，Zaera F，et al. Correlating the excited state relaxation dynamics as measured by photoluminescence and transient absorption with the photocatalytic activity of Au@TiO_2 core-shell nanostructures [J]. Physical Chemistry Chemical Physics，2013，15：1488-1496.

[28] Huang Z，Lin Y，Xiang X，et al. *In situ* probe of photocarrier dynamics in water-splitting hematite（α-Fe_2O_3）electrodes [J]. Energy & Environmental Science，2012，5：8923-8926.

[29] He L，Jing L，Li Z，et al. Enhanced visible photocatalytic activity of nanocrystalline α-Fe_2O_3 by coupling phosphate-functionalized graphene [J]. RSC Advances，2013，3：7438-7444.

[30] Smolin S Y，Choquette A K，Wang J，et al. Distinguishing thermal and electronic effects in ultrafast optical spectroscopy using oxide heterostructures [J]. The Journal of Physical Chemistry C，2018，122：115-123.

[31] Fan H M，You G J，Li Y，et al. Shape-controlled synthesis of single-crystalline Fe_2O_3 hollow nanocrystals and their tunable optical properties [J]. The Journal of Physical Chemistry C，2009，113：9928-9935.

[32] Cherepy N J，Liston D B，Lovejoy J A，et al. Ultrafast studies of photoexcited electron dynamics in γ-and α-Fe_2O_3 semiconductor nanoparticles [J]. The Journal of Physical Chemistry B，1998，102：770-776.

[33] Furube A，Shiozawa T，Ishikawa A，et al. Femtosecond transient absorption spectroscopy on photocatalysts：$K_4Nb_6O_{17}$ and Ru (Bpy)$_3^{2+}$ -intercalated $K_4Nb_6O_{17}$ thin films [J]. The Journal of Physical Chemistry B，2002，106：3065-3072.

[34] Wang H，Jiang S，Chen S，et al. Insights into the excitonic processes in polymeric photocatalysts [J]. Chemical Science，2017，8：4087-4092.

[35] Lee K C B，Siegel J，Webb S E D，et al. Application of the stretched exponential function to fluorescence lifetime imaging [J]. Biophysical Journal，2001，81：1265-1274.

[36] Johnston D C. Stretched exponential relaxation arising from a continuous sum of exponential decays [J]. Physical Review B，2006，74：184430.

[37] Vega-Mayoral V，Vella D，Borzda T，et al. Exciton and charge carrier dynamics in few-layer WS_2 [J]. Nanoscale，2016，8：5428-5434.

[38] Tang J，Cowan A J，Durrant J R，et al. Mechanism of O_2 production from water splitting：nature of charge carriers in nitrogen doped nanocrystalline TiO_2 films and factors limiting O_2 production [J]. The Journal of Physical Chemistry C，2011，115：3143-3150.

[39] Nelson J，Haque S A，Klug D R，et al. Trap-limited recombination in dye-sensitized nanocrystalline metal oxide electrodes [J]. Physical Review B，2001，63：205321.

[40] Barzykin A V，Tachiya M. Mechanism of charge recombination in dye-sensitized nanocrystalline semiconductors：random flight model [J]. The Journal of Physical Chemistry B，2002，106：4356-4363.

[41] Walsh J J，Jiang C，Tang J，et al. Photochemical CO_2 reduction using structurally controlled g-C_3N_4 [J]. Physical Chemistry Chemical Physics，2016，18：24825-24829.

[42] Furube A，Asahi T，Masuhara H，et al. Charge carrier dynamics of standard TiO_2 catalysts revealed by femtosecond diffuse reflectance spectroscopy [J]. The Journal of Physical Chemistry B，1999，103（16）：3120-3127.

[43] Cowan A J，Tang J，Leng W，et al. Water splitting by nanocrystalline TiO_2 in a complete photoelectrochemical cell exhibits efficiencies limited by charge recombination [J]. The Journal of Physical Chemistry C，2010，114：4208-4214.

[44] Slavov C，Hartmann H，Wachtveitl J. Implementation and evaluation of data analysis strategies for time-resolved optical spectroscopy [J]. Analytical Chemistry，2015，87：2328-2336.

[45] Fujishima A，Honda K. Electrochemical photolysis of water at a semiconductor electrode [J]. Nature，1972，238：37-38.

[46] Schneider J，Matsuoka M，Takeuchi M，et al. Understanding TiO_2 photocatalysis：mechanisms and materials [J]. Chemical Reviews，2014，114：9919-9986.

[47] Nakata K，Fujishima A. TiO_2 Photocatalysis：design and applications [J]. Journal of Photochemistry and Photobiology C：Photochemistry Reviews，2012，13：169-189.

[48] Guo Q，Zhou C，Ma Z，et al. Fundamentals of TiO_2 photocatalysis：concepts，mechanisms，and challenges [J]. Advanced Materials，2019，31：1901997.

[49] Qian R，Zong H，Schneider J，et al. Charge carrier trapping，recombination and transfer during TiO_2 photocatalysis：an overview [J]. Catalysis Today，2019，335：78-90.

[50] Dung D，Ramsden J，Graetzel M. Dynamics of interfacial electron-transfer processes in colloidal semiconductor systems [J]. Journal of the American Chemical Society，1982，104：2977-2985.

[51] Bahnemann D，Henglein A，Lilie J，et al. Flash photolysis observation of the absorption spectra of trapped positive holes and electrons in colloidal titanium dioxide [J]. The Journal of Physical Chemistry，1984，88：709-711.

[52] Henglein A. Colloidal TiO_2 catalyzed photo-and radiation chemical processes in aqueous solution [J]. Berichte der Bunsengesellschaft für physikalische Chemie，1982，86：241-246.

[53] Colombo D P，Bowman R M. Does interfacial charge transfer compete with charge carrier tecombination? A femtosecond diffuse reflectance investigation of TiO_2 nanoparticles [J]. The Journal of Physical Chemistry，1996，100：18445-18449.

[54] Colombo D P，Roussel K A，Saeh J，et al. Femtosecond study of the intensity dependence of electron-hole dynamics in TiO_2 nanoclusters [J]. Chemical Physics Letters，1995，232：207-214.

[55] Tang J，Durrant J R，Klug D R. Mechanism of photocatalytic water splitting in TiO_2. reaction of water with photoholes，importance of charge carrier dynamics，and evidence for four-hole chemistry [J]. Journal of the American Chemical Society，2008，130：13885-13891.

[56] Yoshihara T，Katoh R，Furube A，et al. Identification of reactive species in photoexcited nanocrystalline TiO_2 films by wide-wavelength-range（400−2500 nm）transient absorption spectroscopy [J]. The Journal of Physical Chemistry B，2004，108：3817-3823.

[57] Wang X，Kafizas A，Li X，et al. Transient absorption spectroscopy of anatase and rutile：the impact of morphology and phase on photocatalytic activity [J]. The Journal of Physical Chemistry C，2015，119：10439-10447.

[58] Bahnemann D W，Hilgendorff M，Memming R. Charge carrier dynamics at TiO_2 particles：reactivity of free and trapped holes [J]. The Journal of Physical Chemistry B，1997，101：4265-4275.

[59] Pesci F M，Cowan A J，Alexander B D，et al. Charge carrier dynamics on mesoporous WO_3 during water splitting [J]. The Journal of Physical Chemistry Letters，2011，2：1900-1903.

[60] Bedja I，Hotchandani S，Kamat P V. Photoelectrochemistry of quantized WO_3 colloids：electron storage，electrochromic，and photoelectrochromic effects [J]. The Journal of Physical Chemistry，1993，97：11064-11070.

[61] Fu L，Wu Z，Ai X，et al. Time-resolved spectroscopic behavior of Fe_2O_3 and $ZnFe_2O_4$ nanocrystals [J]. The Journal of Chemical Physics，2004，120：3406-3413.

[62] Fitzmorris B C，Patete J M，Smith J，et al. Ultrafast transient absorption studies of hematite nanoparticles：the effect of particle shape on exciton dynamics [J]. ChemSusChem，2013，6：1907-1914.

[63] Grigioni I，Stamplecoskie K G，Selli E，et al. Dynamics of photogenerated charge carriers in WO_3/$BiVO_4$ heterojunction photoanodes [J]. The Journal of Physical Chemistry C，2015，119：20792-20800.

[64] Pattengale B，Ludwig J，Huang J. Atomic insight into the W-doping effect on carrier dynamics and photoelectrochemical properties of $BiVO_4$ photoanodes [J]. The Journal of Physical Chemistry C，2016，120：1421-1427.

[65] Ravensbergen J，Abdi F F，van Santen J H，et al. Unraveling the carrier dynamics of $BiVO_4$：a femtosecond to microsecond transient absorption study [J]. The Journal of Physical Chemistry C，2014，118：27793-27800.

[66] Hayes D，Hadt R G，Emery J D，et al. Electronic and nuclear contributions to time-resolved optical and X-ray absorption spectra of hematite and insights into photoelectrochemical performance [J]. Energy & Environmental Science，2016，9：3754-3769.

[67] Colombo D P J，Bowman R M. Femtosecond diffuse reflectance spectroscopy of TiO_2 powders [J]. The Journal of Physical Chemistry，1995，99：11752-11756.

[68] Ran J，Zhang J，Yu J，et al. Earth-abundant cocatalysts for semiconductor-based photocatalytic water splitting [J]. Chemical Society Reviews，2014，43：7787-7812.

[69] Liu J，Li Y，Zhou X，et al. Positively charged Pt-based cocatalysts：an orientation for achieving efficient photocatalytic water splitting [J]. Journal of Materials Chemistry A，2020，8：17-26.

[70] Schneider J, Nikitin K, Wark M, et al. Improved charge carrier separation in barium tantalate composites investigated by laser flash photolysis [J]. Physical Chemistry Chemical Physics, 2016, 18: 10719-10726.

[71] Sieland F, Schneider J, Bahnemann D W. Photocatalytic activity and charge carrier dynamics of TiO_2 powders with a binary particle size distribution [J]. Physical Chemistry Chemical Physics, 2018, 20: 8119-8132.

[72] Patrocinio A O T, Schneider J, França M D, et al. Charge carrier dynamics and photocatalytic behavior of TiO_2 nanopowders submitted to hydrothermal or conventional heat treatment [J]. RSC Advances, 2015, 5: 70536-70545.

[73] Sachs M, Pastor E, Kafizas A, et al. Evaluation of surface state mediated charge recombination in anatase and rutile TiO_2 [J]. The Journal of Physical Chemistry Letters, 2016, 7: 3742-3746.

[74] Ye C, Li J X, Li Z J, et al. Enhanced driving force and charge separation efficiency of protonated g-C_3N_4 for photocatalytic O_2 evolution [J]. ACS Catalysis, 2015, 5: 6973-6979.

[75] Godin R, Wang Y, Zwijnenburg M A, et al. Time-resolved spectroscopic investigation of charge trapping in carbon nitrides photocatalysts for hydrogen generation [J]. Journal of the American Chemical Society, 2017, 139: 5216-5224.

[76] Zhang H, Chen Y, Lu R, et al. Charge carrier kinetics of carbon nitride colloid: a femtosecond transient absorption spectroscopy study [J]. Physical Chemistry Chemical Physics, 2016, 18: 14904-14910.

[77] Corp K L, Schlenker C W. Ultrafast spectroscopy reveals electron-transfer cascade that improves hydrogen evolution with carbon nitride photocatalysts [J]. Journal of the American Chemical Society, 2017, 139: 7904-7912.

[78] Wang Y, Liu X, Han X, et al. Unique hole-accepting carbon-dots promoting selective carbon dioxide reduction nearly 100% to methanol by pure water [J]. Nature Communications, 2020, 11: 2531.

[79] Godin R, Wang Y, Zwijnenburg M A, et al. Time-resolved spectroscopic investigation of charge trapping in carbon nitrides photocatalysts for hydrogen generation [J]. Am. Chem Soc, 2017, 139: 5216-5224.

[80] Wang Y, Godin R, Durrant J R, et al. Efficient hole trapping in carbon dot/oxygen-modified carbon nitride heterojunction photocatalysts for enhanced methanol production from CO_2 under neutral conditions [J]. Angewandte Chemie International Edition, 2021, 60: 20811-20816.

[81] Yang S, Hu W, Zhang X, et al. 2D Covalent organic frameworks as intrinsic photocatalysts for visible light-driven CO_2 reduction [J]. Journal of the American Chemical Society, 2018, 140: 14614-14618.

[82] Wang D, Albero J, García H, et al. Visible-light-induced tandem reaction of o-aminothiophenols and alcohols to benzothiazoles over Fe-based MOFs: influence of the structure elucidated by transient absorption spectroscopy [J]. Journal of Catalysis, 2017, 349: 156-162.

[83] Kuriki R, Matsunaga H, Nakashima T, et al. Nature-inspired, highly durable CO_2 reduction system consisting of a binuclear ruthenium（Ⅱ）complex and an organic semiconductor using visible light [J]. Journal of the American Chemical Society, 2016, 138: 5159-5170.

[84] Ruan Q, Miao T, Wang H, et al. Insight on shallow trap states-introduced photocathodic performance in n-type polymer photocatalysts [J]. Journal of the American Chemical Society, 2020, 142: 2795-2802.

[85] Zhang S, Cheng G, Guo L, et al. Strong-base-assisted synthesis of a crystalline covalent triazine framework with high hydrophilicity via benzylamine monomer for photocatalytic water splitting [J]. Angewandte Chemie International Edition, 2020, 59: 6007-6014.

[86] Guo L, Niu Y, Razzaque S, et al. Design of D–A_1–A_2 covalent triazine frameworks via copolymerization for photocatalytic hydrogen evolution [J]. ACS Catalysis, 2019, 9: 9438-9445.

[87] Yan Z H, Du M H, Liu J, et al. Photo-generated dinuclear $\{Eu(II)\}_2$ active sites for selective CO_2 reduction in a photosensitizing metal-organic framework [J]. Nature Communications, 2018, 9: 3353.

[88] Sun L，Zhang Z，Bian J，et al. A Z-scheme heterojunctional photocatalyst engineered with spatially separated dual redox sites for selective CO_2 reduction with water：insight by *In situ* μs-transient absorption spectra [J]. Advanced Materials，2023，35：2300064.

[89] Liu Y，Sun J，Huang H，et al. Improving CO_2 photoconversion with ionic liquid and Co single atoms [J]. Nature Communications，2023，14：1457.

第4章 荧光光谱

当一束光入射至固体材料表面时，材料在吸收光能后进入激发态，立即退激发并发出比入射光波长长的发射光(通常波长在可见光波段)，而一旦停止入射光，发光现象也随之消失，具有这种性质的发射光通常称为荧光（fluorescence）。发射荧光的过程中，材料内部所发生的光学现象主要涉及光子与材料内部的原子、离子以及电子的相互作用。特别是对于纳米半导体材料而言，由于其特殊的能带结构，其光吸收和光发射等性质与能带上的电子行为密切相关。测试纳米半导体材料在特定条件下的稳态/瞬态荧光光谱变化，便成为人们研究半导体材料光生电荷性质的有效手段。而太阳能光催化反应可以实现分解水产氢，还原二氧化碳产生燃料和氧化降解污染物等，近年来已成为科学领域的重要课题，受到更多的关注。多种类型的纳米半导体材料被用作光催化剂，而在应用过程中，通过特定波长的光照射光催化剂后，产生的光生电子和空穴需要从微纳米颗粒内部分离，并转移到催化剂的表面，从而启动化学反应，反应性能受到电荷分离与转移过程的影响。因此，实现高效的光生电荷的分离是众多光催化反应性能提升的核心科学挑战，选用合适的技术手段有效揭示这个复杂的时空过程，将为优化设计性能更优异的光催化剂提供新的研究思路和方法。

传统的荧光光谱仪记录的都是材料的荧光激发光谱和发射光谱，属于稳态光谱，反映的是荧光强度与波长之间的关系。荧光强度准确地说是平均强度，是材料的激发态性质在整个过程中的统计学结果，属于积分光谱，仅能够提供一部分材料与光的相互作用及其载流子行为等性质的信息，而其激发态载流子的各种具体分离和转移行为随时间的演化过程则无法获得。伴随激光脉冲技术的不断发展，具有时间分辨特性的瞬态荧光光谱则为研究材料内部的瞬态行为提供了有效的技术手段。在瞬态荧光光谱中，纵坐标是荧光强度，横坐标是时间，记录的是荧光强度随时间的变化，分析的是在瞬时过程中发生事件，从而得到稳态光谱中无法得到的信息。经过将近一个世纪的发展，稳态荧光光谱和瞬态时间分辨荧光光谱已经成为揭示光生电荷行为的强有力的研究技术手段。

本章将从荧光光谱技术的原理、实验装置和在光催化过程中的应用等方面来介绍荧光光谱在光生电荷行为研究中的作用。该技术的不断进步和发展将在光催化材料研究中，特别是揭示复杂的多重电荷转移机制的动态过程、明确电荷分离机制与光催化反应效率间的本质关联、突破太阳能光催化反应的技术难题等方面提供新的认识和有力的技术支持。

4.1　荧光光谱基本原理

4.1.1　稳态荧光光谱的原理

荧光产生的基本原理可以用图 4.1 说明。当分子吸收光子能量时，电子则可能从基态跃迁到激发态。激发态电子不稳定，会从激发态回到稳定的基态，能量以发光的形式释放，进而发出荧光。如果电子从激发态通过系间窜越转化为电子激发态，然后从激发态回到基态则发出磷光，还有部分能量以无辐射跃迁的形式释放。由于纳米半导体光催化材料特殊的能带结构，其在光激发下，电子从价带跃迁至导带并在价带留下空穴。电子和空穴在各自的导带和价带中通过弛豫达到各自未被占据的最低激发态(在本征半导体中即导带底和价带顶)，成为准平衡态。准平衡态下的电子和空穴再通过复合发光，形成不同波长光的强度或能量分布的光谱图。材料内部能带上的电子运动状态与整个光致发光过程紧密相关，因此通过记录材料光致发光现象而产生的荧光光谱可以被用作一种表征技术来研究光催化体系的物理性质及其变化。半导体材料中的电子在受到激发时遵循卡涉规则[1]，当半导体材料发生光致发光时，其发出的光子能量始终保持不变，而与激发光波长无关，这一特性为利用荧光光谱研究半导体材料性质提供了便利，不必严格选择激发光的波长，只要能够激发材料，就可以从其发光行为中得到其最低激发态上电子的行为及其动力学信息。

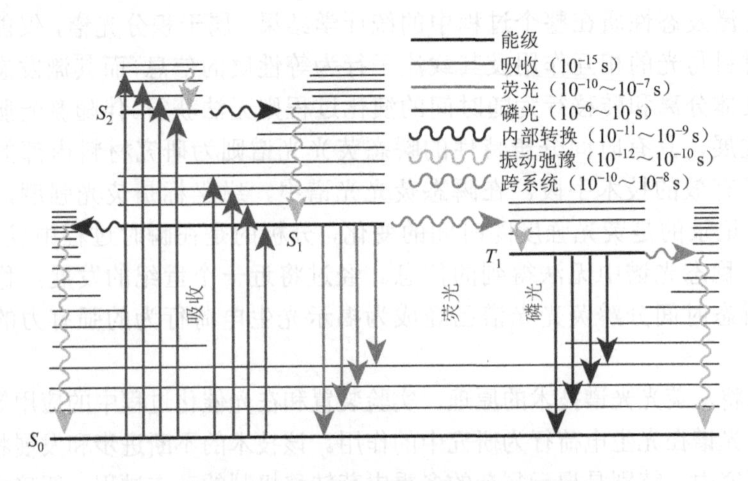

图 4.1　光致发光能量跃迁转换示意图

其中，稳态荧光光谱能够提供激发光谱、发射光谱、光谱的峰位、峰强度和荧光量子产率等多种信息，可以利用其定性和定量分析材料体系在反应过程中的光物理过程。通常峰位的直观体现是荧光的颜色并可以用来计算半导体材料的带隙。以纳米半导体材料石墨相氮化碳的荧光激发和发射光谱为例（图 4.2），对其稳态荧光光谱进行分析。当激发波长为 300～380 nm 时，石墨相氮化碳在 430～550 nm 较宽的范围内，可以发射很强的蓝色荧光，峰值位于 460 nm 左右，略小于吸收带边，这主要是由于光生电子通过内转换或振动弛豫迅速落入了第一激发单重态。当电子和空穴重新复合时，才会发出荧光，该过程称为复合发光，这就意味着荧光强度与电荷分离程度相关，即荧光强度越强，电荷分离能力越差，因此光催化半导体的固体荧光强度测试可以成为判断半导体电荷分离能力的有效技术手段，能够直接反映材料单体以及复杂异质结界面的电荷分离与传递，揭示光催化材料体系的电荷分离强弱与光催化反应效率间的本质关联。

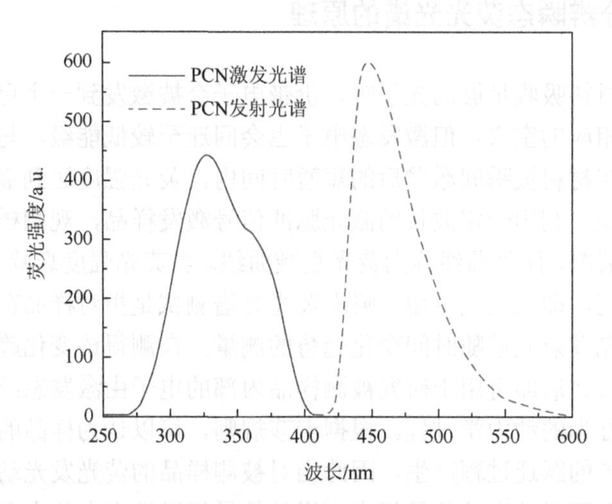

图 4.2 典型荧光物质 PCN 的荧光激发、发射光谱[2]

然而，部分半导体光催化材料体系无法采用光激发的方法获得固体荧光，进而不能直接利用稳态荧光光谱去分析材料的光生电荷分离与转移过程。由于半导体材料在光催化反应发生的过程中很多情况下并不是由电子或空穴直接发生氧化还原反应，而是通过电子或空穴的诱导作用产生高活性的中间物种自由基，进而实现光催化作用的。因此，自由基的种类和数量与光生电荷的分离能力直接相关，依靠自由基能够与某些物质特异性反应生成具有荧光性质的物质，通过在光催化反应中加入这种荧光标记物，反应后利用其稳态的荧光光谱进行测试分析，就可以实现间接判断自由基种类和产率，进而达到间接研究半导体光催化材料光生电荷分离特性的目的。例如，在水相中，光催化材料在光照下光生电荷分离且转移到半导体表面，光生载流子和水作用会产生羟基自由基，产生羟基自由基数量的多少正比于光生电荷分离的强弱，因此可通过分析产生羟基自由基量的变化来直接判断材料的光催化活性。但羟基自由基的寿命很短，不易于直接检测，而它能够与弱荧光性的香豆素反应产生具有荧光特性的 7-羟基香豆素。在 312 nm 光激发下，7-羟基香豆素在 456 nm 处会有强的荧光发射的特性，通过稳态荧光光谱可以直接得到该荧光光谱变化，进而间接测定羟基自由基的产量变化，最终获得光催化材料的光生电荷分离能力，该荧光强度与电荷分离能力呈正相关，即荧光强度越强，电荷分离能力越强。利用稳态荧光光谱技术与香豆素捕获羟基自由基相结合，可实现半导体界面羟基自由基生成强度的合理表征、识别以及有效的半定量检测，为光生电荷性能分析，进而设计合理的光催化材料体系提供指导。

4.1.2 时间分辨瞬态荧光光谱的原理

当半导体材料吸收足够的光子时，价带电子会被激发到一个更高的激发态，而于价带留有相应的空穴，但激发态电子也会回迁至较低能级，与空穴复合而辐射发出荧光。在材料被瞬间激发后的短暂时间内，荧光强度达到最大值，然后按照指数规律衰减，利用一定波长的激光脉冲信号激发样品，观测样品所发出的荧光信号的衰减情况，所得曲线称为荧光衰减曲线。当荧光强度衰减为初始时的 1/e 时所需要的时间，即为荧光寿命。瞬态荧光光谱测试是指对样品在被脉冲激光激发后的单次荧光发射光谱随时间变化趋势的测量。在测得该变化趋势之后，相应的数据经过分析之后即可用于研究被测样品内部的电子由激发态经过辐射复合过程落回至基态行为的动力学过程。根据卡莎规则，可以认为样品的荧光仅由最低激发态上的电子的跃迁过程产生，因此当对被测样品的荧光发光动力学行为进行测量时，基本上可以认为该信号仅来自样品的最低激发态上的电子动力学行为，因此当需要了解物质的最低激发态上的载流子动力学行为时，瞬态荧光光谱测试就提供了一个非常优良的测试手段。

荧光产生的本质为激发电子与空穴的辐射性复合，而这种复合可以有多种类型，包括通过单通道、双通道和多通道等。例如，在大分子中，不同的构型往往对应着不同的衰减通道，荧光寿命也不尽相同。在纳米半导体材料中，衰减通道常常和表面缺陷、能量转移、多激子发射有关。这些信息在稳态荧光光谱中都无法体现，但时间分辨瞬态荧光光谱则能够给出相关信息。在激发光源的照射下，一个荧光体系向各个方向发出荧光，当光源停止照射后，荧光不会立即消失，而是会逐渐衰减到零。荧光寿命是指分子受到光脉冲激发后返回到基态之前，在激发态的平均停留时间。在光催化过程中，可通过荧光寿命来了解电子空穴对的分离效率，荧光寿命越长，说明电子存在时间寿命越长，从而电子空穴对的分离效果越好，越利于光催化反应效率的提升。

基于时间相关单光子计数（TCSPC）技术，通过光脉冲将样品激发至激发态，随后直接监测荧光强度衰减变化来反映其回到基态的动力学过程，在微弱光信号探测中有很大优势，尤其适合界面电荷转移过程的研究。瞬态荧光测试过程不是直接跟踪或取样测量某一指定波长处的荧光脉冲在不同瞬间的强度，而是测量重复发射的多个相同荧光脉冲中被不同瞬间检测到“第一个荧光光子”的概率。利用图 4.3 说明瞬态荧光的测试原理。用很短的脉冲光激发荧光体，荧光体被激发到激发态，处于激发态的荧光体将辐射跃迁并发出荧光。如果发出荧光的过程为一级反应，则激发后 t 时刻处于激发态荧光分子的数目符合式（4.1）。

$$n(t) = n_0 e^{-\frac{t}{\tau}} \tag{4.1}$$

其中，τ 为荧光寿命。当多次重复激发样品时，检测样品在瞬间发射并被首先检测出的第一个荧光光子的数目将和该样品被激发后在瞬间发射并到达探测器的荧光光子数目平均值成比例。通过测量样品被激发后在不同瞬间发射单个荧光光子的概率，即可得到该样品所发射的全部荧光光子在不同瞬间的密度分布，从而直接获得该样品所发射的荧光强度随时间而变化的动力学规律。

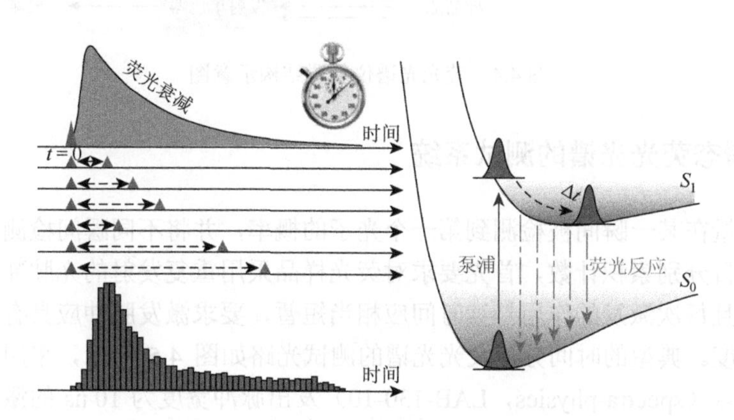

图 4.3 基于 TCSPC 的瞬态荧光测试原理

4.2 荧光光谱的测试系统

4.2.1 稳态荧光光谱的测试系统

稳态荧光光谱通常采用荧光光谱仪（荧光分光光度计）进行测量。荧光光谱仪是测量稳态荧光的主要实验装置，主要由光源、激发单色器、样品池、发射单色器和检测器等组成，如图 4.4 所示。由于荧光样品的荧光强度与激发光的强度成正比，因此作为一种理想的激发光源应具备足够的强度，在所需光谱范围内有连续的光谱，强度与波长无关（即光源的输出是连续平滑等强度的辐射），光强稳定。常用的光源主要有氙灯和激光器，用来提供不同波长的激发光。荧光光谱仪中单色器一般为光栅或滤光片，需要两个，一个用于选择激发光波长（激发单色器）将光源发出的复色光变成单色光，一个用于分离选择荧光发射波长（发射单色器）将发出的荧光与杂散光分离，防止杂散光对荧光产生影响。荧光光谱仪用的样品池材料要求无荧光发射，通常为熔融石英，样品池四面均光洁透明。形状有正方形、长方形或圆形，因其散射干扰较少，常用正方形样品池。对于固体样品，通常固定在样品夹的表面，荧光的强度通常比较弱，因此，要求检测器有较高的灵敏度，一般采用光电倍增管。为了消除激发光对荧光测量的干扰，在仪器中，检测光路与激发光路是相互垂直的。为了提升仪器的检测性能，二极管阵列检测器、电荷耦合装置以及光子计数器等高功能检测器也已得到应用。

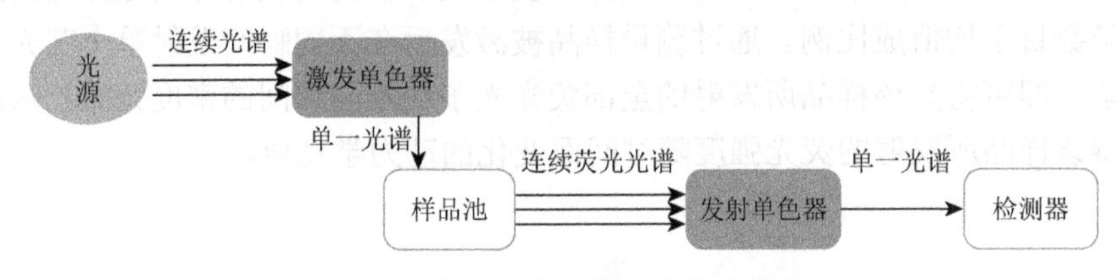

图 4.4 荧光光谱仪装置结构示意图

4.2.2 瞬态荧光光谱的测试系统

为测量在某一瞬间被检测到第一个光子的概率，并将不同瞬间检测到的第一个光子数目分别累积计数，首先要求对荧光样品采用重复发射的光脉冲多次反复激发，而且每次激发的作用持续时间应相当短暂，要求激发脉冲应具有尽可能窄的脉冲宽度。典型的时间分辨荧光光谱的测试光路如图 4.5 所示，采用 Nd:YAG 纳秒激光器（spectra-physics，LAB-130-10）发出脉冲宽度为 10 ns 的激光辐射脉冲，皮秒激光器脉冲光波长可根据待分析样品特性选择 369 nm 或 460 nm 作为激发光波长，在纳秒时间尺度上测量荧光强度的衰减，时间分辨率小于 1 ns。TCSPC 采集的信号经过归一化、取对数等一系列拟合处理后得到参数 A_1、A_2、A_3，τ_1、τ_2、τ_3，材料的平均寿命采用式（4.2）进行计算：

$$\tau=\frac{A_1\tau_1^2+A_2\tau_2^2+A_3\tau_3^2}{A_1\tau_1+A_2\tau_2+A_3\tau_3} \tag{4.2}$$

其中，A_1、A_2、A_3 为不同时间组分的权重因子；τ_1、τ_2、τ_3 为不同时间组分的时间衰减常数。

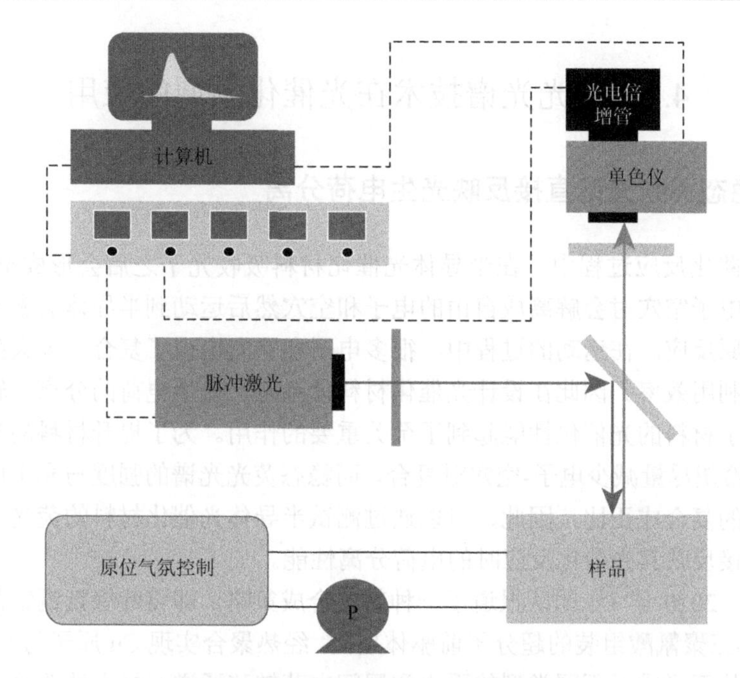

图 4.5 瞬态荧光光谱原位测试光路示意图

光源发出的脉冲光经分光镜分为两束，一束作为开始信号触发 TCSPC，电子板卡开始计时。一束光先经过样品，发出的荧光信号经过单色仪和光电倍增管后，到达 TCSPC 板卡，作为结束信号，以终止计时。几十万次重复测量后，不同时间通道累积下来的光子数不同，以光子数对时间作图，即可得到荧光衰减曲线。检测原理的关键在于激发光源信号到达检测器与荧光信号到达检测器的时间差。实际测量中，必须调节样品的荧光强度，以防止一次激发产生多个荧光光子达到光电倍增管而造成寿命测量值偏短。一般情况下，脉冲光源激发样品后，样品发出的荧光光子要衰减到 1/20 后才能进入光电倍增管。

在实际的测量过程中，也可以根据对瞬态荧光光谱的测试需求对整个光路进行改进，增加气体-原位的测试池子，考察不同气氛下样品在激发过程中瞬态荧光动力学过程的不同。TCSPC 的工作原理决定了它是一种能以很高信噪比和足够的时间分辨率监测荧光强度随时间变化的灵敏方法。瞬态荧光测试时需要准备固体粉末样品或者高效分散的溶液体系，保证激发光可以有效激发样品，可根据样品在光路中选配石英池（液体样品）或固体样品架（粉末或片状样品）。另外，注意样品浓度不能太高，以防出现自吸收效应而严重影响荧光寿命测量的准确性。稳态荧光光谱技术通常通过比较样品荧光强度变化说明光生电荷载流子分离效果，而瞬态荧光光谱通常通过比较荧光寿命的变化去分析光催化材料内部光生电荷的分离和转移机制。

4.3 荧光光谱技术在光催化领域的应用

4.3.1 稳态荧光光谱直接反映光生电荷分离

在光催化反应过程中，在半导体光催化材料吸收光子之后会形成电子-空穴对，这些电子空穴对会解离成自由的电子和空穴然后运动到半导体的表面发生各种氧化还原反应。在运动的过程中，很多电子和空穴出现了复合，大大降低了光生电荷的利用效率。因此在设计光催化材料体系时，光生电荷的分离、转移和复合过程对于材料的光催化性能起到了至关重要的作用。为了提升材料的光催化性能，我们希望尽量减少电子-空穴对复合，而稳态荧光光谱的强度与光生电荷电子和空穴间的复合成正比，因此，可以通过测试半导体光催化材料的荧光强度的相对变化直接反映其光催化反应时的电荷分离性能。

例如，2020 年 Fu 团队报道了一种新的合成策略，即将叶绿素铜钠盐插入到三聚氰胺-三聚氰酸组装的超分子前驱体层间，经热聚合实现 Cu 原子与 C_3N_4 中 N 的配位，从而形成了不同类型的面内和层间电荷转移通道，极大地改善了光生载流子的面内和层间分离与转移，从而有效提升材料的光催化效率[3]。催化剂展现出优异的可见光催化析氢性能（212 μmol/h/0.02 g 催化剂），在可见光催化下苯的氧化转化率高达 92.3%，选择性达到 99.9%，性能的提升得益于材料高效的光生电荷分离能力。研究中利用稳态荧光光谱技术探究 Cu 原子的锚定对 C_3N_4 光生电荷分离的影响，当 Cu 原子锚定到 C_3N_4 上时，SA-Cu-TCN 的荧光强度的衰减变化情况表明了 SA-Cu-TCN 体系的电荷分离得到了改善。Tu 等[4]则选择同时具有光响应和铁电性的层状铋系半导体 $SrBi_4Ti_4O_{15}$ 为研究对象，首次通过水热法合成了[001]晶面优势暴露且沿[100]极化方向定向生长的 $SrBi_4Ti_4O_{15}$ 纳米片，由于铁电极化沿[100]方向累积形成强的宏观极化电场，其在光催化过程中具有更高效的体相电荷分离效率，最终大幅提升 $SrBi_4Ti_4O_{15}$ 在光催化下的 CO_2 还原性能。研究过程中同样利用稳态荧光光谱探究电子与空穴的复合速率，结果显示 SBTO 具有最弱的荧光发射峰，进而验证通过增强铁电极化来促进电荷分离以增强光催化活性是一种行之有效的策略。2023 年 Shi 等[5]设计了一种新型的 0 D/1 D 复合材料，其特征是硫掺杂中空管状 g-C_3N_4（S-HTCN），表面修饰碳点（CDs），由于 S 原子的掺杂调控了 HTCN 的电子结构和光学性质，促进了快速的体相电荷分离效率；而修饰的 CDs 可以从 S-HTCN 的导带中捕获和存储电子，加快了电子-空穴对的表面分离效率。这种高效的双通道电荷分离机制，即体相和表面分离机制，用于光催化分解水制氢时，优化制备的 CDs/S-HTCN 材料的产氢速率高达 9284 μmol/(h·g)，高于 HTCN 和 S-HTCN 样品。CDs/S-HTCN 复合材料的荧光光谱的峰值强度明显低于S-HTCN和HTCN，表明硫元素和CDs的引入促进了HTCN电荷分离的进一步增强。Zhou等[6]利用封端策略，将有机功能分子多环芳烃（PAHs）接枝到碳-碳双键桥连的COF末端（TMBen），构建了不同的分子内Ⅱ型异质结构，分别将光生电子和空穴定位到TMBen和苝结构域，促进了自由载流子的产生，提高了光生电荷的分离效率，从而使可见光下光催化二氧化碳的效率大幅提升。特别是苝分子改性后所得的TMBen-perylene光催化二氧化碳催化效率比未改性的TMBen提升了8倍。为了探究TMBen-perylene优于TMBen的原因，直接稳态光谱同样作为有效的分析测试手段。如图4.6所示，在400 nm激发时，TMBen-perylene的荧光强度比TMBen强度低，说明了多环芳烃的引入促进了光生电子的转移，从而抑制了光生电子与空穴对的复合。

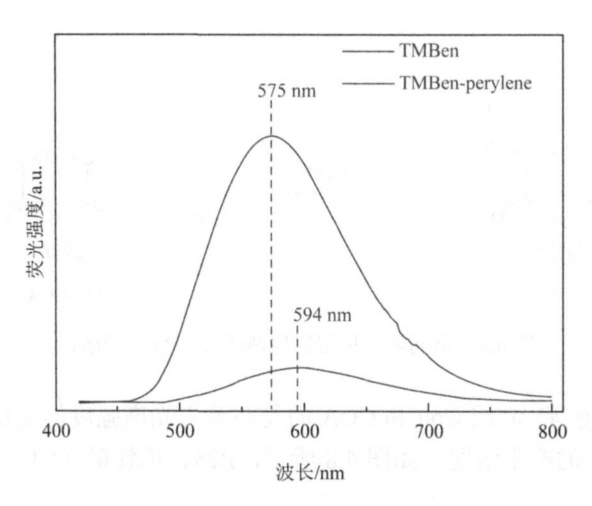

图4.6 TMBen和TMBen-perylene的荧光光谱[6]

4.3.2 稳态荧光光谱间接反映光生电荷分离

半导体材料在水相中光照下发生表面光催化反应，光生电荷分离且转移到半导体表面，并诱导与周围环境中的氧气和水原位生成光生自由基，如羟基自由基（•OH）、超氧阴离子自由基（O_2^-•）和单线态氧（$^1O_2$）等，因此光生自由基的种类和产率与光生电荷分离的过程密切相关。依靠自由基能够与某些物质特异性反应生成具有荧光发光特性的物质的这种特性，在光催化反应中加入荧光标记物，记录其稳态荧光光谱的变化，可间接有效反映光催化材料体系的光生电荷分离性能。

例如，光生自由基中•OH常用的荧光标记物材料主要有香豆素（Cou）和香豆素-3-羧酸（CCA）等（图4.7），这些物质本身没有荧光或荧光非常微弱，但很容易捕获•OH生成具有强荧光发射的荧光材料，通常所生成的荧光化合物的荧光强度与•OH的量成正比，进而根据生成的化合物的荧光强度间接比较光催化材料体系的光生电荷分离性能。Cou是疏水分子，在半导体材料表面的吸附能力较弱，主要用来标记溶液中•OH的含量，而表面具有羧基的CCA更利于通过羧基吸附在半导体材料表面，因此可以分别采用Cou和CCA作为荧光标记物研究材料表面和溶液中•OH的含量，以满足揭示不同光催化材料的电荷分离性能的要求。

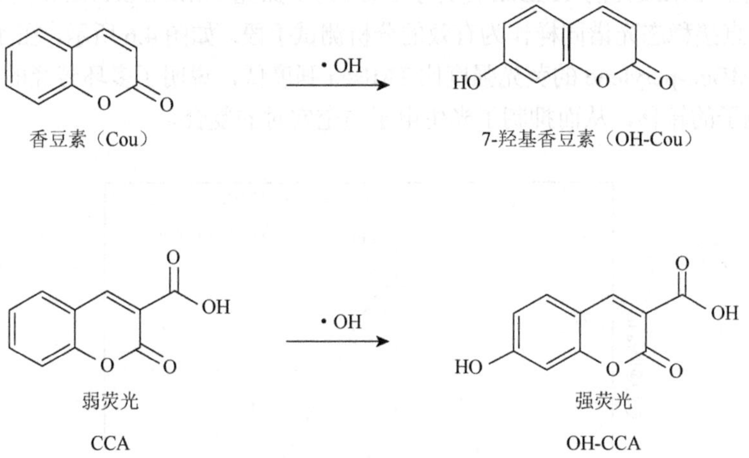

香豆素（Cou）　→ •OH →　7-羟基香豆素（OH-Cou）

弱荧光 CCA　→ •OH →　强荧光 OH-CCA

图 4.7　不同荧光标记物检测•OH前后分子结构

例如，Zhang等[7]利用Cou和CCA的稳态荧光光谱强度的变化分析不同TiO_2材料光照下•OH的产生情况。如图4.8所示，P25、锐钛矿（ST-01）及其混合物

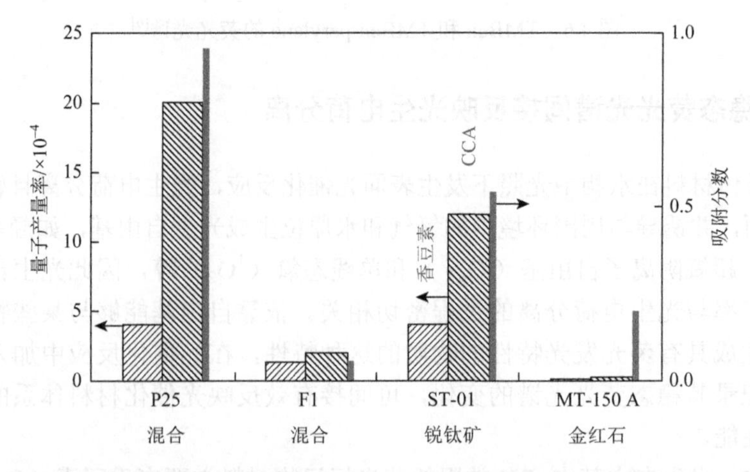

图 4.8　针对四种TiO_2的半导体材料（P25、F1、ST-01和MT-150A），通过荧光光谱方法使用不同探针分子香豆素和CCA作为捕获剂测得的•OH量子产率[7]

（F1）光照下均产生•OH，其中锐钛矿型 P25-TiO_2 无论是在材料表面还是溶液中所检测到的•OH 量子产率都远大于其他材料，该结果揭示锐钛矿型结构更有利于光生电荷分离，产生更多的•OH。

Bian 等[8]利用 Cou 作为荧光标记物，对 ZnPc/BVNS 样品的光催化反应过程中•OH 的含量进行测试，进而对样品的光生电荷分离性质进行分析。图 4.9 为不同样品在可见光照射条件下产生的•OH 相关的荧光光谱图。从图中可以看出，ZnPc 修饰后的样品的•OH 含量均高于纯相 BVNS，表明适量的 ZnPc 修饰能够提高 BVNS 的光生电荷分离，其中 1ZnPc/BVNS 纳米复合材料表现出最强的•OH 信号，说明其具有最佳的电荷分离性质。但 ZnPc 的负载量过多不利于光生电荷分离。这可能与过量的 ZnPc 修饰时，分子间 π-π 相互作用导致其发生一定程度的自聚集从而影响电荷传输有关。

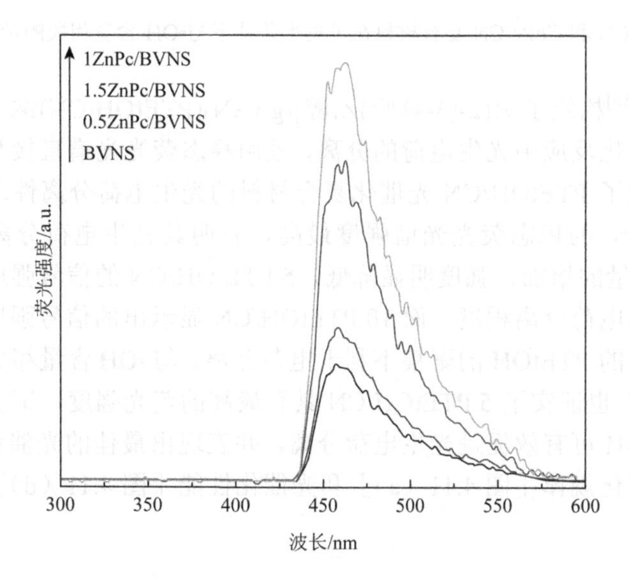

图 4.9 BVNS 和 ZnPc/BVNS 复合材料在可见光条件下与•OH 含量相关的荧光光谱[8]

Chu 等[9]也通过分析 CoPc/CN 光催化复合材料在可见光激发下产生的与•OH 含量相关的稳态荧光光谱的强度比较，分析复合材料体系的电荷分离情况。如图 4.10 所示，随着 CoPc 在 CN 上的负载量的增加，产生•OH 的量是逐渐增加的，当 CoPc 为 0.5%时达到最大，稳态荧光光谱的强度最小，进而得到了复合体系的最优负载量。利用表面光伏的测试和光催化反应性能的测试，也都得到了与荧光光谱所得出的相一致的结论，说明 0.5%CoPc/CN 异质结中光生电荷分离性能最佳，有效提升了 CN 的光催化性能。

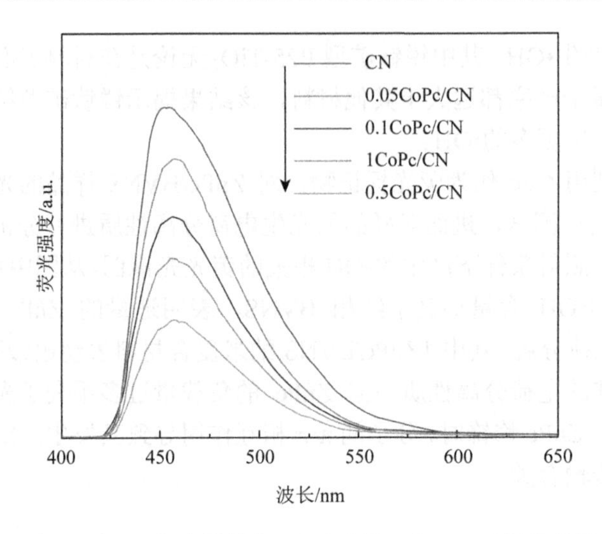

图 4.10　CN 和 CoPc/CN 复合材料在可见光条件下与•OH 含量相关的荧光光谱[9]

Zhao 等[10]构筑了聚[2-(3-噻吩)乙醇]/g-C_3N_4(PTEtOH/CN)纳米片异质结，为了探索光催化反应中光生电荷的分离，采用稳态荧光光谱直接和间接的方式共同分析比较了 PTEtOH/CN 光催化复合材料的光生电荷分离性能。如图 4.11（b）所示，CN 的稳态荧光光谱强度最高，表明其光生电荷分离很差，随着 PTEtOH 负载量的增加，强度明显降低，5 PTEtOH/CN 的信号强度最差，显示出最高的光生电荷分离程度。而 10 PTEtOH/CN 显示出的信号强度上升，这可能是由于过多的 PTEtOH 的聚集不利于电荷分离。与•OH 含量相关的荧光光谱［图 4.11（c）］也证实了 5 PTEtOH/CN 具有最高的荧光强度，证实了合理高效地负载 PTEtOH 可有效促进光生电荷分离，并表现出最佳的光催化性能。相应的光伏信号变化规律［图 4.11（a）］和光催化性能［图 4.11（d）］比较佐证了上述结论。

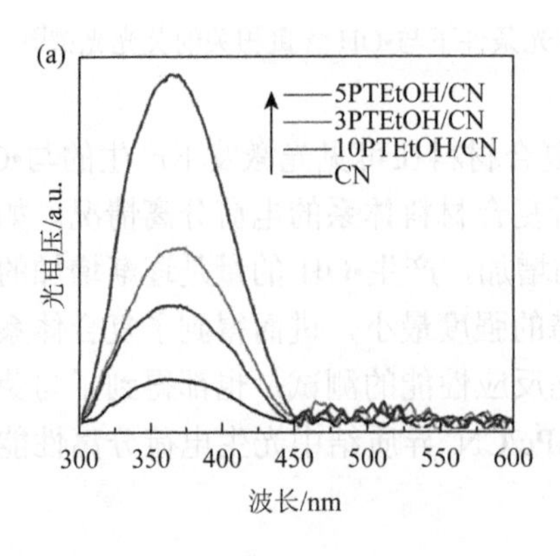

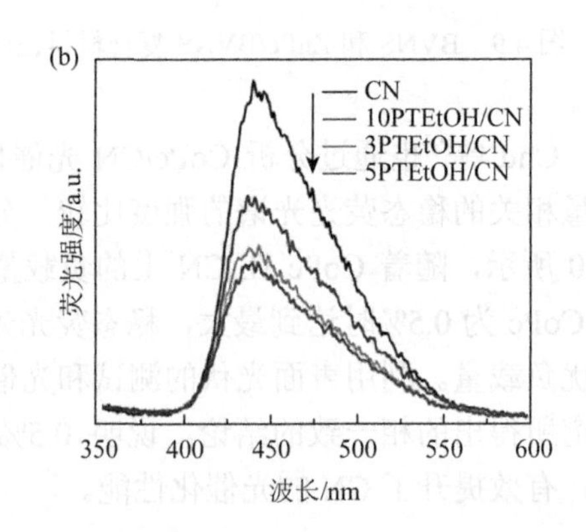

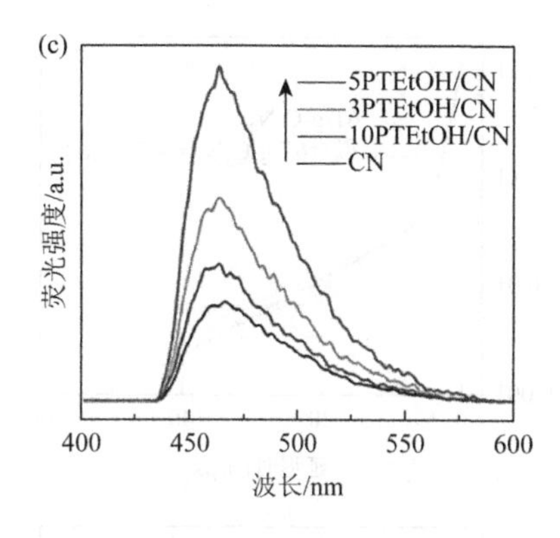

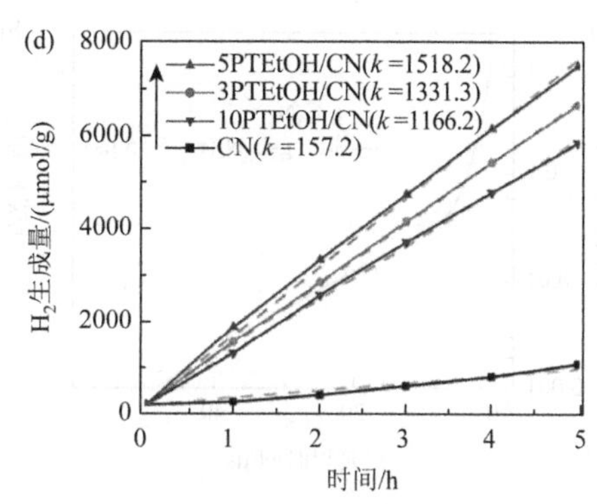

图 4.11 （a）空气中的 SS-SPS 信号；（b）PL 光谱；（c）与生成的 · OH 量有关的 FS；（d）CN 和 *x*PTEtOH/CN 的可见光（$\lambda>420$ nm）光催化 H_2 生成量[10]

4.3.3 瞬态荧光光谱反映光生电荷分离

半导体光催化材料在光的激发下，材料内部能带上的光生电荷发生的分离、转移与复合的各种行为与荧光发光过程直接相关。为了提升材料的光催化性能，一方面要减少电子和空穴对在运动过程中的复合即增强光生电荷分离性能以外，另一方面也要加快电子-空穴对的转移过程。利用瞬态光致发光光谱（TR-PL）技术可以定量分析半导体光生电荷的转移能力，为设计合理的光催化材料体系提供指导，其中缩短的荧光寿命对应于材料的电荷转移行为，通过研究电荷寿命变化情况，可解释光生电荷在材料体相内部和界面的电荷分离与传递，而稳态荧光光谱常作为辅助证明手段。在这一方面，我们课题组具备深厚的研究基础，并以此进行了许多优秀的工作。

例如，Zhang 等[11]构筑不同修饰方案的 g-C_3N_4 基光催化剂时，使用 TR-PL 分析样品的电荷转移情况。以荧光寿命作为指标，评估 TiO_2、Ag 和 TiO_2/Ag 共同修饰下 g-C_3N_4 的电荷转移效率。如图 4.12 所示，g-C_3N_4 在与 TiO_2 耦合或沉积 Ag 后，其衰减寿命均出现降低，而耦合 TiO_2 的衰减寿命较为明显。同时，Ag 和 TiO_2 共修饰样品具有最短的荧光寿命。主体材料没有发生变化的情况下，荧光寿命的缩短意味着 g-C_3N_4 的电荷向 TiO_2 和 Ag 发生了转移，而这种转移会对光生载流子的复合起到抑制作用，进而提高电荷分离，延长载流子寿命。以上不同修饰下 g-C_3N_4 的荧光衰减寿命的缩短，说明了 g-C_3N_4 的光生电子在激发态上增加了另一个衰减通道，Ag 和 TiO_2 可以及时捕获 g-C_3N_4 中的光生电子，从而降低电子-空穴的快速重组复合，提升电荷转移的效率，进而有效提升光催化性能。

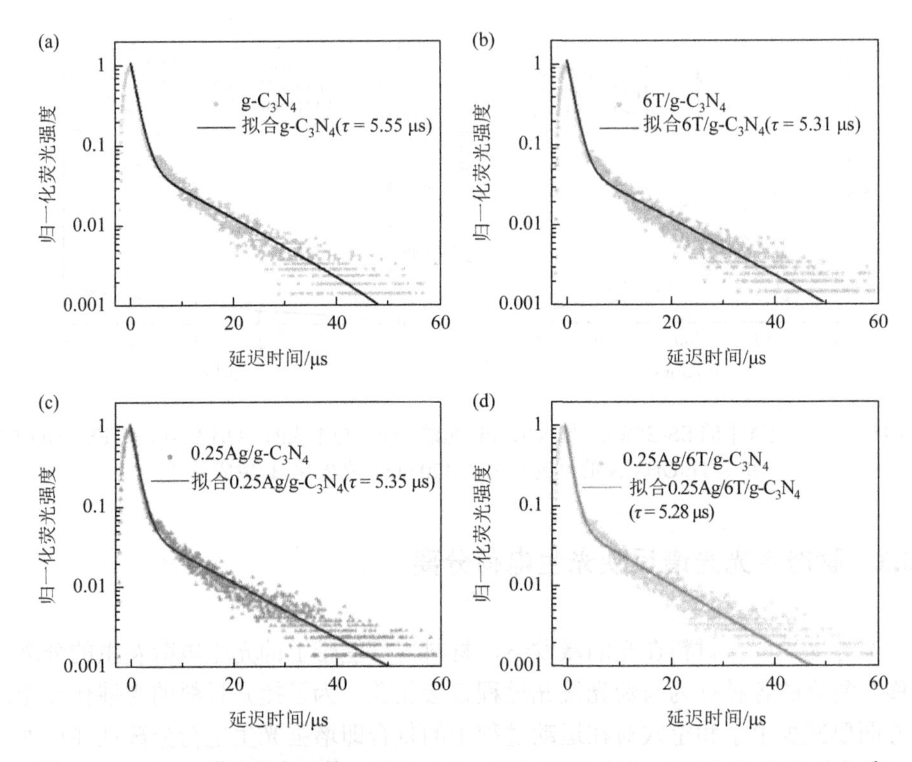

图 4.12　420 nm 激光激发下的 $g-C_3N_4$（a）、6 T/$g-C_3N_4$（b）、0.25 Ag/$g-C_3N_4$（c）和 0.25 Ag/6T/$g-C_3N_4$（d）样品的瞬态光致发光光谱[11]

受自然界光合作用的启发，本课题组开发了新型全有机 S-scheme 异质结光催化剂，成功构建了维度匹配的 perylene diamide/$g-C_3N_4$(PDI/G-CN)S-scheme 纳米异质结体系[12]。由于有效的界面调制策略，PDI/G-CN 具备优异的电荷分离效率。如图 4.13 所示，CN 在 460 nm 处显示出较高的荧光信号，主要归因于该有机聚合物固有的较高的光生载流子复合水平。相比之下，引入 PDI 后，复合材料显现出显著减弱的荧光强度，说明 PDI/CN 异质结的形成可有效抑制光生电子-空穴对的复合。在进一步引入不同量的石墨烯调控时，3PDI/1.0G-CN 展现出进一步减弱的荧光强度，表明石墨烯的引入对 CN 与 PDI 结合的界面电荷分离得到进一步改善。相对应的材料体系的 TR-PL 光谱，3PDI/1.0G-CN 显示出最短的平均衰减寿命（8.9 ns），较短的衰减寿命进一步说明了电荷转移和分离的改善。上述结果表明，PDI 的电子捕获效应可以为 G-CN 的激发态增加新的衰减通道，有效地抑制 CN 的光生载流子复合重组，有利于电荷分离和转移，进而表现出更为优异的光催化性能。

在制备维度匹配且界面紧密连接的超薄 NiMOF/$g-C_3N_4$异质结的工作中，Zhao 等也运用到了 TR-PL 和稳态荧光分析电荷分离和转移情况[13]。从样品的瞬态荧光

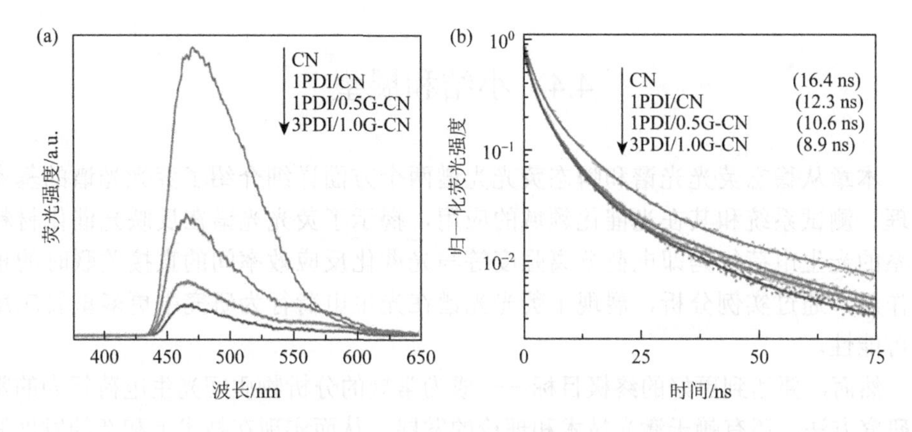

图 4.13 CN 和不同比例 PDI/CN 样品的 PL（a）和 TR-PL（b）[12]

光谱（图 4.14）可以看出，CN 的荧光寿命为 15.6 ns，经 NiMOF 修饰后，4NiMOF/CN-OH 的荧光寿命减少到 12.2 ns，有效提升了 NiMOF 和 CN 间的光生电荷分离和转移能力，当用 1, 4-氨苯甲酸（AA）对 CN 功能化后，4NiMOF/CN-AA 样品的荧光寿命缩小至 11.6 ns，进一步改善界面间电荷转移。由此证明，NiMOF 作为 CN 的电子平台，可以有效抑制 CN 的电荷复合，AA 对 CN 功能化后，改善了 NiMOF 在 CN 表面的分散，进一步提升了 NiMOF 和 CN 间电荷转移，由此推测，它们对光催化还原 CO_2 的活性提升具有积极的促进作用。

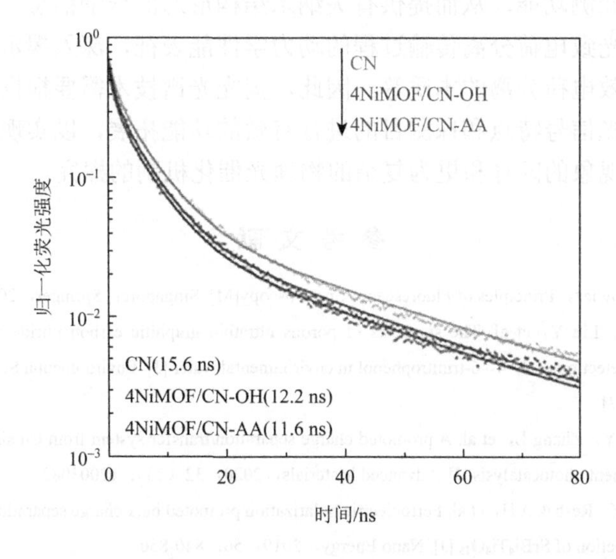

图 4.14 样品 CN、4NiMOF/CN-OH 和 4NiMOF/CN-AA 的瞬态荧光光谱图[13]

4.4　小结和展望

本章从稳态荧光光谱和瞬态荧光光谱两个方面详细介绍了荧光光谱的基本原理、测试系统和其在光催化领域的应用，揭示了荧光光谱在反映光催化材料体系的光生电荷行为即电荷分离强度等与光催化反应效率间的直接关联时的重要作用，通过实例分析，展现了荧光光谱在光生电荷行为研究中更多重要应用的可能性。

然而，要达到更好的终极目标——成为常规的分析物质间光生电荷行为的常用研究方法，还有赖于激光技术和理论的发展，从而实现在技术上和新的发展领域中的应用。随着光催化材料体系研究的深入，阐述光催化过程中的新的物理机制和现象，对荧光光谱技术的要求越来越高。例如，研究温度等环境因素对光与半导体光催化材料相互作用的影响，需要荧光光谱探测系统具有变温，特别是低温测试功能；研究光与半导体光催化材料相互作用的过程演化时，根据光催化反应过程的特殊性，需要对现有的荧光测试系统进行改造升级，发展原位探测功能，利用光谱方法“光进光出”的特点在不同气氛下进行原位催化机理研究，探索实际环境下的光催化动力学过程；研究分辨光催化反应活性位点、新材料的能带以及各种极化激元性能时，需要系统具有高的时间分辨、宽光谱探测功能；研究微观尺度下光催化剂单颗粒的光催化反应差异时，需要系统与相关电子显微镜结合，具有微区近场探测功能，从而提供有关纳米结构形态的详细信息，实现对微观尺度纳米颗粒的光致电荷分离传输过程的动力学性能表征，深入揭示各向异性光催化纳米颗粒高效电荷分离的本质等。因此，荧光光谱技术需要根据研究的光催化材料体系的荧光信号特点和探测目的进行有效的功能拓展，以实现更为多样性的光生电荷行为现象的阐释和更为复杂的物理光催化机制的探究。

参 考 文 献

[1]　Joseph R. Lakowicz，Principles of Fluorescence Spectroscopy[M]. Singapore：Springer，2006.

[2]　Qu B，Mu Z，Liu Y，et al. The synthesis of porous ultrathin graphitic carbon nitride for the ultrasensitive fluorescence detection of 2，4，6-trinitrophenol in environmental water [J]. Environmental Science：Nano，2020，7（1）：262-271.

[3]　Xiao X，Gao Y，Zhang L，et al. A promoted charge separation/transfer system from Cu single atoms and C_3N_4 layers for efficient photocatalysis [J]. Advanced Materials，2020，32（33）：e2003082.

[4]　Tu S，Zhang Y，Reshak A H，et al. Ferroelectric polarization promoted bulk charge separation for highly efficient CO_2 photoreduction of $SrBi_4Ti_4O_{15}$ [J]. Nano Energy，2019，56：840-850.

[5]　Yuan H，Shi W，Lu J，et al. Dual-channels separated mechanism of photo-generated charges over semiconductor photocatalyst for hydrogen evolution：interfacial charge transfer and transport dynamics insight [J]. Chemical

Engineering Journal，2023，454：140442.

[6] Lin H，Liu Y，Wang Z，et al. Enhanced CO_2 photoreduction through spontaneous charge separation in end-capping assembly of heterostructured covalent-organic frameworks [J]. Angew Chem Int Ed，2022，61（50）：e202214142.

[7] Zhang J，Nosaka Y. Mechanism of the OH radical generation in photocatalysis with TiO_2 of different crystalline types [J]. The Journal of Physical Chemistry C，2014，118（20）：10824-10832.

[8] Bian J，Feng J，Zhang Z，et al. Dimension-matched zinc phthalocyanine/$BiVO_4$ ultrathin nanocomposites for CO_2 reduction as efficient wide-visible-light-driven photocatalysts via a cascade charge transfer [J]. Angew Chem Int Ed Engl，2019，58（32）：10873-10878.

[9] Chu X Y，Qu Y，Zada A，et al. Ultrathin phosphate-modulated Co phthalocyanine/g-C_3N_4 heterojunction photocatalysts with single Co-N_4 sites for efficient O_2 activation [J]. Advanced Science，2020，19：2001543.

[10] Zhao Q，Li Y，Hu K，et al. Controlled synthesis of nitro-terminated poly[2-(3-thienyl)-ethanol]/g-C_3N_4 nanosheet heterojunctions for efficient visible-light photocatalytic hydrogen evolution [J]. ACS Sustainable Chemistry & Engineering，2021，9（21）：7306-7317.

[11] Zhang X，Zhang X，Li J，et al. Exceptional visible-light activities of g-C_3N_4 nanosheets dependent on the unexpected synergistic effects of prolonging charge lifetime and catalyzing H_2 evolution with H_2O [J]. Applied Catalysis B：Environmental，2018，237：50-58.

[12] Sun R，Yin H，Zhang Z，et al. Graphene-modulated PDI/g-C_3N_4 all-organic S-Scheme heterojunction photocatalysts for efficient CO_2 reduction under full-spectrum irradiation [J]. The Journal of Physical Chemistry C，2021，125（43）：23830-23839.

[13] Zhao L N，Zhao Z L，Li Y X，et al. The synthesis of interface-modulated ultrathin Ni(Ⅱ)MOF/g-C_3N_4 heterojunctions as efficient photocatalysts for CO_2 reduction [J]. Nanoscale，2020，12：10010.

第 5 章 原位辐照 X 射线光电子能谱

X 射线光电子能谱（X-ray photoelectron spectroscopy，XPS）分析方法是指利用 X 射线辐射样品，使样品表面原子的内层电子或者价电子受到激发而发射出光电子，通过测量光电子的能量、角度、强度等信息来表征样品表面的化学组成、各元素的结合能以及价态，对样品表面进行定性、定量和结构鉴定的一种表面分析方法。XPS 的起源可以追溯到 1887 年赫兹发现和提出了光电效应现象。1954 年，K. Siegbahn 等成功获得了氯化钠的高能高分辨 X 射线光电子能谱，并于 1969 年开发研制了 XPS 表面分析仪器，之后与美国惠普公司合作制造了世界上首台商业单色 X 射线光电子能谱仪。作为最强大的获得固体电子结构信息的工具之一，XPS 可以为材料表面各种化合物的元素组成和含量、化学状态、分子结构、化学键提供全面的表征。到目前为止，XPS 已经成为研究材料表面组成和化学状态的主要方法，是当代谱学领域中最活跃的分支之一。

传统 XPS 技术只能对半导体材料的组成及表面价态进行常规的静态分析。然而，光催化是一个动态的反应过程，涉及复杂的电荷转移和表面动态结构变化过程。特别是传统的 XPS 技术无法对原位光照条件下半导体材料的组成及价态进行反应状态下的实况检测，而利用这些原位光辐照条件下的材料结构变化往往可以直观地分析光催化剂的电荷转移行为。因此，如何在保留 X 射线光电子能谱仪原有功能的基础上，开发能够满足原位光辐照下的 XPS 测试，获得样品光辐照前后的特征元素结合能峰位数据和化学位移，并通过对比推断半导体材料光生电荷分离能力和迁移方向，进而探究半导体光催化剂作用机理，对光催化领域的长远和深入发展具有至关重要的意义。半导体光催化剂具有不连续的电子能级结构，其在光照激发时会产生光生电子-空穴对，即光生电子在不同元素间发生定向分离与迁移。由于光生空穴具有强的氧化能力，其会发生氧化反应，反之光生电子则会发生还原反应。因此有效探究光生电子在半导体不同元素间的定向分离及迁移，对于光催化和光电催化的研究等具有重要的意义。基于此，近年来人们开发了原位辐照 XPS（*in-situ* irradiated XPS）技术用于表征光催化剂的光生电荷转移与分离行为。该技术是基于 XPS 技术发展的新技术，主要通过在 XPS 测试过程时引入能够激发光催化剂产生光生载流子的光源，通过对测试样品在光激发前后的结合能变化分析，可以有效表征样品在光催化反应过程中的电荷转移和分离情况，目前已被广泛应用于解释各种光催化剂体系的电荷转移与分离行为。

5.1 原位辐照 XPS 技术的基本原理和测试装置

5.1.1 基本原理

原位辐照 XPS 的理论原理与传统 XPS 是一致的，用一束具有一定能量的 X 射线照射固体样品，入射光子与样品相互作用，光子被吸收而将其能量转移给原子的某一壳层上被束缚的电子，此时电子把所得能量的一部分用来克服结合能和功函数，余下的能量作为它的动能而发射出来成为光电子，这个过程就是光电效应（图 5.1）。对于特定的单色激发源和特定的原子轨道，其光电子的能量是特定的。当固定激发源能量时，其光电子的能量仅与元素的种类和所电离激发的原子轨道有关。因此，可以根据发射出的自由光电子的结合能定性分析物质的元素种类。

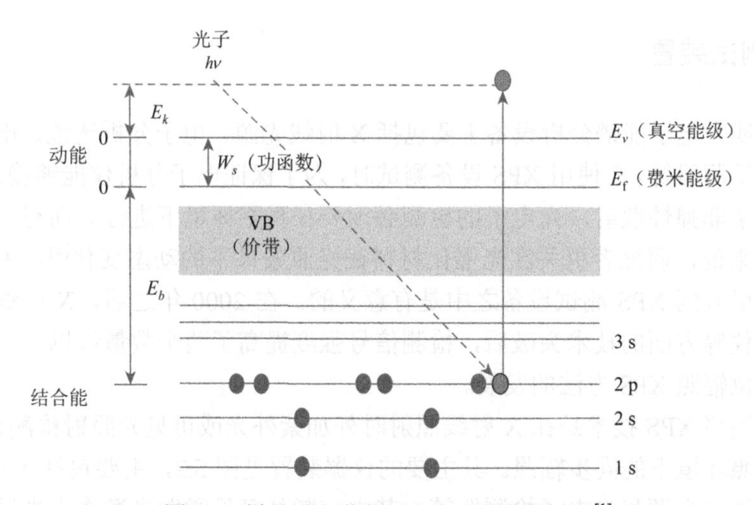

图 5.1 样品受光激发后光电子的发射过程[1]

由于原子因所处化学环境不同，其内壳层电子结合能会发生变化，这种变化在谱图上表现为谱峰的位移，即化学位移。因此利用 XPS 技术可以定性分析元素的化学态与分子结构。这种化学环境的不同可以是与原子相结合的元素种类或者数量不同，也可能是原子具有不同的化学价态。一般来说，氧化作用使内层电子结合能上升，氧化中失电子越多，上升幅度越大。相反，还原作用使内层电子结合能下降，还原中得电子越多，下降幅度越大。因此，通过化学位移的变化可以判断出样品中元素电子的得失情况，从而得出电子转移方向，进而深入揭示电荷转移行为。

在半导体光催化过程中，半导体被合适能量的光激发后产生光生电子和空穴，随后发生转移与分离。一般来说，金属氧化物半导体的导带由金属的 d 轨道构成。在光照激发时，金属一般作为电子的富集中心。当两种半导体形成异质结时，光生电子因为界面电场的作用而发生转移，转移的电子同样会富集在金属的 d 轨道上。同样地，非金属元素如氧等，一般构成半导体的价带，在光激发后，光生电子跃迁后留下带有正电的光生空穴，其电子密度也发生变化。因此，在光照过程中，半导体氧化物的原子存在得失电子的情况，从而在 XPS 谱图中体现出化学位移等变化，因此可以通过原位辐照 XPS 技术进行分析和确认，进而为分析半导体材料的光生电荷分离和转移机制提供实验依据。重要的是，在发展的基于原位辐照 XPS 技术基础上，进一步模拟实况的反应过程，可以更加精确和直接地分析出在实际反应过程中的电荷转移情况及光催化反应过程，进而直接给出光生电荷转移方向和电荷分离机制的有力证据。目前，已有较多高水平研究工作利用原位辐照 XPS 技术深入分析了电荷转移行为及光催化反应过程机制。

5.1.2　测试装置

X 射线光电子能谱分析设备主要包括 X 射线光源、电子分析透镜、电子分析仪和电子检测器等。在使用 XPS 设备测试时，为了保证电子分析仪能够稳定工作，防止光电子非弹性散射，光电子的检测必须要在真空环境下进行。而对于表征光催化材料来说，研究者更关注光催化材料在光照条件下的动态变化[2]。因此，将光照系统引入到 XPS 测试设备之中是有意义的。在 2000 年之后，X 射线光源、电子分析仪等方面的技术突破后，检测信号强度提高了两个数量级以上，极大地推动了原位辐照 XPS 方法的发展。

原位辐照 XPS 技术是在 X 射线照射时外加紫外光或可见光照射检测样品，实现不同光照环境下的同步辐照。其主要的仪器装置见图 5.2，主要包括 X 射线源、紫外可见激发光源和光电子检测器等。其中，紫外可见激发光源作为半导体的激发光源是关键，需要解决引入光源后样品室的真空度和光照强度等问题。目前，广泛采用体积小、密封程度高且具有高能量的激光作为激发光源。所检测到的信号为样品在光照条件时所发出的，实现了原位辐照条件下的 XPS 测试，即原位辐照 X 射线光电子能谱分析。在具体测试过程中，首先使样品在完全黑暗的环境中进行 XPS 分析。然后打开激光原位照射几分钟（一般 2～10 min）后再次进行 XPS 分析，边辐照边采集谱图。最后采用专业的软件（如 ThermoFisher 的 Avantage 软件）进行数据处理和分析。

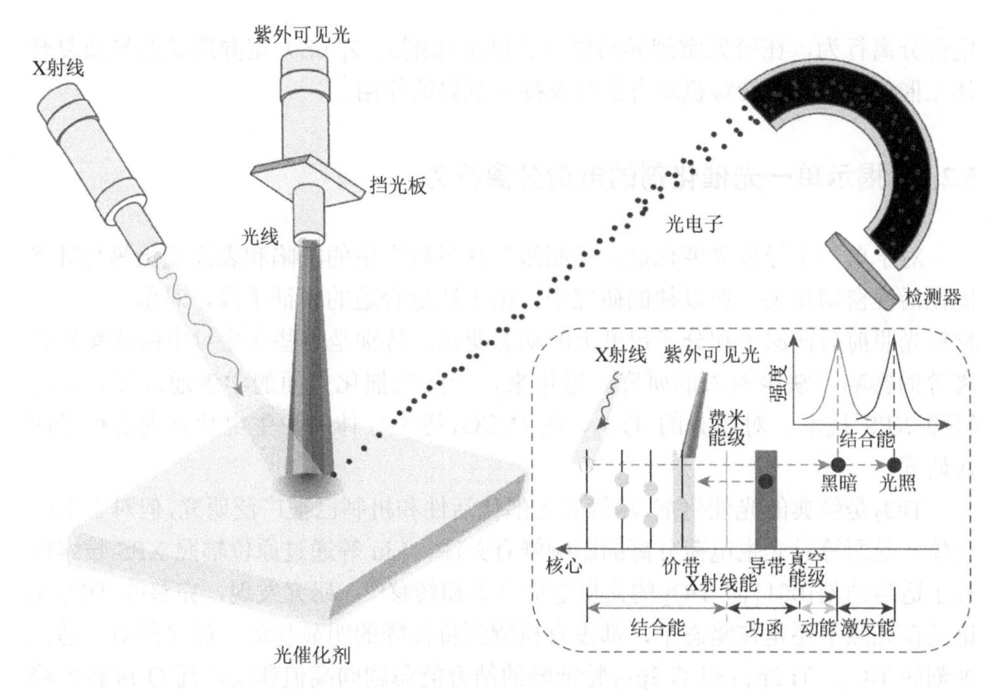

图 5.2　原位辐照 XPS 装置及原理图[3]

此外，XPS 测试时对样品也具有一定的要求。因为 X 射线的探测深度（d）由电子的逃逸深度(λ)决定，λ 受 X 射线性能和样品性状等因素影响，一般 $d=3\lambda$。对于金属而言，λ 一般为 0.5～3 nm，无机非金属材料 λ 一般为 2～4 nm，有机物和高分子 λ 一般为 4～10 nm。测试的样品可为粉末、块状或薄膜样品。对于固体样品，需要 10～100 mg 样品才能保证测试准确，一般 20～30 mg 样品为最佳。对于块状和薄膜样品，其尺寸应该小于 5 mm×5 mm×3 mm。测试前，样品要进行真空干燥处理，不能含有腐蚀性、挥发性、磁性和放射性物质，也不能含有硫或碘等卤族元素，以免污染真空系统。XPS 常用 Al K_α 或者 Mg K_α X 射线为激发源，能检测周期表中除 H、He 以外的所有元素，一般检测限为 0.1%（原子分数）。特别注意的是，在样品准备和测试过程中，切忌采用手触摸样品，以免对样品表面造成污染。制备好的样品也应该尽快密封保存，以免受到污染。

5.2　原位辐照 XPS 方法的应用

半导体的电荷转移和分离与光催化活性密切相关。原位辐照 XPS 方法可以直观地得到电荷转移的关键证据，已成为光催化过程中研究电荷转移、分离等光生电荷行为的重要表征手段[4]。目前，原位辐照 XPS 不仅被用于研究单一半导体的电荷分离行为，在研究常规异质结（含助催化剂）、Z（S）型异质结等异质复合体光催化剂的电荷转移机制方面也发挥了重要的作用。

5.2.1 揭示单一光催化剂的电荷分离行为

对于单一半导体光催化剂，光照激发材料后产生的缺陷和表面变化等与其光催化活性密切相关。在以往的研究中，由于缺少合适的表征手段，对单一半导体材料光照前后在原子和分子尺度上的动态变化，特别是这些变化对电荷转移和分离等的影响，缺少深入的研究。近年来，一些光催化方面的学者通过发展原位辐照 XPS 技术，对经典的 TiO_2、$Bi_2O_2CO_3$ 等半导体的光生电荷行为进行了深入研究。

TiO_2 是经典的光催化剂，尽管其光催化活性和机制已被广泛研究，但对于 TiO_2 晶体、晶面等对光生电荷分离的影响鲜有关注。Liu 等通过原位辐照 XPS 技术研究了适当蚀刻{001}面 TiO_2 的光生电荷分离和转移[5]。研究发现，完整的 TiO_2 无论是在光照下还是在暗态下，都没有检测到特征峰的明显移动，而光照射下适当蚀刻的 TiO_2，Ti $2p_{3/2}$ 和 Ti $2p_{1/2}$ 特征峰的结合能急剧向高值移动，而 O 1s 特征峰则向低结合能移动。有趣的是，当去除同步光照后，Ti 2p 和 O 1s 的特征峰值都可以恢复到原来的位置。微蚀刻的 TiO_2 样品中也可以观察到类似的现象，但位移略小于适当蚀刻的 TiO_2 样品，当{001}面被完全蚀刻时，没有检测到 Ti 2p 和 O 1s 峰的明显偏移。因此，这个工作通过原位 XPS 技术揭示了适当的蚀刻可以促进 TiO_2 晶体更有效的电荷分离和转移行为，分离的电子和空穴分别主要转移到 O 原子和 Ti 原子上，揭示了光致电荷和转移过程。

氧空位作为最常见且最重要的晶体缺陷之一，对半导体光催化剂的性能有着显著的影响。近年来，通过引入和调控氧空位的方法来改善光催化活性，尤其是可见光性能，成为光催化研究领域的热点之一。但是，氧空位在促进纳米光催化剂光生电荷转移和分离方面还缺少直接的证据。Zu 等采用快速低压紫外光照射策略得到具有表面氧空位缺陷的 $Bi_2O_2CO_3$ 纳米片，并通过原位辐照 XPS 技术研究了表面缺陷关联的 Bi 原子与反应物 CO_2 之间的电荷转移行为。作者测试了经过紫外光照射（UV-10-BiOC）和未经紫外光照射（UV-0-BiOC）的两个样品[6]。UV-10-BiOC 的 Bi 4f 峰处的结合能在可见光照射下显著地向较低结合能方向移动，而相应的 Bi^{3+} 在黑暗条件下仍保持其 + 3 价，这表明原始 Bi^{3+} 在光照下被光生电子部分还原，表明了 UV-10-BiOC 表面的 Bi 位点可以作为 CO_2 还原反应的活性位点。此外，关闭光源后 B_i^{5+} 离子立即恢复到初始的 + 3 价，表明氧空位的存在很容易诱导 Bi^{3+} 位接收光激发电子，然后将其转移给 CO_2 分子，这不仅有助于 CO_2 的有效活化，而且有效促进了光催化剂的光生电荷分离。此外，Zhang 等也研究

了 TiO_2 上氧空位与水分子的相互作用关系和对电荷转移的影响，发现 TiO_2 的表面氧空位与吸附的水分子具有强的选择性结合，并捕获其中一个氧原子实现表面晶格氧的自愈合。而存留下来的表面氧空位导致低配位 Ti 位点上富集电子，促进了 Ti 原子向 O 原子的电荷转移。然而，过量的表面氧空位会破坏表面原子结构，从而阻碍电荷的分离和转移到 TiO_2 的表面。因此，通过原位辐照 XPS 确定了 TiO_2 中 Ti 原子位解离形成的羟基具有极强的逆向电子转移能力，正是这种逆向电子迁移影响了 TiO_2 全分解水性能[7]。

原位辐照 XPS 对结构的精确分析，也有助于深入理解材料表面结构与光生电荷行为之间的关系，进而深入理解光生电荷分离机制和催化过程机制等。Zhang 等通过原位辐照 XPS 直接观察到单晶（001）面暴露的 TiO_2 表面上分解水过程中的原子间电子激发和转移过程。研究发现，在光照射下，Ti $2p_{3/2}$ 的结合能向高结合能方向移动（0.2 eV），O 1s 峰向低结合能方向移动（0.2 eV），清楚地揭示了光诱导的电荷分离以及空穴向 Ti 原子和电子向 O 原子的转移。然而，当水分子分别在 Ti 和 O 位点上解离成 OH 基团和 H 基团时，电子激发和转移能力逐渐降低并最终终止，这可能是由于 Ti 原子上 OH 基团的反向电子吸引[3]。同时，该团队也对传统的 BiOCl 材料的表面结构与电荷转移行为关系进行了深入研究，他们发现超薄的 BiOCl 相比于传统的 BiOCl 具有更优异的电荷分离能力，借助于原位辐照 XPS，超薄 BiOCl 暴露的{001}面末端是氯原子。在稳态下，氯原子在 BiOCl 的（001）表面向外迁移，而在激发态下，表面氯原子回到晶格相。这种光激发条件下表面原子的变化及其带来的电子结构变化，在很大程度上影响了材料的电荷分离[8]。

水的多电子转移氧化被认为是光催化分解水的关键步骤，然而，想通过一种简单但有效的方法来促进其缓慢的动力学仍然要求很高。Zhang 等的研究表明 Cl^- 表面改性除了增强电荷载流子分离之外，还显著增强了 $BiVO_4$ 的光催化水氧化。通过原位辐照 XPS 技术研究，在 $BiVO_4$ 表面吸收 H_2O 分子后，在光照下进行原位辐照 XPS 测试，以检测激发态下光催化水氧化过程中的原子间电子转移[9]。比较基态和激发态之间原子的原位辐照 XPS 结果可以直接揭示化学结合能的转移引起的电荷转移。与黑暗条件相比，$BiVO_4$ 的 Bi 4f 和 V 2p 结合能在光照下分别反向移动 0.13 eV 和 0.20 eV，这归因于光激发电荷载流子的转变以激活吸附的 H_2O，揭示了 Cl^- 表面改性的重要作用。

5.2.2 揭示常规异质结光催化剂的电荷转移行为

构建异质结复合体可以在空间上实现光生电子和空穴的有效分离，因此异质结光催化材料已经成为当前光催化领域的研究前沿和热点。常规的异质结主要包含Ⅰ型异质结、Ⅱ型异质结、肖特基异质结等。其中，助催化剂与光催化剂之间形成的肖特基异质结通常具有较为复杂的电荷转移行为。助催化剂作为光催化材料体系的重要部分，在光催化分解水产氢、二氧化碳还原等体系中具有十分重要的作用，可以降低反应激活能或过电势、促进电荷分离/转移、提高活性和选择性、增强光催化剂的稳定性和抑制副反应与逆反应等。但是，助催化剂和光催化剂之间的光生电荷转移路径和行为通常是缺乏证据的且存在争议的。原位辐照 XPS 可以直观地检测到电荷转移引发的相关材料元素结合能变化，成为揭示材料电荷转移路径的有效方法。

贵金属如铂（Pt）和钯（Pd）等由于其费米能级和优异的电子催化作用通常被用作助催化剂，提高光催化活性。揭示贵金属助催化剂/光催化剂的光生电荷转移路径和电荷分离机制，对开发高活性光催化材料具有重要意义。Zhang 等以典型的 Pt 为助催化剂与经典的氮化碳（C_3N_4）光催化剂组成光催化水裂解产氢催化剂体系。利用原位辐照 XPS 技术直接观测单原子 Pt/C_3N_4 催化剂在光催化水裂解过程中的电荷转移过程。在光激发状态下，首次观察到 Pt—N 键裂解形成 Pt^0 物种，而在金属 Pt 修饰的 C_3N_4 上则无法检测到这个特征，说明了 Pt^0 在化学键演化过程中充当还原反应的中心。通过原位辐照 XPS 验证了电子转移路径，单原子 Pt/C_3N_4 在光激发状态下的价带（VB）光谱发生了显著变化，在低结合能处的电子密度急剧减小，这表明了 Pt—N 键断裂形成 Pt^0 物种导致还原能力增强。相应地，由于 Pt 和 C_3N_4 之间的轻微电荷转移，Pt 粒子/C_3N_4 的 VB 光谱除了轻微的负移外，没有观察到明显的改变。因此，通过原位辐照 XPS 非常精准地捕捉到了单原子 Pt/C_3N_4 电子转移过程[10]。

贵金属不仅可以作为光生电子的助催化剂，也可以作为光生空穴的助催化剂。然而，由于缺少直接证据，贵金属作为光生空穴助催化剂的机制往往被忽略了。基于此，Luo 等利用 Pd 原子助催化剂和 In_2O_3 纳米棒上的氧空位（OVs）的协同作用，构建了 $Pd_{0.3}$-def-In_2O_3 光催化剂，实现了优异的光催化 CH_4 活化。原位辐照 XPS 测试表明 $Pd_{0.3}$-def-In_2O_3 在黑暗中的氧化态主要接近 Pd^0，20 min 照射下，从黑暗中的 335.77 eV 移动到 336.03 eV，表明 Pd 作为助催化剂在光照射下作为空穴受体的作用，从而证明了单原子 Pd 在光照射下充当空穴受体的助催化剂，极大地促进了电荷分离[11]。

一些非晶氧化物也可以作为助催化剂，通过促进光生电子转移，提高光催化反应效率。Xie 等通过外场（模拟太阳光）辅助，以常规浸渍法获得的二氧化钛（TiO_2）负载铁氧物种为光催化剂（FeO_x/TiO_2 光催化剂）、过氧化氢为氧化剂，在常温常压下实现了甲烷一步活化高选择性制甲醇。他们利用原位辐照 XPS 光谱，通过观察光催化剂中 Fe 2p 壳层在氙灯光照和暗态时的变化，确认光生电子转移途径[12]。原位辐照 XPS 测试结果表明，无论是作为电子受体还是空穴受体，FeO_x 上发生的电荷转移都会改变 Fe 2p 信号的结合能。在氙灯照射下，Fe $2p_{3/2}$ 和 Fe $2p_{1/2}$

的峰均向较低的结合能移动，这清楚地表明了光照射引起的 FeO_x 还原性，从而清晰地表明，光照条件下 TiO_2 的电子从价带跃迁到导带，由于 FeO_x 的导带电位低于 TiO_2，光生电子很容易从 TiO_2 迁移到 FeO_x，从而揭示了助催化 FeO_x 和光催化剂 TiO_2 之间的电荷转移路径。

在催化剂上分别构筑充当氧化和还原位点的单原子基光催化材料是极具挑战的工作，特别是如何洞察其中复杂的光生电荷转移与分离行为等机制研究。Wang 等选取典型的 C_3N_4 材料作为基底，通过控制合成条件，将 P、Cu 共同锚定在碳氮基底材料中，实现 P-N 和 Cu-N_4 双活性位点的构筑，成功制备了 P 和 Cu 双位点的光催化剂（P/Cu SAs@CN）。通过原位辐照 XPS 测试发现，P/Cu SAs@CN 样品经过光照后 P 2p 出现了一个正向的位移，表明光照后 P 的价带能级提高，证明在光催化反应中单原子 P 可以捕获光生空穴，从而促进光生电子在 Cu 位点上的积累，实现在 Cu 位点上的多电子转移还原 CO_2 过程。同时，在光照条件下，Cu $2p_{3/2}$ 的结合能表现出了一个负向的位移，这意味着 Cu 原子是光生电子的捕获中心。因此，通过原位辐照 XPS 并结合理论分析等证实了单原子的 P 和 Cu 可以分别作为光生空穴和电子的助催化剂，促进光催化还原 CO_2 过程[13]。

一些研究工作表明，碳也可以作为助催化剂，提高光催化效率。但是，碳助催化剂促进光生电荷分离机制有待深入研究。Wang 等通过原位辐照 XPS 确认了碳/氮化碳（C/C_3N_4）纳米结中存在的界面电场促进光生载流子的分离和迁移现象[14]。他们制备了具有优异光吸收和光催化活性的碳包覆 g-C_3N_4 纳米线三维光催化剂，通过原位辐照 XPS 表征研究了光照前后 g-C_3N_4 和碳包覆 g-C_3N_4 表面电子转移过程。g-C_3N_4 在光照前后的特征峰位置均无明显位移，而光照后的 3D 碳包覆 g-C_3N_4 的 C1s 谱图中，N═C—N 键特征峰向高结合能方向偏移，而 C—C/C═C 键和 C—O 键特征峰向低结合能方向偏移，表明光生电子从 g-C_3N_4 转移到表面包覆的碳层。此外，在碳包覆 g-C_3N_4 纳米线的 N 1s 谱图中，所有的 N 1s 峰都向高结合能偏移，进一步证明了光生电子从 g-C_3N_4 向表面包覆的碳层转移。因此，通过原位辐照 XPS 技术可以确认碳包覆 g-C_3N_4 中电子转移方向，即电子从 g-C_3N_4 转移至作为助催化剂的表面碳层，进而引发光催化反应，并且还验证了界面电场的构建可以有效促进催化剂光生载流子的分离和迁移。

5.2.3　揭示 Z（S）型异质结的电荷转移机制

模拟自然光合作用的 Z（S）型异质结复合体系不仅可以提高光捕获能力和显著抑制电荷载流子复合，而且还可通过保持光激发电子/空穴的强还原/氧化能力来促进表面/界面催化反应，因而受到广泛关注。然而，Z（S）型异质结的光生电荷转移和分离机制往往通过性能测试结果或者能带结构分析等进行推测，缺乏有力的证据支撑。在光照射激发时，异质组分之间发生的电子转移会同时引发元素的电子结合能变化，从而引起谱图中化学位移的变化。近年来，科学家们通过原位辐照 XPS 技术对 Z（S）型异质结的电荷转移机制进行了深入研究。

就常规Ⅱ型异质结而言，尽管光生电子和空穴的高复合率在一定程度上得到了缓解，但异质结的氧化还原能力也有所减弱。幸运的是，全固态 Z 型异质结为解决上述问题铺平了一条新的道路。Li 等通过简单的煅烧方法成功合成了一种全固体 Z 型异质结 TiO_2-TiC/g-C_3N_4 复合材料，用于 CH_4 存在下的光催化 CO_2 还原。DFT 计算结果表明，TiC 作为电子介质，其中来自 TiO_2 导带的电子与 g-C_3N_4 价带中的空穴复合。因此异质结强氧化还原电位得以保留，实现了高的光催化反应效率。原位辐照 XPS 测试结果验证了 DFT 计算结果[15]，在黑暗条件下，Ti 2p XPS 光谱显示位于 458.58 eV 和 464.58 eV 的两个峰，分别对应于 Ti $2p_{3/2}$ 和 Ti $2p_{1/2}$。值得一提的是，Ti $2p_{3/2}$ 和 Ti $2p_{1/2}$ 的电子结合能在原位辐照下都增加了 0.4 eV。因此，Ti 2p 周围的电子密度降低，表明电子从 TiO_2 流出。同时 530.1 eV 和 532.3 eV 处的 O 1s XPS 峰分别归因于晶格氧和表观羟基，在光照下，这两个峰的电子结合能分别增加 0.3 eV，电子密度降低，这与 Ti 2p 的一致。在光照下电子结合能显著增加表明光催化剂 TiO_2-TiC/g-C_3N_4 对光表现出明显的响应。对于 C 1s，在黑暗中，284.8 eV 处的典型峰对应于源自外来碳的 C—C 键。此外，以 286.5 eV 为中心的峰指示 C—N 键或 C—$(N)_3$，其可能来自 g-C_3N_4 的三嗪结构。此外，288.3 eV 处的峰属于 C═N。与在黑暗中检测到的值相比，原位辐照后的 C—N 键或 C—$(N)_3$ 的峰表现出电子结合能负移，表明周围电子的密度增加。因此，在原位辐照下，TiO_2-TiC/g-C_3N_4 复合材料中的 g-C_3N_4 CB 中的电子被保留，另外 N1s XPS 光谱可在 398.9 eV、400.4 eV、401.3 eV 和 404.7 eV 处分为四个峰，这些峰被归属于 C—N═C 和 N—$(C)_3$。在光照下，C—N═C 和 N—$(C)_3$ 的 XPS 峰发生负移，这与 C 1s 一致，并且电子密度增加。这一结果与 Ti 2p 和 O 1s 的电子结合能位移相反，可以得出电子流不符合传统的Ⅱ型方案，而是全固体 Z 型异质结。

TiO_2 和 CdS 都是传统的光催化剂，二者结合构建的异质结通常表现出提高的光催化活性，但其光生电荷转移机制仍存争议。Low 等制备了二氧化钛和硫化镉（TiO_2/CdS）复合体薄膜用于高效的光催化 CO_2 还原，并采用原位辐照 XPS 方法确认了 TiO_2 和 CdS 之间 Z 型模式的电荷转移机制。在光照后，Ti 2p 结合能正移了约 0.3 eV，表明在光照下 Ti 2p 的电子密度有所降低。同时，Cd $3d_{5/2}$ 和 Cd $3d_{3/2}$ 的结合能在光照下发生负移（−0.2 eV），表明 CdS 上的电子密度增加。这些结合能的变化为研究 TiO_2/CdS 界面的载流子迁移路径提供了直接证据，证明了光生电子从 TiO_2 迁移到 CdS 上，符合 Z 型电荷转移机制[16]。Zhang 等制备了 ZnO/Fe_2O_3 多孔纳米片用于光氧化 CH_4 合成 CH_3OH。他们测试了 ZnO/Fe_2O_3 多孔纳米片在光照或黑暗条件中的原位 Zn 2p 和 Fe 2p XPS 光谱[17]。在光照下，Zn $2p_{1/2}$ 和 Zn $2p_{3/2}$

的峰都向更高结合能的位置移动，这有力地说明了在光照下 Zn 位点发生了轻微的氧化，因此 Zn 位点可以作为电子供体。此外，Fe $2p_{1/2}$ 和 Fe $2p_{3/2}$ 的峰向较低的结合能移动，这意味着光照射导致 Fe 位点略有减少，因此 Fe 位点可以作为电子受体。基于原位辐照 XPS 光谱分析，推测异质结构 ZnO/Fe_2O_3 多孔纳米片的电子转移过程可能是：首先电子从 ZnO 的 VB 被激发到 CB；随后，这些电子从 ZnO 的 CB 转移到 Fe_2O_3 的 VB 中，因为 Fe_2O_3 的 CB 电位比 ZnO 的负得多。因此，异质结构 ZnO/Fe_2O_3 多孔纳米片构成了典型的直接 Z 型异质结，从而有利于光生载流子的分离。

最近，人们也开发了系列新型纳米光催化剂。这些新型异质结尽管获得了高的光催化活性，但其过程机制仍不清楚。Ye 等将修饰的聚酞菁锌（ZnPPc）和硼氮掺杂的氮化碳（NBCN）复合构建了 Z 型异质结，实现了高效的过氧化氢光催化合成。为深入揭示 Z 型 ZnPPc/NBCN 异质结光催化剂中原子水平上的电荷转移行为，作者利用原位辐照 XPS 研究了 ZnPPc/NBCN 异质结两组分间光生电子-空穴对的迁移路径。他们在黑暗和辐照两个时期测试了不同样品的 XPS 光谱。由于锌原子含量较低，在暗态下重复扫描了 100 次进行数据叠加。光照持续 23 min 时，也连续重复 3 次。纯 ZnPPc-NBCN 的高分辨率 Zn XPS 光谱拟合为 1021.4 eV，可归类为 Zn 的 $2p_{3/2}$ 态。当 ZnPPc-NBCN 复合材料在白光 LED 照明下时，Zn 的结合能（1201.6 eV）增加了 0.2 eV。这应该是由于 X 射线照射引起的信号偏移导致了光催化剂的分解。非常值得注意的是，在光照条件下，结合能的增量要小得多，这说明 Zn 原子是在光照条件下的电子受体。在 ZnPPc-NBCN-10 中，Zn 原子在光照下的电子接受作用更为明显。ZnPPc-NBCN-10 中 Zn 原子的结合能甚至从 1021.3 eV 降低到 1021.2 eV，与未光照形成鲜明对比。ZnPPc-NBCN 的 C 和 N 元素的化学状态的变化都在误差范围内。原位辐照 XPS 结果表明，当在白光 LED 照明下激发时，电子通过 NBCN 之间的界面转移到 ZnPPc 组分，形成 Z 型电荷转移路径[18]。

Sun 等研究发现将钙钛矿纳米点生长在介孔半导体基质中可以防止纳米钙钛矿聚集，并且构建的异质结可以有效抑制空穴电子复合。他们在开放通道的介孔 TiO_2（M-Ti）骨架上原位生长了卤化物钙钛矿（CBB，包括 $Cs_3Bi_2Br_9$ 和 $Cs_2AgBiBr_6$），这两种光催化剂表现出优异的 CH_4 选择性。通过原位辐照 XPS 证明了钙钛矿纳米点和介孔二氧化钛之间的内建电场可以有效地促进光致电荷的分离及转移。M-Ti 的 O 1s 光谱中可以观察到晶格氧（530.2 eV）和表面羟基（532.3 eV）。相比于纯 M-Ti 材料，CBB@M-Ti 的 Ti 2p 和 O 1s 的特征峰分别向负方向偏移 0.2 eV 和 0.3 eV。而相对于纯 CBB，CBB@M-Ti 的 Cs 3d 峰则向正方向偏移 0.3 eV。以上结合能的变化表明，电荷在暗条件下会从 CBB 流向 M-Ti，相比于在黑暗条件下的 CBB@M-Ti，在光照条件下 Ti 2p 和 O 1s 特征峰则正移

0.3 eV，而 Cs 3d 峰在光照条件下负移 0.3 eV，这证明了光照条件下 M-Ti 的 CB 中的光生电子向 CBB 的 VB 中迁移。原位辐照 XPS 技术证明了钙钛矿纳米点与 M-Ti 通道之间的 Z 型电荷分离/转移路径[19]。

S 型异质结是基于 Z 型异质结，通过设计两种半导体的内建电场和能带弯曲等而开发的新型纳米异质结体系。由于其电荷转移机制较为复杂，通过传统的分析技术很难准确解析光生电荷的转移与分离行为。Li 等采用水热合成方法，将具有更强还原能力和可见光响应特性的半导体 $ZnIn_2S_4$ 原位生长在 TiO_2 纳米纤维表面，构建了 $TiO_2/ZnIn_2S_4$ 异质结光催化剂。重点利用原位辐照 XPS 等研究了 $TiO_2/ZnIn_2S_4$ 异质结的光生电荷分离机制[20]。测试结果表明，与纯 TiO_2 的 Ti 2p 和 O 1s 谱图相比，$TiO_2/ZnIn_2S_4$ 异质结的对应峰分别向较小的结合能偏移，而与纯 $ZnIn_2S_4$ 相比，$TiO_2/ZnIn_2S_4$ 异质结的 Zn 2p、In 3d 和 S 2p 对应的峰分别向较大的结合能偏移。一般来说，结合能与表面电子密度呈负相关。因此，TiO_2 和 $ZnIn_2S_4$ 的结合能反向移动的方向意味着电子从 $ZnIn_2S_4$ 向 TiO_2 转移。同时在 $ZnIn_2S_4$ 与 TiO_2 的界面上形成了内建电场，有利于 S 型 $TiO_2/ZnIn_2S_4$ 异质结的构建。然而，在光照下进行 XPS 测量时，$TiO_2/ZnIn_2S_4$ 异质结表面元素的化学状态再次发生变化。$TiO_2/ZnIn_2S_4$ 异质结的 Ti 2p 和 O 1s 光谱在光照下相对于在无光照下检测到的相应的峰向更高的结合能偏移。同时，在光照下 $TiO_2/ZnIn_2S_4$ 异质结的 Zn 2p、In 3d 和 S 2p 峰的结合能相对于 $TiO_2/ZnIn_2S_4$ 异质结的非原位 XPS 谱图存在明显的负偏移。$TiO_2/ZnIn_2S_4$ 异质结的结合能的变化表明，光照时 $TiO_2/ZnIn_2S_4$ 异质结的电子从 TiO_2 向 $ZnIn_2S_4$ 迁移。因此，通过原位辐照 XPS 验证了异质结内部光生电子的转移路径遵循 S 型异质结电子转移机制，促进了 TiO_2 和 $ZnIn_2S_4$ 内部光生载流子的有效分离，同时保留了具有较强还原能力的 $ZnIn_2S_4$ 导带电子和较强氧化能力的 TiO_2 价带空穴，从而显著提升了光催化制氢的效率。

Xu 等构建了 $TiO_2/CsPbBr_3$ 异质结，并利用原位辐照 XPS 揭示了其 S 型光生载流子的迁移路径[21]。TiO_2 和 $TiO_2/CsPbBr_3$ 的非原位 Ti 2p XPS 光谱显示出对称性 Ti^{4+} 的 Ti 2p 双峰。O 1s XPS 光谱显示存在晶格氧（529.3 eV）和—OH 表面基团（531.2 eV）。$CsPbBr_3$ 的 Br 3d 结合能分别为 67.8 eV 和 69.8 eV，对应于 Br $3d_{5/2}$ 和 Br $3d_{3/2}$。$TiO_2/CsPbBr_3$ 中 Ti 2p 和 O 1s 的结合能向较低的结合能偏移了 0.2 eV，而 $TiO_2/CsPbBr_3$ 的 Cs 3d、Pb 4f 和 Br 3d 的结合能与纯 $CsPbBr_3$ 相比变得更正，表明电子在异质结中从 $CsPbBr_3$ 转移到 TiO_2。而原位辐照 XPS 光谱则显示，在光激发下 TiO_2 CB 中的光生电子却转移到 $CsPbBr_3$，富含电子的 $CsPbBr_3$ 作为活性位点，为活化的 CO_2 分子提供电子，生成 H_2 和 CO，利于电荷分离和提高 CO_2 光还原活性，通过原位辐照 XPS 证实了复合材料体系中光生载流子的定向迁移效应和迁移方向。

Wang 等将 CuI-GDY 和 ZnAl-LDH 通过溶剂热合成了双 S 型 CuI-GDY/ZnAl-LDH 复合光催化剂，异质结构的紧密结合有助于分离光生载流子，同时保留 GDY（石墨炔）导带中的强还原电子和 ZnAl-DH 价带中的强氧化空穴，采用原位辐照 XPS 技术观察了 CuI-GDY 中的电子转移路径[22]。比较黑暗和光照环境，CuI-GDY 中 C 1s 的结合能在光照下降低，而 I 3d 和 Cu 2p 的结合能向更高的能级移动。这表明 CuI 导带中的电子在内部电场的驱动下通过异质结界面迁移到 GDY，揭示了其 S 型光诱导电荷分配机制，CuI-GDY/ZnAl-LDH 复合光催化剂表现出优异的光催化活性，主要归因于对电子-空穴对的复合的显著抑制，验证了三元异质结光催化剂的化学积分效应对优化电子转移过程具有重要意义。

Wang 等合理设计 S 型核壳 TiO_2@$ZnIn_2S_4$ 异质结用于光催化 CO_2 还原，与 TiO_2 及 $ZnIn_2S_4$ 相比，TiO_2@$ZnIn_2S_4$ 异质结具有相对优异的光催化 CO_2 还原性能，光催化性能的提高归因于 S 型异质结诱导的光生载流子复合受到抑制。并通过原位辐照 XPS 验证了 S 型光生电荷转移机制[23]。在黑暗中，TiO_2@$ZnIn_2S_4$ 异质结 O 1s 和 Ti 2p 的结合能向较低的能级移动，表明 TiO_2 的电子密度增加。相反，与 $ZnIn_2S_4$ 相比，在 TiO_2@$ZnIn_2S_4$ 异质结中 Zn 2p、In 3d 和 S 2p 的结合能在黑暗条件下明显表现出更高的能级，这意味着电子从 $ZnIn_2S_4$ 迁移到 TiO_2。而当光照条件下进行原位辐照 XPS 测量时，与 TiO_2@$ZnIn_2S_4$ 异质结在黑暗中相反，O 1s 和 Ti 2p 的结合能在光照射下明显向更高的能级移动；而 Zn 2p、In 3d 和 S 2p 的结合能明显向较低的能级转移，表明光生电子在光照射下从 TiO_2 转移到 $ZnIn_2S_4$。这些测试结果与 S 型机制很好地匹配。

Xia 等通过 TiO_2 纳米颗粒和 $FePS_3$ 纳米片的自组装，成功地制备了 S 型 $TiO_2/FePS_3$ 异质结。强大的内部电场导致 S 型 TiO_2/FPS 异质结的形成，不但保留了光激发的电子和空穴更强的氧化还原能力，而且通过将氧化还原能力较弱的光生电子和空穴复合，实现了更高的电子-空穴分离效率。通过非原位和原位辐照 XPS 测量，在辐照前 S 型 $TiO_2/FePS_3$ 异质结中 TiO_2 的 Ti 2p 和 O 1s 的高分辨率 XPS 光谱显示出 Ti 2p 峰和 O 1s 峰向低结合能方向左移。此外，与 $FePS_3$ 相比，$FePS_3$ 的 Fe 2p3/2 峰和 S 2p 峰向高结合能的方向右移，说明电子从 $FePS_3$ 转移到 TiO_2，辐照后 O 1s 的高分辨率 XPS 光谱显示出 O 1s 峰向高结合能方向右移，Fe 2p 3/2 峰向低结合能方向左移，这充分证明了光催化过程中 S 型 $TiO_2/FePS_3$ 异质结的电荷迁移路径，确认了 S 型 TiO_2/FPS 异质结的形成[24]。

Jin 等采用水热法分别制备了类海胆状的 $ZnCo_2O_4$ 和 CoS 异质结纳米颗粒用于光催化制氢。由于尺寸差异，CoS 可以有效地分布在 $ZnCo_2O_4$ 的表面上并作为活性位点。$ZnCo_2O_4$ 良好的导电性提高了电荷转移速率，而 CoS 作为活性位点确保了制氢反应的热力学条件。实现这种高性能的光催化产氢，常规光生电荷转移机制是不能满足的，为了更准确地证明催化剂表面电荷转移途径，通过原位辐照

XPS 证明催化剂材料 S 型异质结的电荷转移机制，结果显示在光照下，原位辐照 XPS 可以看到 Zn 和 O 元素的结合能增加，S 元素的结合能降低。这表明在光照下电荷转移路径是从 $ZnCo_2O_4$ 表面到 CoS 表面。这种电荷转移途径直接证明了 S 型异质结的存在[25]。

最近，人们利用金属有机骨架（MOF）材料等与传统半导体构建了高效的纳米异质结光催化体系，并通过原位辐照 XPS 等研究了其电荷转移机制。例如，Zhao 等利用单配位层 Ti-MOF 纳米片 NTU-9 中独特的杯状微结构实现了均匀的单原子 Ni(Ⅱ)位点锚定（Ni@MOF），并通过氢键诱导作用与 $BiVO_4$（BVO）纳米片自组装，成功获得宽光谱吸收的新型含 MOF 组分的超薄 S 型异质结。通过原位辐照 XPS 光谱深入研究了单原子 Ni 锚定的 Ti-MOF 和 $BiVO_4$ 的超薄 S 型异质结的光生电荷转移机制[26]。测试结果表明，在样品 6MOF/BVO 中 V 的 $2p_{3/2}$ 峰结合能明显变大，意味着在光照时 BVO 失去电子。而同时 Ti $2p_{3/2}$ 峰的结合能向相反的低结合能方向移动，意味着 MOF 中的 Ti 元素得到电子。这表明当 BVO 和 MOF 同时被激发时，光电子是从 BVO 转移到 MOF，符合 S 型电荷转移模式。光照前后氧的结合能保持不变，说明氧元素未参与电荷转移过程。当 Ni@6MOF/BVO 被激发时，V $2p_{3/2}$ 和 Ti $2p_{3/2}$ 的峰移趋势与 6MOF@BVO 一致。特别是，Ni@6MOF/BVO 中 Ni $2p_{3/2}$ 峰的结合能位移在光照后降低了 0.4 eV，从而证实了在光激发 Ni@6MOF/BVO 时，BVO 向 MOF 的电子转移然后形成单个 Ni(Ⅱ)位点，从而有利于二氧化碳的吸附和催化活化。

Cheng 等通过在芘基共轭聚合物（PT）表面上原位生长 CdS 纳米晶体，设计了无机/有机半导体异质结（CP2）。作者用原位 XPS 等证明了 CdS 和 PT 之间的 S 型电荷转移路径[27]。测试结果表明，在光照前的 C 1s 的高分辨率 XPS 光谱中，PT 的两个峰位于 284.8 eV 和 286.3 eV，分别归属为芳族 sp^2 碳和三苯胺单元的 C—N 键。而 Cd 3d 峰可拟合为 405.3 eV 和 412.1 eV 两个峰，分别归于 Cd^{2+}的 Cd $3d_{5/2}$ 和 Cd $3d_{3/2}$ 轨道，S 2p XPS 光谱中 161.6 eV 和 162.9 eV 的峰分别为 S^{2-}的 S $2p_{3/2}$ 和 S $2p_{1/2}$。将 PT 与 CdS 复合后，Cd 3d 和 S 2p 的峰在复合体 CP2 中分别显示出 0.2 eV 和 0.1 eV 的负移，而 CP2 中的 C 1s 则正移了 0.8 eV。这种变化证明了在黑暗条件下电子从 PT 到 CdS 的转移行为。然而，对 CP2 进行光照后，C 1s 的峰相比暗态时发生轻微负移，而 Cd 3d 和 S 2p 的峰正移 0.1 eV，这进一步证明了光电子从 CdS 转移到 PT。与 PT 共轭聚合物相比，CdS 保持较低的能带位置和费米能级。当 CdS 和 PT 紧密接触时，PT 的电子通过界面自发转移至 CdS，直到费米能级拉平为止。在平衡状态下，电子聚集在 CdS 的界面上，同时电子密度在 PT 的界面上降低，从而导致 CdS 的向下弯曲和 PT 的向上弯曲。因此，在界面处建立了内建电场，其方向从 PT 指向 CdS。在光照射下，CdS 和 PT 中的电子分别从其 VB 激发到 CB。然后界面上的内建电场可以驱动 CdS

产生的光生电子消耗 PT 的光生空穴，而 CdS 的 VB 和 PT 的 CB 中分别留下光生空穴和电子。显然，这是复合 S 型电荷转移路径的电荷转移模式。

5.3　小结和展望

利用原位辐照 XPS 技术，通过分析光照前后相应元素结合能的变化，可以直观地观测到光照激发后光催化材料的电荷转移情况，进而揭示光生电荷转移机制。随着科技的迅猛发展，原位辐照 XPS 技术已经在设备装置上日趋成熟，已经在揭示光催化过程中电荷转移和分离机制等方面发挥了巨大的优势，为分析单一半导体光催化剂和助催化剂/光催化剂、Z（S）型等异质结光催化剂的光生电荷分离、转移机制确认等提供了有力证据，对指导设计高活性纳米光催化材料具有指导意义，将会有力推动光催化技术的长足发展。

然而，光催化反应过程光源、反应条件等影响较大。在现有原位辐照 XPS 设备装置基础上，引入激发波长可调谐的辐照光源，进而深入研究不同波长辐照下的电荷转移行为，对深入研究异质结光催化剂特别是包含相同元素的异质结的电荷转移机制具有重要意义。此外，为了保证电子分析仪稳定工作，防止光电子非弹性散射，光电子的检测必须要在真空环境下进行。目前发展的原位辐照 XPS 技术还只能在真空或一定的气相条件下进行。虽然目前的测试可以获得光照条件下的原位的电荷转移情况，但是与实际反应过程（如水、氧气、反应物等存在时）还具有较大的差异。随着多级差压泵、X 射线光源、电子分析仪等方面的技术突破，未来将有望实现在光催化反应过程中实况的原位辐照 XPS 测试，从而获得半导体光催化材料在实际反应条件下原位的光生电荷转移和分离机制，为深入揭示光催化过程机制和设计高性能光催化材料提供实验依据。在此基础上，探索将原位辐照 XPS 技术与其他技术手段如同步辐射光源相结合，获得更为精准的元素结合能变化信息，从而更有力地支持对光催化剂电荷转移与分离行为的深入研究。

参 考 文 献

[1] 张素伟，姚雅萱，高慧芳，等. X 射线光电子能谱技术在材料表面分析中的应用[J]. 计量科学与技术，2021，65（1），40-44.

[2] Roy K，Artiglia L，van Bokhoven J A. Ambient pressure photoelectron spectroscopy：opportunities in catalysis from solids to liquids and introducing time resolution[J]. ChemCatChem，2018，10（4）：666-682.

[3] Zhang Y，Liu J，Zhang Y，et al. Relationship between interatomic electron transfer and photocatalytic activity of TiO_2[J]. Nano Energy，2018，51：504-512.

[4] Han Y，Zhang H，Yu Y，et al. *In situ* characterization of catalysis and electrocatalysis using APXPS[J]. ACS Catalysis，2021，11（3）：1464-1484.

[5] Liu X, Dong G, Li S, et al. Direct observation of charge separation on anatase TiO_2 crystals with selectively etched {001} facets[J]. Journal of the American Chemical Society，2016，138（9）：2917-2920.

[6] Zu X，Zhao Y，Li X，et al. Ultrastable and efficient visible-light-driven CO_2 reduction triggered by regenerative oxygen-vacancies in $Bi_2O_2CO_3$ nanosheets[J]. Angewandte Chemie International Edition，2021，60（25）：13840-13846.

[7] Zhang Y，Xu Z，Li G，et al. Direct observation of oxygen vacancy self-healing on TiO_2 photocatalysts for solar water splitting[J]. Angewandte Chemie International Edition，2019，58（40）：14229-14233.

[8] Zhang Y，Xu Z，Wang Q，et al. Unveiling the activity origin of ultrathin BiOCl nanosheets for photocatalytic CO_2 reduction[J]. Applied Catalysis B：Environmental，2021，299：120679.

[9] Zhang Q Q，Liu M，Zhou W，et al. A novel Cl-modification approach to develop highly efficient photocatalytic oxygen evolution over $BiVO_4$ with AQE of 34.6%[J]. Nano Energy，2021，81（2021）：105651.

[10] Zhang L，Long R，Zhang Y，et al. Direct observation of dynamic bond evolution in single-atom Pt/C_3N_4 Catalysts[J]. Angewandte Chemie International Edition，2020，59（15）：6224-6229.

[11] Luo L，Fu L，Liu H，et al. Synergy of Pd atoms and oxygen vacancies on In_2O_3 for methane conversion under visible light[J]. Nature Communications，2022，13（1）：2930.

[12] Xie J，Jin R，Li A，et al. Highly selective oxidation of methane to methanol at ambient conditions by titanium dioxide-supported iron species[J]. Nature Catalysis，2018，1：889-896.

[13] Wang G，Chen Z，Wang T，et al. P and Cu dual sites on graphitic carbon nitride for photocatalytic CO_2 reduction to hydrocarbon fuels with high C_2H_6 evolution[J]. Angewandte Chemie International Edition，2022，61（40）：e202210789.

[14] Wang Y J，Liu M M，Fan F，et al. Enhanced full-spectrum photocatalytic activity of 3D carbon-coated C_3N_4 nanowires via giant interfacial electric field[J]. Applied Catalysis B：Environmental，2022，318：121829.

[15] Li Z Y，Huang Y F，Wei D et al. Theoretical and experimental studies of highly efficient all-solid Z-scheme TiO_2-TiC/gC_3N_4 for photocatalytic CO_2 reduction via dry reforming of methane[J]. Catalysis Science & Technology，2022，12.9（2022）：2804-2818.

[16] Low J，Dai B，Tong T，et al. *In situ* irradiated X-ray photoelectron spectroscopy investigation on a direct Z-scheme TiO_2/CdS composite film photocatalyst[J]. Advanced Materials，2019，31（6）：1802981.

[17] Zheng K，Wu Y，Zhu J，et al. Room-temperature photooxidation of CH_4 to CH_3OH with nearly 100% selectivity over hetero-ZnO/Fe_2O_3 porous nanosheets[J]. Journal of the American Chemical Society，2022，144（27）：12357-12366.

[18] Ye Y X，Pan J，Xie F，et al. Highly efficient photosynthesis of hydrogen peroxide in ambient conditions[J]. Proceedings of the National Academy of Sciences，2021，118（16）：e2103964118.

[19] Sun Q M, Xu J J, Tao F F, et al. Boosted Inner surface charge transfer in perovskite nanodots@ mesoporous titania frameworks for efficient and selective photocatalytic CO_2 reduction to methane[J]. Angewandte Chemie International Edition，2022，61（20）：e202200872.

[20] Li J，Wu C，Li J，et al. 1D/2D $TiO_2/ZnIn_2S_4$ S-scheme heterojunction photocatalyst for efficient hydrogen evolution[J]. Chinese Journal of Catalysis，2022，43（2）：339-349.

[21] Xu F, Meng K, Cheng B, et al. Unique S-scheme heterojunctions in self-assembled $TiO_2/CsPbBr_3$ hybrids for CO_2 photoreduction[J]. Nature Communication，2020，11：4613.

[22] Wang T，Jin Z L. Graphdiyne（C_nH_{2n-2}）based CuI-GDY/ZnAl LDH double S-scheme heterojunction proved with *In situ* XPS for efficient photocatalytic hydrogen production[J]. Journal of Materials Science & Technology，2023，

155：132-141.

[23] Wang L B，Cheng B，Zhang L Y，et al. *In situ* irradiated XPS investigation on S-scheme TiO_2@ $ZnIn_2S_4$ photocatalyst for efficient photocatalytic CO_2 reduction[J]. Small，2021，17：2103447.

[24] Xia B Q, He B, Zhang J J, et al. $TiO_2/FePS_3$ S−Scheme Heterojunction for Greatly Raised Photocatalytic Hydrogen Evolution[J]. Advanced Energy Materials，2022，12（46）：2201449.

[25] Jin Z L，Wang X P. *In situ* XPS proved efficient charge transfer and ion adsorption of $ZnCo_2O_4$/CoS S-Scheme heterojunctions for photocatalytic hydrogen evolution[J]. Materials Today Energy，2022，30：101164.

[26] Zhao L, Bian J, Zhang X, et al. Construction of ultrathin S-scheme heterojunctions of single Ni atom-immobilized Ti-MOF and $BiVO_4$ for CO_2 photoconversion nearly 100% to CO by pure water[J]. Advanced Materials，2022：2205303.

[27] Cheng C，He B，Fan J，et al. An inorganic/organic S-scheme heterojunction H_2-production photocatalyst and its charge transfer mechanism[J]. Advanced Materials，2021，33（22）：2100317.

第6章　开尔文探针力显微镜

开尔文探针力显微术（Kelvin probe force microscopy，KPFM）是一种可以对材料表面电位进行纳米级成像的技术方法。1982年，G. Binning与H. Rohrer两位科学家发明了扫描隧道显微镜（scanning tunneling microscope，STM），使人们首次从原子尺度观察到材料表面形貌。STM是最早出现的一种扫描探针显微镜（scanning probe microscope，SPM）：采用一根细小的探针探测材料表面，从而直接观测其微观形貌的技术方法。但STM的信号是由探针针尖和样品之间的隧道电流变化决定的，因此要求材料必须具有导电性，因此其应用范围受到一定的限制。G. Binning、C. F. Quate和Ch. Gerber等于1986年进一步研发了原子力显微镜（atomic force microscope，AFM）。AFM以微悬臂作为监测探针与样品之间相互作用力的媒介，可以综合地对物质表面微结构（原子、分子级别）信息，如成分、温度、硬度、表面电势以及磁、电、黏着、摩擦等性质进行测试分析。除适用于导体和半导体材料外，还能观测非导电样品的表面结构，极大地扩宽了SPM的应用领域。随着AFM技术在应用方面的发展，一些测量方法与AFM技术相结合，形成了可以同时表征样品形貌和其他信息的技术。1991年，Nonnenmacher等首次提出将AFM与开尔文探针技术相结合[1]，搭建了KPFM，实现了在扫描样品表面形貌的同时表征其表面电势。

将基于长程静电力的测量方法引入到AFM中所形成的KPFM可表征纳米级别金属/半导体表面和半导体器件等微观局域位置电学特性。其中，KPFM由于能够定量表征材料的功函[2, 3]、界面偶极[4, 5]、能带弯曲[6-8]等信息，现已广泛应用于半导体材料与器件的研究中。在光催化材料研究中，利用原位技术揭示电荷转移路径对研究体系的电荷转移、分离机制具有重要意义。KPFM是一种空间分辨的准原位测试技术手段，通过测试材料样品光照前后表面电势变化即可揭示单体或异质结体系表面电荷富集、分布、表界面电荷分离和转移等，已成为近几年在光催化材料领域逐渐深入研究的技术方法之一。

6.1　基本原理及测试系统

KPFM是一种在AFM基础上采用抬起模式（lift mode）测量表面电势的技术。KPFM源于1898年Lord Kelvin发明的开尔文方法，即当两块功函不同的金属相接触时，电子会从功函低的金属流向功函高的金属，直至两金属的费米能级持平，接触界面间由此形成了接触电势差（contact potential difference，CPD），CPD 与两金属之间的功函（work function，φ）差成正比，$V_{CPD}=-(\varphi_B-\varphi_A)/e$。若在两个金属之间施加一个大小相等、方向相反的电压 V_C，使两金属间的真空能级重新平衡，则 $V_C=V_{CPD}$。若已知金属 A 的功函 φ_A，那么金属 B 的功函 $\varphi_B=\varphi_A-eV_{CPD}$，如图 6.1 所示。

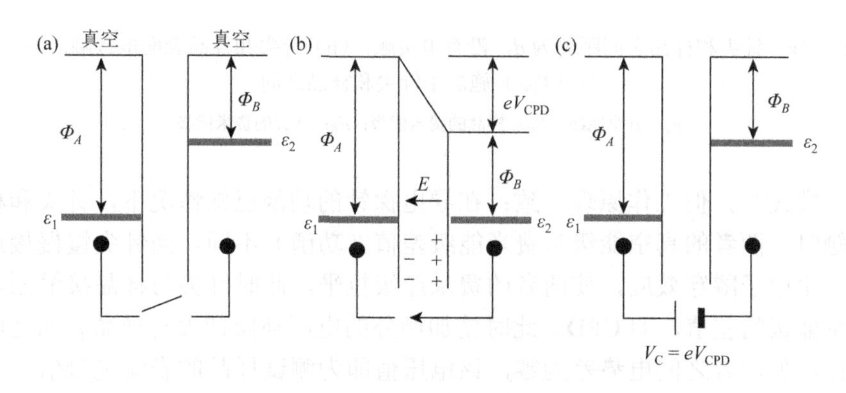

图 6.1　开尔文方法原理

KPFM 一般工作于非接触模式下，此时探针针尖与样品之间形成电容，探针与样品通过电学导通（接地）使得两者之间形成接触电势差 CPD，同时伴随电势差形成探针与样品之间的长程静电力。KPFM 测试的即为导电的 AFM 针尖和样品之间的接触电势差 CPD。对于导电的样品，根据开尔文方法，样品与探针之间的 CPD 和探针与样品之间的功函差成正比。当探针针尖与样品表面未接触时，由于费米能级的差异两者功函不同［图 6.2（a）］。探针逐渐接近样品后，在费米能级拉平效应下针尖和样品表面则会带有电荷，形成接触电势差 V_{CPD}，一个静电力即会作用于接触面［图 6.2（b）］。此时施加一个与 V_{CPD} 相等的反向电压 V_{DC}，由于 V_{CPD} 与针尖和样品的功函差相等即可消除静电力，此时电压值即为所测得的表面电势差［图 6.2（c）］。需要注意的是，当 V_{DC} 施加在样品上时，测量的 CPD 与样品的功函呈一致的关系：$V_{CPD}=(\varphi_{sample}-\varphi_{tip})/e$；当 V_{DC} 施加在探针上时，CPD 与样品的功函呈相反的关系：$V_{CPD}=(\varphi_{tip}-\varphi_{sample})/e$，其中 φ_{sample} 和 φ_{tip} 分别代表样品和探针的功函，e 则代表电子电荷[9]。

KPFM 是一种基于 AFM 的成像技术，利用金属涂层包覆的 AFM 探针接近导电或半导体样品来测量相对接触电势差。探针主要包括 Pt/Ir 合金包覆的硅探针及 Co/Cr 合金包覆的硅探针。其中，涂有 PtIr 的软动态模式悬臂适用于大多数 KPFM 测试[10]。KPFM 主要有两种工作模式：振幅调制（AM）模式和频率调制

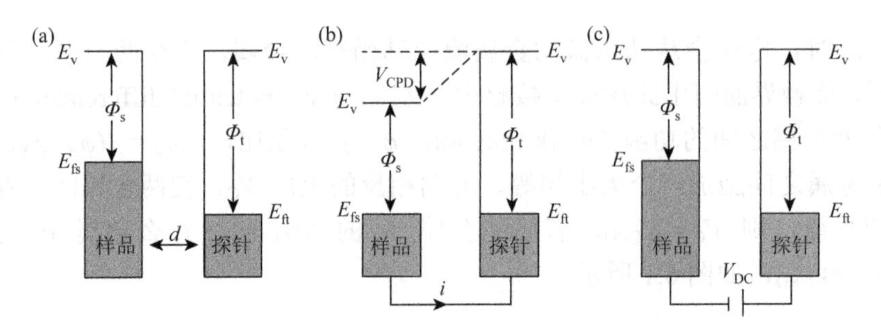

图 6.2　（a）针尖和样品之间距离为 *d*，没有电接触；（b）针尖和样品表面电接触；（c）外偏压（V_{DC}）施加于针尖和样品之间

E_v：真空能级；E_{fs}：样品的费米能级；E_{ft}：针尖的费米能级

（FM）模式[11]，但工作原理一致：在导电探针的功函已知情况下，针尖和样品未接触时，两者的真空能级与费米能级差值（功函）不同，当针尖慢慢接近样品时产生电子隧穿效应，使两者的费米能级拉平，此时针尖与样品接触面形成和真空能级的差值，即 CPD。此时施加额外的电压补偿针尖与样品表面之间的电压值，使两者之间电势差为零，该电压值即为测试样品的表面电势值。这两种模式都是在 AFM 的轻敲模式下进行的，依赖于外部包覆的 AFM 探针振荡（交流）电压。

AM 和 FM 两种模式的测量机制不同，分辨率也略有差异。AM 的目标是消除电场，能量分辨率高；而 FM 的目标是消除电场梯度，空间分辨率高[9, 12]。虽然通常情况下 FM 相较于 AM 模式具有更好的空间分辨率，但也有研究表明 AM 模式也可显示原子尺度分辨率的 KPFM 图像[13]。上述关于 FM 和 AM 模式的 KPFM 空间分辨率比较仅包括远程静电相互作用。然而，近期关于 FM 及 AM 模式 KPFM 局限性的理论研究表明，在原子尺度的 KPFM 表征中，近程静电相互作用更加重要，并且 FM-KPFM 和 AM-KPFM 模式的空间分辨率在亚纳米尺度范围同样具有限制[14]。在 AM 模式下测得的 V_{CPD} 能量分辨率高于 FM 模式。AM-KPFM 从振荡悬臂的共振峰值测量 V_{CPD}，可极大提高信噪比。相反，FM-KPFM 通过 FM 解调器探测 V_{CPD}，当信号通过 FM 解调器时会产生额外的噪声。由于 AM-KPFM 相较于 FM-KPFM 具有更高的信噪比，故而能量分辨率更高。

6.2　KPFM 方法在光催化材料研究中的应用

KPFM 的早期应用主要是研究接触带电现象，虽然已知不同材料之间接触会引起局部带电现象，但是带电过程的性质变化及带电模式的空间分布无法表征。目前，KPFM 已经成为材料科学等领域的一项重要测试技术。其由于可同时对材料形貌和电势进行成像，是表征材料表面电学特性，尤其是探究半导体光催化剂在光照条件下表面电荷转移、分离行为的有利技术手段，对分析材料的光生载流子传输、捕获及电荷转移机制等具有重要意义。当前 KPFM 在光催化中的主要应用大多集中在揭示电荷转移与分离特性，如研究单体材料电荷传输特性、晶面富集电荷属性或异质结体系中的电荷转移与分离机制等。

6.2.1 研究单体材料形态结构和晶面特征对电荷分离的影响

KPFM 在光催化的多种应用体系中均可用于探究材料的光生电荷分离行为。Zhou 等以 $InVO_4$ 材料为研究模型，对其分别进行超薄纳米片、纳米立方体及块体形貌调控并探究光催化还原 CO_2 性能差异及原因[15]。重点利用 KPFM 技术研究三种不同形貌 $InVO_4$ 的电荷分离特性。图 6.3 为原子层厚度的 $InVO_4$ 纳米片、$InVO_4$

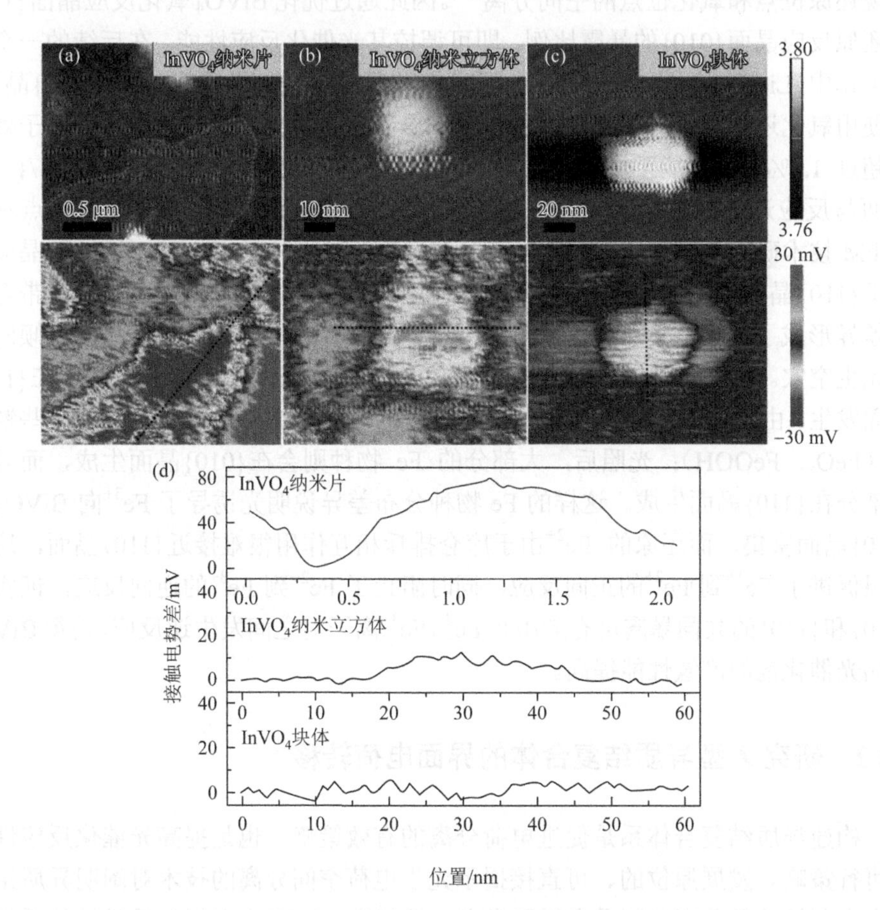

图 6.3 （a～c）原子层厚度的 $InVO_4$ 纳米片、$InVO_4$ 纳米立方体及块体 $InVO_4$ 的 AFM 图；（d）光照条件下的表面光电压变化图

纳米立方体及块体 $InVO_4$ 的 AFM 图及光照条件下的表面光电压变化图。对比发现，$InVO_4$ 纳米立方体和块状 $InVO_4$ 的表面电压在光照前后只表现出 5～10 mV 的变化；而超薄 $InVO_4$ 纳米片则具有 30～60 mV 的变化。上述结果表明光照后 $InVO_4$ 纳米片表面电子浓度显著增加，且电子浓度变化最为明显。KPFM 揭示了 $InVO_4$ 的超薄结构具有更高的电子-空穴对分离效率和更快的电荷输运特性；超薄的厚度有效缩短了光生载流子从催化剂体相到表面的迁移距离，进而减少体相复合，以实现光生电子在催化剂表面富集，更有利于 CO_2 的活化和进一步转化，因而最终表现出高的 CO_2 还原活性及选择性。

除了光催化还原 CO_2 应用研究外，KPFM 在光催化水氧化及光催化析氢反应等领域中也成为了揭示光生电荷富集、转移等性质的重要技术方法。Li 团队在 2013 年的研究工作中证实光生电子和空穴会在 $BiVO_4$ 单晶的不同晶面富集，从而实现还原位点和氧化位点的空间分离[16]。因此通过优化 $BiVO_4$ 氧化反应晶面{110}和还原反应晶面{010}的暴露比例，即可调控其光催化反应性能。在后续的一个研究工作中，Li 等以单晶 $BiVO_4$ 为例，通过精准调控 $BiVO_4$ 暴露的{010}/{110}晶面，在使用氧化还原离子对 Fe^{2+}/Fe^{3+} 条件下获得了高达 71%的光催化水氧化量子效率及超过 1.8%的太阳能至氢能转化效率[17]。为深入研究 $BiVO_4$ 暴露的{010}/{110}晶面与反应选择性之间的关系，作者进行了系列电荷分离表征，其中重点利用 KPFM 技术研究不同暴露晶面的电荷分布情况。对比发现，$BiVO_4$ 的{010}晶面相较于{110}晶面具有更负的表面势（图 6.4），这是由于{010}和{110}晶面能带弯曲的差异形成了内建电场。光生电子主要富集在{010}晶面，而{110}晶面更倾向累积光生空穴。因此，Fe^{3+} 会在{010}晶面被电子还原成 Fe^{2+}，水氧化反应则会在{110}晶面发生。由于 Fe^{3+} 的轻微水解，光照前在 $BiVO_4$ 的{110}晶面也会发现一些铁物种（FeO_x，FeOOH）；光照后，大部分的 Fe 物种则会在{010}晶面生成，而只有少部分在{110}晶面生成。这样的 Fe 物种分布差异说明光诱导了 Fe^{3+} 向 $BiVO_4$ 的{010}晶面富集，而还原的 Fe^{2+} 由于库仑排斥相互作用很难接近{110}晶面，这个结果促进了 Fe^{3+} 到 Fe^{2+} 的正向反应，同时阻止了 Fe^{2+} 到 Fe^{3+} 的逆向反应，证实了{010}和{110}的共同暴露可有效阻止 Fe^{2+}/Fe^{3+} 离子对之间发生逆反应，使得 $BiVO_4$ 单晶光催化剂的产氢性能提高。

6.2.2 研究 Z 型异质结复合体的界面电荷转移

构建异质结复合体系是促进电荷分离的有效策略，也是提高光催化反应性能的可行策略。发展原位的、可直接揭示光生电荷空间分离的技术对阐明异质结体系中电荷转移及分离机制具有重要意义。近年来，KPFM 在揭示异质结体系的电荷分离转移方面的应用逐渐受到关注。异质界面间的内建电场通常被视为电荷分

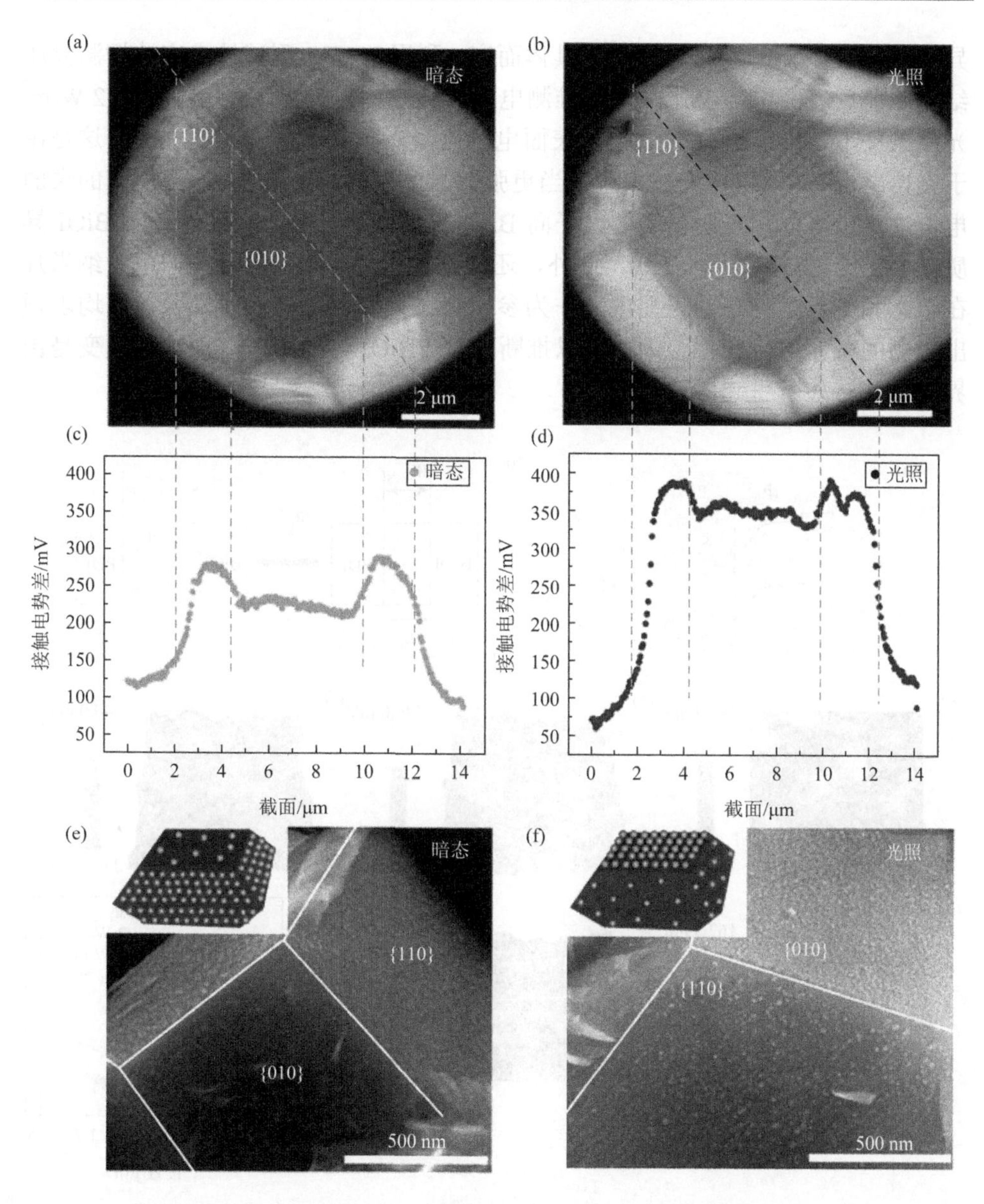

图 6.4 （a）黑暗和（b）光照下 $BiVO_4$ 晶体的 KPFM 图；（c、d）分别为（a）和（b）中的表面电势的横截面图；Fe^{3+}在（e）暗态和（f）光照射下吸附的 SEM 图像

离的主要驱动力，但同时以扩散作用控制为主的电荷分离也会存在，而这在光催化异质结体系中却很少被研究。Zhang 课题组通过离心辅助的连续离子层吸附反应，将超薄 BiOI 纳米片层覆盖在一维 PDI 微米线上，重点利用原位 KPFM 测试手段直接观测了光生电荷在异质界面间的局部分离现象，验证了 PDI/BiOI

异质结的 Z 型电荷转移路径[18]。具体而言，利用 KPFM 测试技术方法探测异质结光照前后表面电势变化，从而推测电荷转移方向。如图 6.5 所示，在 2 W/m^2 光照条件下，PDI/BiOI 异质结的表面电位比暗态条件下降低了 20 mV，这是由于光诱导电子在 BiOI 表面累积；当更强的光照射时（4 W/m^2），异质结的表面电位进一步降低，表明更多的电子向 BiOI 表面发生转移，证明了 PDI/BiOI 异质结中的 Z 型电荷转移模式。此外，还测试了单独 PDI 微米线和 BiOI 纳米片在暗态和光照条件下的表面电势作为参比。结果表明，两者在光照前后均表现出微弱的表面电位变化。因此可以推断，PDI/BiOI 异质结的表面电势改变是由界面电荷转移所引起的。

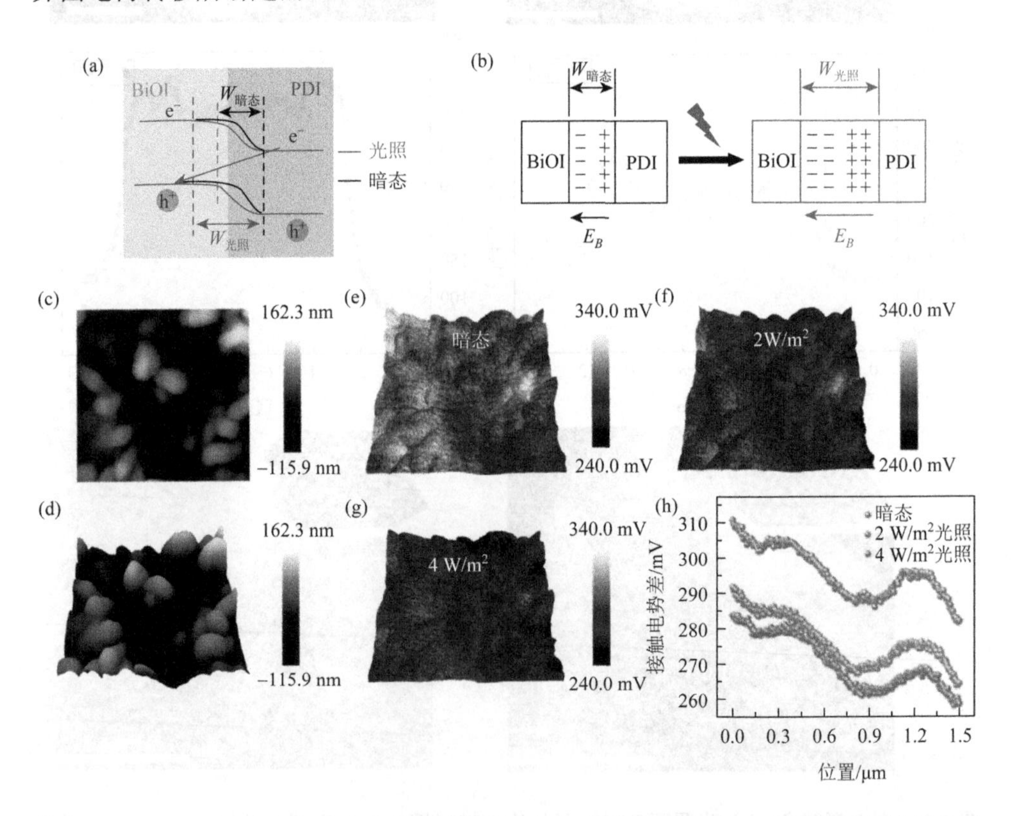

图 6.5 （a）BiOI 和 PDI 的能带结构示意图；（b）暗态/光照情况下，Z 型异质结载流子空间电荷传输宽度；（c）PB-5 异质结的 AFM 高度示意图；（d）PB-5 异质结的 3D 形貌示意图；（e）在黑暗下、（f）在 500 nm 的 2 W/m^2 光照下、（g）在 500 nm 的 4 W/m^2 光照下的表面电势图及（h）相应的接触电势差

在当前所研究的异质结体系中，Z 型异质结因其在促进电荷分离的同时还能够保持光生电子和光生空穴较高的热力学能，因此在光催化还原 CO_2、光催化分

解水等领域均表现出大的优势。揭示 Z 型异质结两组分材料的界面电荷传输路径是必要的。在早期的研究中利用 EPR 技术研究电荷转移路径是应用较为广泛且经典的方法之一[19]，近些年 KPFM 在表征异质结体系中的电荷传输方向尤其是验证 Z 型电荷传输路径方面受到关注。

Zhou 团队在早期的一项研究工作中，以 $WO_3/Au/In_2S_3$ 纳米线阵列为研究模型，重点利用光辅助的 KPFM 技术对 $WO_3/Au/In_2S_3$ 复合体界面的电荷转移进行了研究[20]。由于在 WO_3 纳米线表面覆盖的 Au 和 In_2S_3 含量均较少，因此利用 KPFM 测试在复合体材料上观察到的电位变化主要反映了 WO_3 的表面电势变化情况。当采用 410 nm 的单色光照射 WO_3 时，其表面电势增加了 115 mV［图 6.6（a），线 1］，这主要归因于 WO_3 的光生空穴从体相向表面迁移。在同一波长光照下，Au/WO_3 纳米线的表面电势仅仅增加了 40 mV，这一变化主要是光生电子向 Au 注入而引起的［图 6.6（a），线 2］。当 WO_3 与 Au/In_2S_3 复合后，其表面电势变化了 170 mV［图 6.6（a），线 3］，这表明 $WO_3/Au/In_2S_3$ 结构更有利于高浓度的光生空穴在 WO_3 表面的富集。为了进一步揭示所构筑的复合体结构的功能性，利用 KPFM 探究了不同组分激发情况下材料表面电势的变化。在 550 nm 光照条件下（只有 In_2S_3 可被激发），由于纳米 In_2S_3 在空间电荷区的能带弯曲，$WO_3/Au/In_2S_3$ 的表面电势仅增加 45 mV［图 6.6（a），线 5］，这说明 $WO_3/Au/In_2S_3$ 表面高浓度的光生空穴并不仅仅是 In_2S_3 的贡献，而是 $WO_3/Au/In_2S_3$ 独特的结构调控的有效电荷分离。对比发现，WO_3/In_2S_3 的表面电势变化仅为 70 mV［图 6.6（a），线 4］，而 $WO_3/Au/In_2S_3$ 表面电势变化的增量约为 WO_3/In_2S_3 的 2.4 倍，说明 Au 非常有利于促进 WO_3 和 In_2S_3 界面的电荷转移。

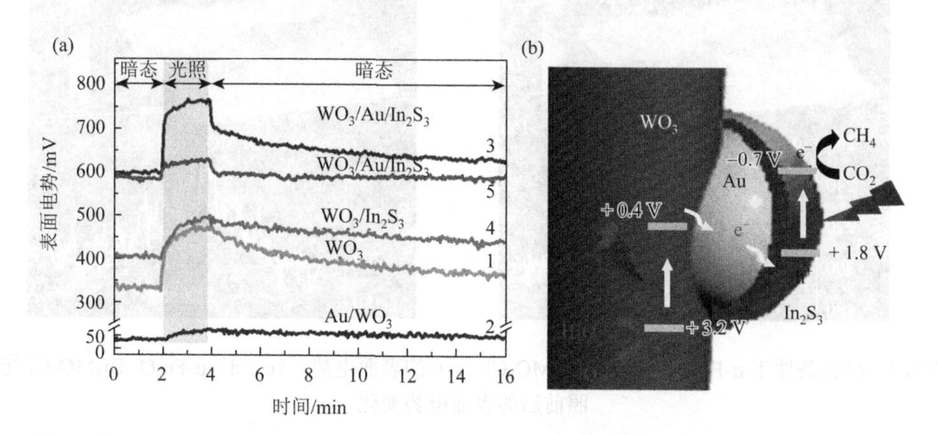

图 6.6　（a）WO_3 基样品的表面电势：线 1～4（$\lambda = 410$ nm），线 5（550 nm）；（b）$WO_3/Au/In_2S_3$ Z 型异质结中电荷分离和转移示意图

类似地，Huang 等在 Bi_4MO_8Cl（M = Nb，Ta）纳米盘表面原位锚定 α-Fe_2O_3

纳米点，构建了具有界面化学键和内建电场的 Z 型异质结，采用 KPFM 对催化剂的表面电势成像，可视化表征异质结复合体中光生电荷的分离和转移情况[21]。

如图 6.7 所示，在暗态条件下，α-Fe_2O_3/Bi_4MO_8Cl 表面电势的三维分布较 α-Fe_2O_3 及 Bi_4MO_8Cl 更为强烈，α-Fe_2O_3、Bi_4MO_8Cl 和 α-Fe_2O_3/Bi_4MO_8Cl 的表面电势分别为 12.9 mV、18.6 mV 和 44.7 mV，表明 α-Fe_2O_3/Bi_4MO_8Cl 具有最强的电场，可作为促进电荷分离和定向迁移的驱动力；而在光照条件下，α-Fe_2O_3/Bi_4MO_8Cl 的表面电势较暗态时下降了 13.3 mV，说明光生电子在 α-Fe_2O_3 表面累积，在界面电场驱动下，光生电子从 Bi_4MO_8Cl 向 α-Fe_2O_3 迁移，同时界面电场减弱。也就是说，α-Fe_2O_3 和 Bi_4MO_8Cl 界面的电荷转移符合 Z 型模式。

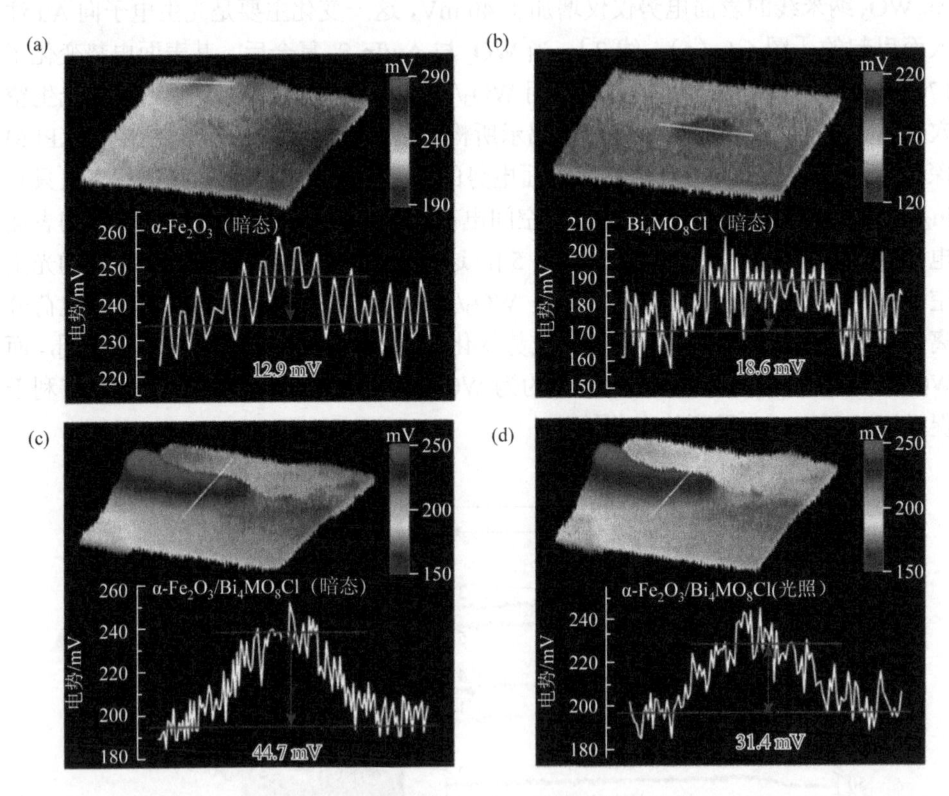

图 6.7 暗态条件下 α-Fe_2O_3（a）和 Bi_4MO_8Cl（b）的表面电势；（c，d）α-Fe_2O_3/Bi_4MO_8Cl 光照前后的表面电势变化

6.2.3 研究光生载流子在光电催化体系中的迁移行为

KPFM 除了在光催化体系中对电荷分离转移过程的揭示表现出一定的优势

外，在光电催化研究中也具有重要应用。Li 团队在一项研究工作中设计并组装了一个光电催化体系 $CoPO_3$/pGO/LDH/$BiVO_4$，并着重利用 KPFM 技术揭示了所构建的光电催化体系基于模仿自然光合作用系统（Ⅱ）的主要功能，在电荷分离和转移方面表现出优越性[22]。图 6.8 为制备的系列光阳极在暗态和 450 nm 单色光照射条件下的 KPFM 图像，Z 轴代表接触电势差（CPD），反映了光生空穴的浓度。被检测的所有光阳极在光照条件下的 CPD 均提高，意味着光生空穴向表面发生迁移。单体 $BiVO_4$ 光照前后的接触电势差变化量（ΔCPD）较小，约为 45 mV，这与其自身光生电荷分离较差有关。而 $CoPO_3$/pGO/LDH/$BiVO_4$ 光阳极的 ΔCPD 高达 560 mV，在被测样品中变化最为明显，这一结果表明 LDH 和 pGO 修饰极大地促进了 $BiVO_4$ 的光生空穴向 $CoPO_3$ 转移。

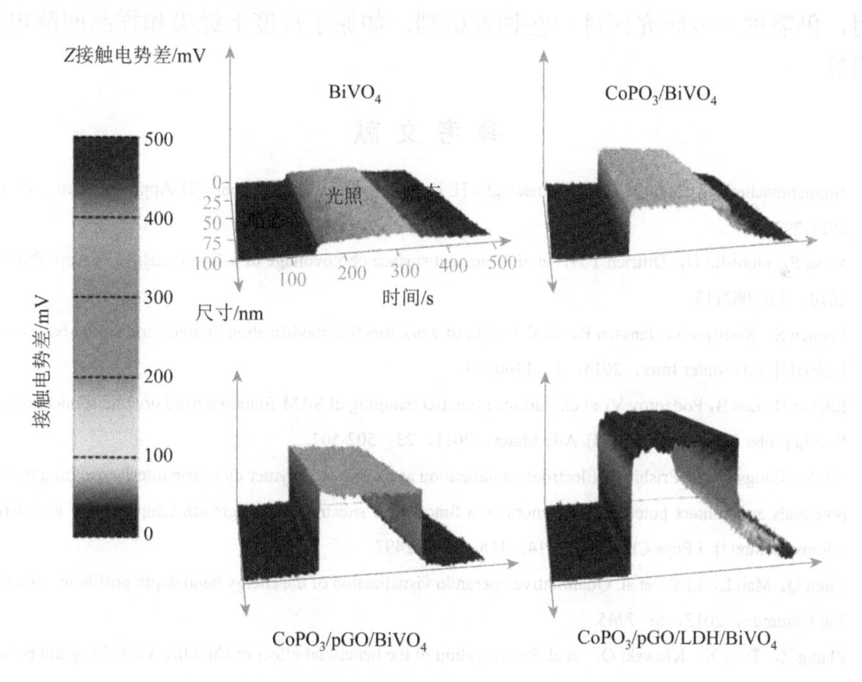

图 6.8　$BiVO_4$、$CoPO_3$/$BiVO_4$、$CoPO_3$/pGO/$BiVO_4$ 和 $CoPO_3$/pGO/LDH/$BiVO_4$ 光阳极在暗态和 450 nm 单色光照射条件下的接触电势差图像

6.3　小结和展望

KPFM 可以定量表征材料的功函、界面偶极以及能带弯曲等关键信息，当前在光催化领域已成为分析半导体材料表/界面电荷富集及转移等性质的一项重要技术。KPFM 可同时对材料形貌和表面电势进行成像，通过测试材料样品光照前后表面电势变化即可揭示单体或异质结体系表面电荷富集、分布、表界面电荷分

离和转移等，是一种空间分辨的准原位测试技术手段，为揭示光催化过程中所涉及的光生电荷分离行为提供了重要支持。

当前关于KPFM在光催化领域的研究主要集中在探究光照前后材料表面电荷的分布及变化，从而对电荷富集情况及界面电荷转移方向等进行解释与阐述。但是结合特定反应体系，引入与之相匹配的反应气氛并进一步深入探讨模拟真实反应条件的电荷分离表征仍欠缺标准化测试系统及方法建立，而这为提升KPFM在多种反应体系中对光催化材料的电荷行为分析提供了重要机会。此外，鉴于KPFM对材料表面电势的敏感性及表征材料表面电荷特性等多功能属性，其应用范围可进一步拓展至如量子点、有机器件、太阳能电池等器件领域，成为探索纳米结构电子特性的理想技术。同时值得关注的是，为实现原子分辨率KPFM更为广泛的应用，仍需进一步研究探讨一些物理机制，如原子尺度上针尖和样品间静电相互作用等。

参考文献

[1] Nonnenmacher M，Boyle M，Wickramasinghe H. Kelvin probe force microscopy[J]. Appl Phys Lett，1991，58：2921-2923.

[2] Mesa F，Gordillo G，Dittrich T H，et al. Transient surface photovoltage of p-type Cu_3BiS_3[J]. Appl Phys Lett，2010，96：082113.

[3] Reenen S，Kouijzer S，Janssen R，et al. Origin of work function modification by ionic and amine-based interface layersr[J]. Adv Mater Inter，2014，1：1400189.

[4] Ellison D，Lee B，Podzorov V，et al. Surface potential mapping of SAM-functionalized organic semiconductors by Kelvin probe force microscopy[J]. Adv Mater，2011，23：502-507.

[5] Wu Y，Haugstad G，Frisbie C. Electronic polarization at pentacene/polymer dielectric interfaces：imaging surface potentials and contact potential differences as a function of substrate type，growth temperature，and pentacene microstructure[J]. J Phys Chem C，2014，118：2487-2497.

[6] Chen Q，Mao L，Li Y，et al. Quantitative operando visualization of the energy band depth profile in solar cells[J]. Nat Commun，2015，6：7745.

[7] Zhang Z，Tang X，Kiowski O，et al. Reevaluation of the beneficial effect of Cu（In，Ga）Se_2 grain boundaries using Kelvin probe force microscopy[J]. Appl Phys Lett，2012，100：20390.

[8] Tello B，Chiesa M，Duffy C，et al. Charge trapping in intergrain regions of pentacene thin film transistors [J]. Adv Funct Mater，2008，18：3907-3913.

[9] Melitz W，Shen J，Kummel A，et al. Kelvin probe force microscopy and its application[J]. Surface Science Reports，2011，66：1-27.

[10] 金晨，许军，王慧云，等，高灵敏度开尔文探针力显微镜测量方法及其研究现状[J]. 微纳电子技术，2021，58（6）：545-557.

[11] Glatzel T，Sadewasser S，Lux-Steiner M. Amplitude or frequency modulation-detection in Kelvin probe force microscopy[J]. Appl Surf Sci，2003，210：84-89.

[12] Salerno M A，Dante S. Scanning Kelvin probe microscopy：challenges and perspectives towards increased

application on biomaterials and biological samples[J]. Materials，2018，11：951-968.

[13] Enevoldsen G，Glatzel T，Christensen M，et al. Atomic scale Kelvin probe force microscopy studies of the surface potential variations on the TiO_2（110）surface[J]. Phys Rev Lett，2008，100：236104.

[14] Nony L，Bocquet，Loppacher C，et al. On the relevance of the atomic-scale contact potential difference by amplitude-modulation and frequency-modulation Kelvin probe force microscopy[J]. Nanotechnology，2009，20：264014.

[15] Han Q，Bai X，Man Z，et al. Convincing synthesis of atomically thin，single-crystalline $InVO_4$ sheets toward promoting highly selective and efficient solar conversion of CO_2 into CO[J]. Journal of the American Chemical Society，2019，141：4209-4213.

[16] Li R，Zhang F，Wang D，et al. Spatial separation of photogenerated electrons and holes among {010} and {110} crystal facets of $BiVO_4$[J]. Nature Communications，2013，4：1432.

[17] Zhao Y，Ding C，Zhu J，et al. A hydrogen farm strategy for scalable solar hydrogen production with particulate photocatalysts[J]. Angewandte Chemie-International Edition，2020，59：9653-9658.

[18] Ben H，Liu Y，Liu X，et al. Diffusion-controlled Z-scheme-steered charge separation across PDI/BiOI heterointerface for ultraviolet，visible，and infrared light-driven photocatalysis[J]. Advanced Functional Materials，2021，31：21023.

[19] Jiang Z，Wan W，Li H，et al. A hierarchical Z-scheme α-Fe_2O_3/g-C_3N_4 hybrid for enhanced photocatalytic CO_2 reduction[J]. Advanced Materials，2018，30：1706108.

[20] Li H，Gao Y，Zhou Y，et al. Construction and nanoscale detection of interfacial charge transfer of elegant Z-scheme WO_3/Au/In_2S_3 nanowire arrays[J]. Nano Letters，2016，16：5547-5552.

[21] Zhu Z，Huang H，Liu L，et al. Chemically bonded α-Fe_2O_3/Bi_4MO_8Cl dot-on-plate Z-scheme junction with strong internal electric field for selective photo-oxidation of aromatic alcohols[J]. Angewandte Chemie-International Edition，2022，61：e202203519.

[22] Sheng Y，Ding C，Chen R，et al. Mimicking the key functions of photosystem Ⅱ in artificial photosynthesis for photoelectrocatalytic water splitting[J]. Journal of the American Chemical Society，2018，140：3250-3256.

第 7 章　光电化学方法

光电化学方法整合了光催化和电化学过程，将半导体材料固定在导电的基底上作为光阳极，施加外加电压，迫使光生电子和空穴定向运动，光阳极表面富集光生空穴发生氧化反应，而电子通过外电路到达光阴极表面发生还原反应。1972 年日本科学家 Fujishima 和 Honda 发现 TiO_2 在紫外光照射下可以分解水产生氢气，这一发现拉开了光电化学催化反应的序幕[1]。但从本质上来讲，光电化学的原理主要是基于光催化，即合适的半导体材料或者类半导体材料被大于或等于其带隙的光激发产生光生电子和空穴，然后光生电子和空穴发生分离并转移到光催化剂的表面，最后迁移到表面的光生电子和空穴分别可发生还原和氧化反应，或可通过电极产生电流，在这些过程中经常伴随着严重的体相复合和表面复合过程。光电化学在光催化的基础上引入了电场的作用，外加电场的存在可以为对电极的反应提供额外的能量，解决半导体的能带位置不足的热力学问题。同时外加电场还可以引起半导体自建电场强度的变化，减少光生电荷的复合，延长光生电荷的寿命。在光电化学体系中的性能评价指标，如光电流密度、光电转化效率、电荷转移电阻及起始电压等，与光生电荷的转移和分离及催化作用密切相关。因此，通过对材料的光电流密度及电荷转移电阻等进行分析，即可反映光催化材料光生电荷分离和转移性质等，是研究光生电荷行为的重要方法之一。

7.1　基本原理及测试模式

7.1.1　基本原理

半导体材料受到能量大于其带隙能的光辐照时，产生光生电子和空穴，其中大部分光生电子和空穴会发生复合，仅有少部分光生电子和光生空穴可以迁移到半导体材料表面。将半导体材料制备为光电极，并与辅助电极、电解质溶液组成光电化学池，当辐照光能量可激发半导体材料时，在外加电场作用下，可促进光生载流子的分离，光生空穴迁移至阳极表面引发氧化反应，而光生电子由外电路转移至阴极并在其表面引发还原反应，此时外电路的电流值称为光电流。在光电化学中，通常将在一个太阳光辐照下（AM 1.5 G 光照，光强

100 mW/cm^2），光电极产生的光电流与光辐照面积之比称为光电流密度（J）。J 通常由光吸收率、体相光生电荷分离效率以及表面电荷注入效率决定，其随外加偏压变化而变化。J 不仅和光电极对光的吸收和利用率有关，还与光生载流子的内部和界面的分离效率有关，内部的分离效率和界面的分离效率都是决定光电化学性能的重要因素，也可反映出光催化剂的光生电荷分离与转移能力。光电流密度可通过公式表示为

$$J_{\mathrm{P}} = J_{\max} \times (\eta_{\mathrm{abs}} \times \eta_{\mathrm{sep}} \times \eta_{\mathrm{inj}}) \tag{7.1}$$

其中，J_{P} 为实际测得的光电流密度；$J_{\max}$ 为半导体光电极具有的最大理论光电流密度；η_{abs} 为半导体光电极的光吸收效率；η_{sep} 为半导体光电极的电荷分离效率；η_{inj} 为半导体光电极表面电荷注入效率。因此 J 值可作为评价光生电荷转移与分离的重要指标，同时也可利用在不同测试条件下得到的 J 值计算对应的效率，如外加偏压光电转换效率（ABPE）、光电转化效率（IPCE）等，来评价光电极的光生电荷分离情况及光电催化性能[2]。

7.1.2　测试模式

测试的系统主要包括三方面，光源、三电极（两电极）反应电解池及电化学工作站，如图 7.1 所示。光源配备 AM 1.5 G 的滤光片，可通过单色仪或带通滤光片获得单波长入射光。电极系统通常使用的是三电极工作体系，包括工作电极、参比电极、对（辅助）电极。其中工作电极为实验中所研究和考察的电极，在光电化学测试中，其导电基底通常为导电玻璃。参比电极在测试过程中的电极电位几乎不会发生改变，常用氯化银电极或饱和甘汞电极。对电极通常为铂片或铂丝，主要作用为传导电流，与工作电极形成电流通路。此外，反应电解池中需添加导电的电解质溶液，常为水溶液体系。

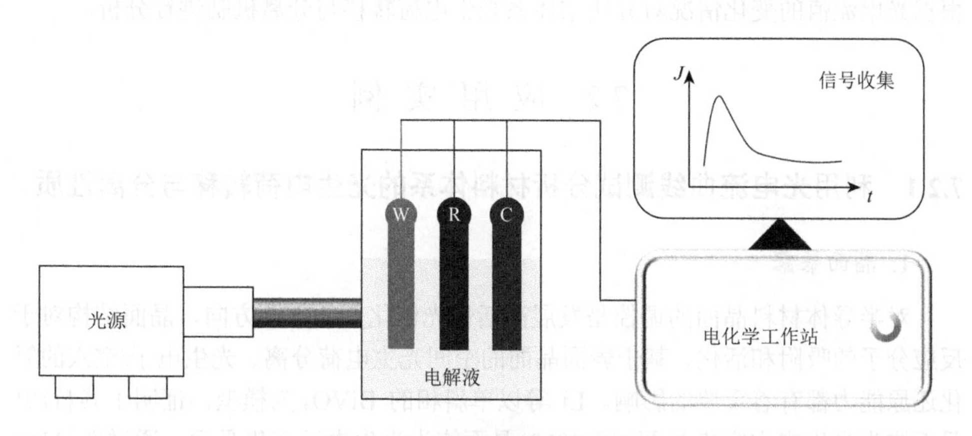

图 7.1　光电化学测试实验示意图

在光电化学测试中，使用电化学工作站以线性伏安扫描（LSV）技术记录光电极产生的光电流随电压的变化曲线（*J-V* 曲线），或通过计时电流技术记录在恒定电压下光电流随着时间的变化趋势（*J-t* 曲线）。在测量 *J-V* 或 *J-t* 曲线的过程中，可通过快门进行斩波光电流曲线测试，确认光电流是否来自光电响应。同时，依据开灯/关灯产生的瞬间光电流也可以对光电极表面光生电荷分离情况进行分析。常用的测试技术如下。

1. 线性扫描伏安法

线性扫描伏安法（linear sweep voltammetry，LSV）是指控制电极电势以恒定的速率变化，测量通过电极的响应电流。电极电势的变化率称为扫描速率，测试结果常以 *I-V* 或 *J-V* 曲线表示。在光电化学测试中，在光照条件下，施加连续线性变化的电极电势，并记录通过电极的光电流值，获得线性伏安曲线，进而可通过对比某一电极电势下的光电流，评价光电极的光生电荷分离与转移性能。

2. 计时电流法

计时电流法是指控制电极电势按照一定的具有电势突跃的波形规律变化，同时测量电流随时间的变化，习惯上也称作恒电势法。在光电化学测试中，常在光源稳定时（一个太阳光辐照或某一单波长辐照），在电极电势恒定条件下，测量通过电极的光电流值，测试结果常以 *I-t* 或 *J-t* 曲线表示，也称电流-时间曲线。通过对比不同样品在相同电极电势下的光电流值，可评价其光生电荷分离与转移性能，并可由光电流值随时间变化的情况，评价光电极的稳定性。

基于 *I-t* 曲线测试，光电流作用谱则是通过测量不同单波长光照，光强归一化的条件下，记录光电流值，进而分析光电极的光生电荷转移与分离过程。特别是在异质结体系中，根据半导体材料的吸光特性，通过选择合理的波长辐照光，可根据光电流值的变化情况对异质结体系光生电荷转移与分离机制进行分析。

7.2　应 用 实 例

7.2.1　利用光电流曲线测试分析材料体系的光生电荷转移与分离性质

1. 晶面暴露

对半导体材料晶面的调控是发展高活性光催化剂的重要方向，晶面结构对于反应分子的吸附和活化、基于表面晶面的空间光生电荷分离、光生电子/空穴的氧化还原能力都有着重要的影响。Li 等以单斜相的 $BiVO_4$ 为模型，证明了其{110}晶面族为光生空穴富集晶面，而{010}晶面族为光生电子富集晶面。通过在{110}

晶面定向沉积析氧助催化剂大幅改善了 $BiVO_4$ 光催化水氧化活性[3]。Chen 等成功合成了主要暴露晶面分别为{001}和{110}的 WO_3 纳米片和纳米线。通过理论计算发现 WO_3{110}面上的空穴有效质量比{001}面上的低，这导致{110}面上的空穴迁移率高于{001}面上的空穴迁移率[4]。因此，半导体材料特征晶面选择性暴露可以调控光生电子和空穴，进而促进光生电荷分离。

Jing 等报道了 SnO_2/010-$BiVO_4$ 复合体系用于光电催化 2, 4-二氯苯酚（2, 4-DCP）降解[5]。首先，分别制备了（100）晶面和（010）晶面暴露的 $BiVO_4$，并利用光电流密度曲线研究了不同晶面暴露的 $BiVO_4$ 的光生电荷分离性质。从图 7.2（a）可以看出，在 0.5～1.0V *vs.* Ag/AgCl 的电势窗口范围内，具有特定晶面暴露的 $BiVO_4$ 均比普通 $BiVO_4$ 表现出更高的光电流密度，其中（010）晶面暴露的 $BiVO_4$（010-BVO）比（100）晶面暴露的 $BiVO_4$（100-BVO）展现了更高的光电流密度，说明 010-BVO 具有最佳的光生电荷分离性质。进一步在电解液中加入 2, 4-DCP，如图 7.2（b）所示，所有样品的光电流密度均有增加，其中 010-BVO 增幅最大，可增加 23%，这可归因于 010-BVO 对 2, 4-DCP 的吸附能力最强，使得更多的空穴参与反应，从而最大化地促进了光生电荷的分离，获得最高的光电流密度。随后，进一步在 010-BVO 上复合 SnO_2 得到系列 SnO_2/010-BVO 复合材料，在电解液中加入 2, 4-DCP 的条件下，对其光电流密度进行测试，如图 7.2（c）所示。复合样品的光电流值均高于单独的 010-BVO，其中 5 wt%（wt%表示质量分数）SnO_2 负载的样品展现了最高光电流密度，这说明 SnO_2 的引入，促进了 BVO 光生电荷的分离，从而提高了其光电流密度。该工作中，$BiVO_4$ 光生电荷分离性能的提高可归因于暴露的（010）晶面上 Bi 原子的空轨道与 2, 4-DCP 上 Cl 的孤对电子之间强烈的络合作用，使 010-BVO 对 2, 4-DCP 具有强的选择性吸附，从而诱导空穴到表面攻击 2, 4-DCP，促进光生电荷分离。此外，引入的 SnO_2 可作为高水平电子能级接收光生电子，延长光生电子的寿命，进而促进光生电荷的分离，其电荷转移机制如图 7.2（d）所示。

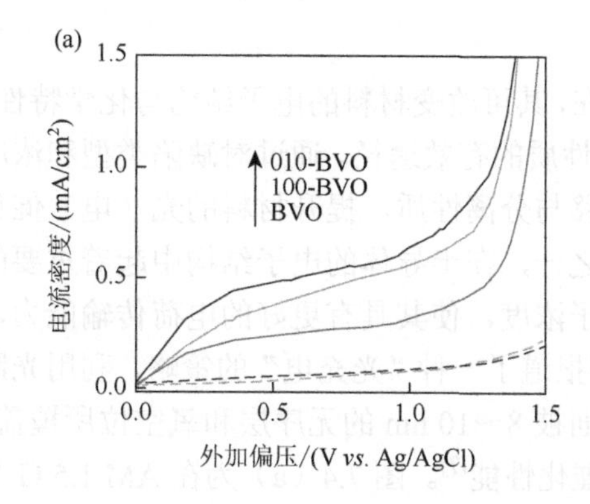

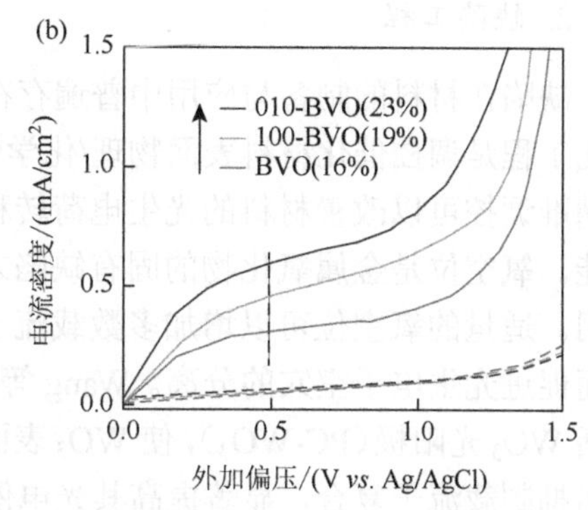

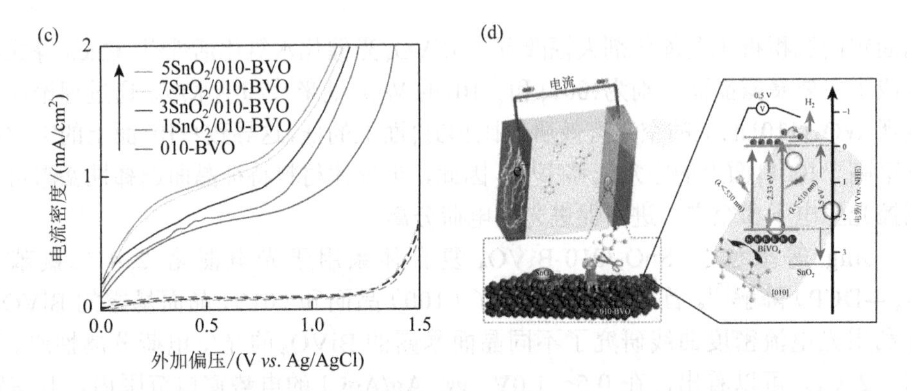

图 7.2　（a）不同晶面暴露的 $BiVO_4$ 光阳极的光电流曲线；（b）电解液为 0.5 mol/L Na_2SO_4 和 15 mg/L 2, 4-DCP 混合溶液条件下的不同晶面暴露 $BiVO_4$ 光阳极的光电流曲线；（c）系列 $x SnO_2$/010-$BiVO_4$ 复合光阳极的光电流曲线（x 为复合 SnO_2 相对于 $BiVO_4$ 的质量分数）；（d）异质结中电荷转移机制图

光源为 500 W 氙灯，虚线为暗态下

Zhang 等用富范德华带隙（VDWG）BiOCl 原子层实现纯水中光催化 CO_2 还原，CO 生产速率达到了 188.2 μmol/g，CO 产物选择性超过 97%。传统的类石墨烯二维层状材料是一类{001}晶面优先暴露、范德华带隙在侧边的半导体材料。该工作中制备了{010}晶面暴露 BiOCl 纳米片，区别于传统的类石墨烯二维层状材料，其二维平面内含有丰富的范德华带隙[6]。该课题组分别制备了{010}晶面暴露相对于总暴露晶面的比例为 76%（BOC-VDWGs-76）、78%（CBOC-VDWGs）和 99%（BOC-VDWGs-AL）的三种光电极，并对其进行了斩波光电流曲线测试（图 7.3）。可以发现光电流密度以 BOC-VDWGs-76、CBOC-VDWGs、BOC-VDWGs-AL 的顺序依次提高，其中 BOC-VDWGs-AL 的光电流值与 BOC-VDWGs-76 相比提高了约 11.5 倍。这可归因于 VDWG 的原子层具有较弱的激子约束能力，VDWG 暴露比例增加能够显著降低 BiOCl 纳米片激子结合能，提高电子空穴对分离效率。

2. 缺陷工程

缺陷在材料的制备与应用中普遍存在，其可改变材料的电子结构与化学特性。缺陷工程是调控催化材料表面物理/化学性质的有效途径。通过对缺陷类型和浓度的精准调控可以改善材料的光生电荷转移与分离性质，提升材料的光（电）催化性能。氧空位是金属氧化物的固有缺陷之一，在半导体的电子结构中起着重要的作用。适量的氧空位可以增加多数载流子浓度，使其具有更好的电荷传输能力，进而促进光生电子空穴的分离。Wang 等报道了一种“光充电”的策略，利用光照激活 WO_3 光阳极（PC-WO_3），使 WO_3 表面被 8～10 nm 的无序层和氧空位所覆盖，从而抑制载流子复合，显著提高其光电催化性能[7]。图 7.4（a）为在 AM 1.5 G 光

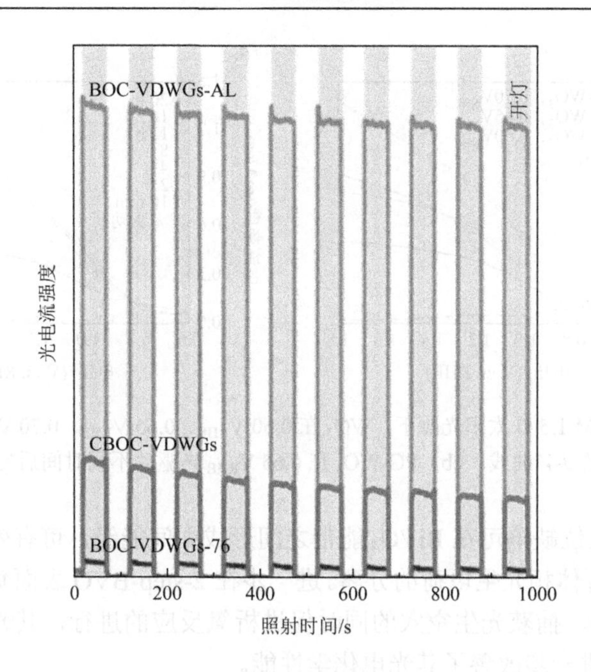

图 7.3 BOC-VDWGs-AL、CBOC-VDWGs 和 BOC-VDWGs-76 的斩波光电流曲线

光源为 300W 氙灯（λ≥400 nm）

照下的光电流密度曲线，当对 WO_3 进行光充电处理后，所有电极都表现出增强的光电流密度。原始的 WO_3 光阳极在 1.23 V_{RHE} 电压下，光电流密度仅为 0.4 mA/cm^2，而 PC-WO_3 的光电流密度最高可达 0.85 mA/cm^2，约为原始 WO_3 电流密度的 2 倍，这说明光充电后表面形成的无序层及氧空位有利于 WO_3 光生电荷分离。进一步，在 0.65 V_{RHE} 下对 WO_3 电极进行不同时间的光充电，并对其进行光电流曲线测试[图 7.4（b）]，以探究氧空位对其光电催化性能的影响。随着光充电时间的延长，光电流密度可从 0.4 mA/cm^2 增长到 0.85 mA/cm^2，在光充电 4 h 后，光电流值增长缓慢，光充电 20 h 后，光电流值几乎保持不变。这可以归因为随着光充电时间的延长，PC-WO_3 中逐渐出现了大量的氧空位，氧空位的出现促进了 WO_3 的光生电荷分离，进而展现了更高的光电流密度，同时 PC-WO_3 具有较好的稳定性。

Wang 等提出了利用硫氧化过程一步将 Bi_2S_3 前驱体转化为 $BiVO_4$（1-step-BVO），同时在获得的 $BiVO_4$ 光阳极上原位形成氧空位，大幅提高了 $BiVO_4$ 光阳极的电荷分离效率[8]。此外，研究发现利用两步硫氧化烧结法可在 $BiVO_4$ 体相中形成大量氧空位缺陷（2-step-BVO），获得高达 98.2%的电子空穴分离率。对制备的光阳极进行斩波光电流曲线测试，如图 7.5 所示。在 1.23 V_{RHE} 和 AM 1.5 G 模拟太阳光照射下，富氧空位的 2-step-BVO 光电流密度为 1.75 mA/cm^2，而 1-step-BVO 的光电流密度仅为 1.03 mA/cm^2，2-step-BVO 含有更多的氧空位缺

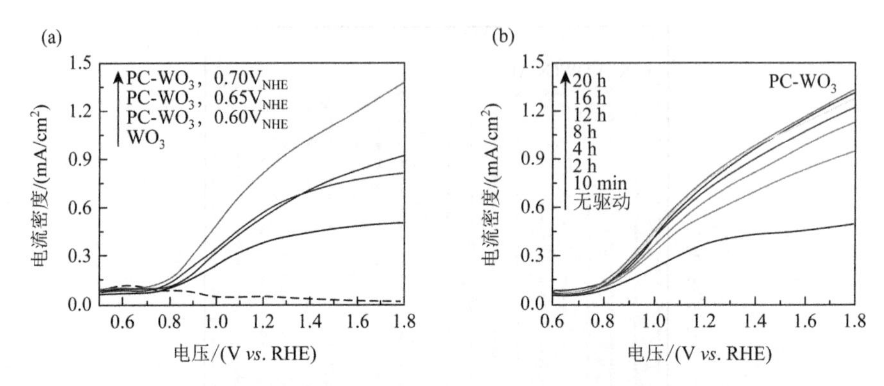

图 7.4 (a)在 AM 1.5 G 太阳光照下，WO_3 在 0.60 V_{RHE}、0.65 V_{RHE}、0.70 V_{RHE} 下光驱动 12 h 的光阳极的 *J-V* 曲线；(b)PC-WO_3 在 0.65 V_{RHE} 光驱动不同时间后的 *J-V* 曲线

陷，引入的氧空位缺陷可在 $BiVO_4$ 能带之间形成中间能级，可有效捕获光生空穴从而促进 $BiVO_4$ 体相光生电荷的分离。进一步在 2-step-BVO 表面负载析氧助催化剂 $NiFeO_x$ 薄层，捕获光生空穴的同时促进析氧反应的进行，其光电流密度可达 5.54 mA/cm^2，进一步改善了其光电化学性能。

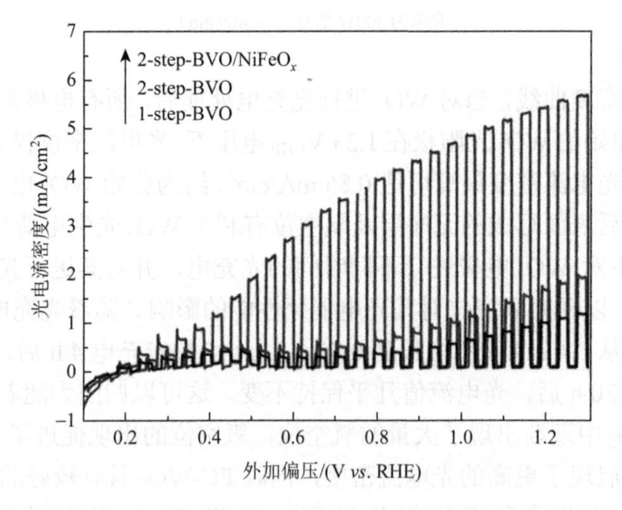

图 7.5 1-step-BVO、2-step-BVO、2-step-BVO-/$NiFeO_x$ 光阳极的斩波光电流曲线

光源为配备 AM 1.5 G 滤光片的 150 W 氙灯，光照强度约为 100 mW/cm^2

3. 表面极化

光（电）催化生产太阳能燃料过程中，如分解水制氢、CO_2 还原等，光生空穴与水的氧化过程是一个热力学爬坡反应，涉及多电子耦合的多质子转移过程，动力学缓慢，是整个反应的速控步骤。因此，发展对光生空穴的调控策略来改

善光（电）催化性能是不可忽视的可行途径。Jing 等发展了表面极化策略，通过在半导体表面修饰无机酸如磷酸或卤素离子等，使半导体表面形成负电场，诱导光生空穴快速到达半导体表面发生氧化反应，进而有效地促进了半导体的光生电荷分离[9]。如图 7.6(a)所示，Feng 等在 $BiVO_4$ 表面修饰磷酸后(8PO-BVNS)，其光电流密度明显提升，这归因于在水溶液中，修饰的磷酸基团电解后在 $BiVO_4$ 表面形成了表面负电场，诱导带正电荷的光生空穴快速到达薄膜表面，从而有利于光生电子有效分离，展现更高的光电流密度。在此基础上，进一步修饰 NiPc 对其光生电子进行了调控（2.6NiPc/8PO-BVNS），大幅提高了 $BiVO_4$ 的光电流密度。有趣的是，在后续修饰 NiPc 的过程中，磷酸基团的引入同时起到了分散 NiPc 的作用，使 NiPc 的最佳负载量从 1%提高到了 2.6%。如图 7.6（b）所示，该工作中引入的磷酸基团可以起到表面极化作用诱导光生空穴转移，同时起到分散 NiPc 的作用进而提升 NiPc 的有效负载量，进一步促进光生电荷的转移与分离[10]。

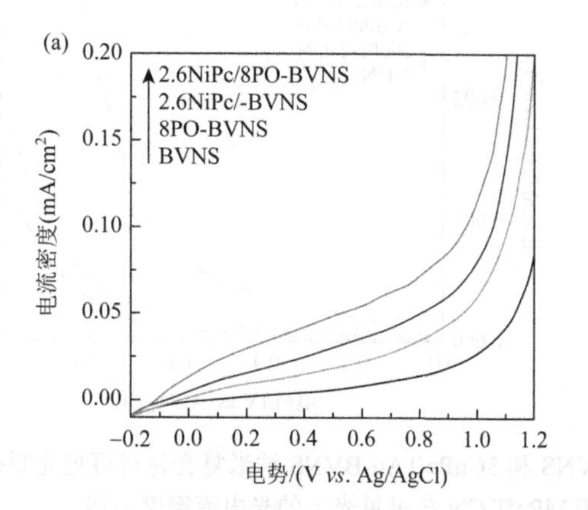

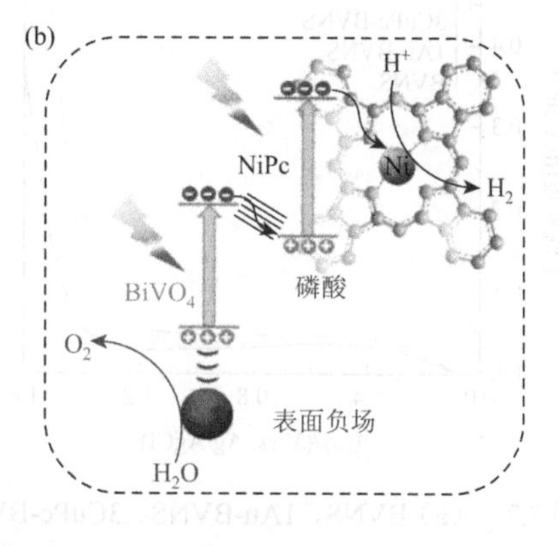

图 7.6 （a）BVNS、8PO-BVNS、2.6NiPc/BVNS 及 2.6NiPc/8PO-BVNS 的光电流曲线；（b）NiPc/PO-BVNS 光催化体系光生电荷转移与分离机制图

光源为配备 AM 1.5 G 滤光片的 150 W 氙灯，光照强度约为 100 mW/cm²

4. 异质结构建

构建异质结体系是有效促进光生电荷分离与转移的策略之一，多种异质结体系被广泛研究，如Ⅱ型异质结体系、Z 型异质结体系等。Bian 等利用可见光下的光电流曲线对所构建的宽可见光响应范围的 $CuPc/BiVO_4$ Z 型光催化体系的光生电荷分离性质进行了分析[11]。如图 7.7（a）所示，3wt% CuPc 修饰的 $BiVO_4$ 纳米片（3CuPc-BVNS）的光电流密度明显高于单独的 BVNS，这说明修饰的 CuPc 有利于促进 BVNS 的电荷分离。进一步在 BVNS 与 CuPc 界面引入金属 Au，可以发

现光电流密度大幅增加，引入的 Au 能够进一步加快 CuPc 与 BVNS 之间的界面电荷转移和分离，这可以归因于引入的 Au 能够诱导 $BiVO_4$ 的光生电子向界面定向转移并有效提高 CuPc 的分散性，从而增加 CuPc 的负载量，显著促进了 $BiVO_4$ 和 CuPc 之间的 Z 型电荷转移和分离。Sun 等通过羟基诱导组装构建了 MPc/g-C_3N_4 的异质结体系（MPc/T-CN，M = Cu，Co，Fe），并通过 *I-V* 曲线分析了不同 MPc 修饰对 CN 光生电荷分离的影响[12]。在图 7.7（b）中，MPc/T-CN 异质结都展现出高于单独 T-CN 的光电流密度，并且 CuPc/T-CN 异质结的光电流密度最高，这说明异质结的构建有效促进了 CN 的光生电荷分离，并且 CuPc 修饰表现了最佳的促进效果。这可以归因于 CuPc 的费米能级位置相较于 CoPc 和 FePc 与 T-CN 的费米能级位置更加匹配，有利于 T-CN 的高水平能级电子的转移，进而有效促进其光生电荷的分离与转移。

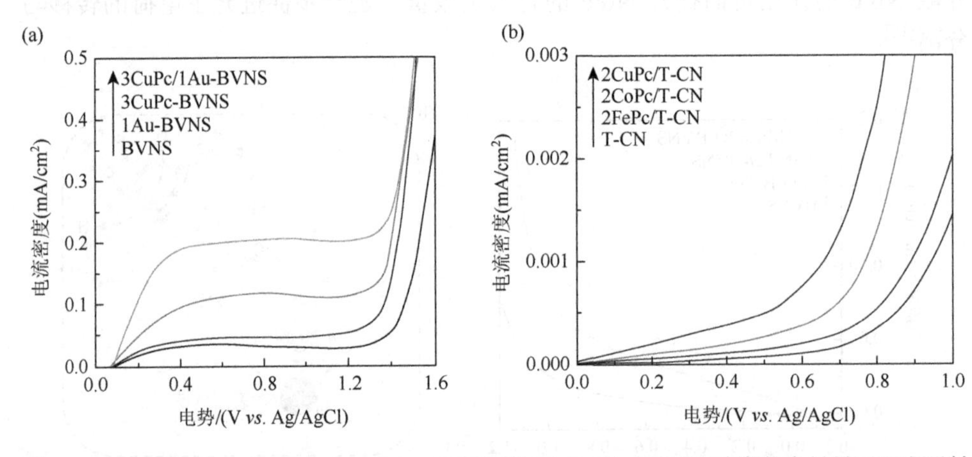

图 7.7　（a）BVNS、1Au-BVNS、3CuPc-BVNS 和 3CuPc/1Au-BVNS 纳米复合材料可见光照射下的光电流密度曲线；（b）T-CN 和 MPc/T-CN 在可见光下的光电流密度曲线

7.2.2　利用光电流作用谱对异质结体系光生电荷转移机制验证

异质结是半导体领域的重要概念，构建异质结不仅能调控材料的光响应范围，还可以实现光生电荷的快速分离，进而已经成为改善光催化活性的有效策略。通常，半导体材料的能带位置和费米能级可以决定异质结体系中光生电荷的转移路径，常见的异质结体系有Ⅱ型、p-n 型和 Z 型等。虽然异质结体系被广泛研究，但是异质结体系中的光生电荷转移机制研究仍具有挑战性，且研究手段也仍存在局限性。基于光电流曲线测试的光电流作用谱可以记录不同单波长下的光电流强度，因此可以通过合理化的设计，选择合适的波长进而对异质结体系中的光生电荷转移与分离机制进行分析。

传统Ⅱ型异质结中，光生电子和空穴分别向能量较低的导带及价带转移，光生电子和空穴通过这个过程在空间上实现了有效分离，进而大大降低了载流子复合概率，进而促进了光生电荷的转移与分离。传统Ⅱ型异质结虽然被广泛研究，但是往往牺牲了较高的光生电子和空穴的热力学反应能力。根据半导体能带理论以及光物理过程可知，在半导体材料的导带底上方存在一系列连续能级，而这些能级的位置往往是可以达到 0 eV 以上的，因此在能量大于其带隙能的光激发下会有一定量的光生电子被激发到这些连续的能级上，并且这些能级上的电子具有较强的还原能力。但这些高水平能级的电子会在极短的时域内弛豫到导带底，进而损失还原能力，最终与空穴发生复合，因此不能被有效利用。基于此，Jing 等通过引入导带位置较为合理的宽带隙半导体（如 TiO_2、SnO_2 等），利用其较高的导带作为平台接受半导体上所产生的高水平能级电子，进而在促进光生电荷分离的同时可以维持光生电子较强的还原能力，有效提高光催化性能，并通过单波长光电流作用谱证明了高水平能级电子转移过程[13]。如图 7.8（a）所示，在 0.4 V 电压下，归一化光电流随着激发波长的减小而逐渐增大，其与被激发电子的能级增加密切相关。特别是，与 $BiVO_4$ 相比，ZnO 修饰的 $BiVO_4$ 纳米异质结（Z-BV）在波长小于 530 nm 的光激发下光电流密度明显增强，此时 ZnO 未被激发，这说明 $BiVO_4$ 上的电子被激发至其导带上方的高水平能级上，并且可以转移到 ZnO 上，导致光电流密度的显著变化。其光生电荷转移过程如图 7.8（b）所示。值得注意的是引入 O—Si—O 后的 Z-0.5Si-BV 纳米复合材料的光电流密度明显高于 Z-BV，进一步证明了在可见光照射下，引入的硅酸盐可以作为电子桥，进一步促进电荷从 $BiVO_4$ 到 ZnO 的定向转移和分离[14]。类似地，如图 7.8（c，d）所示，该课题组利用光电流作用谱成功证明了构建的 MPc/g-C_3N_4（MPc/CN）异质结体系中的高水平能级电子转移机制，而并非仅存在普遍认为的光敏化机制，并结合单波长活性实验结果证明高水平能级电子转移机制对活性的贡献大于光敏化机

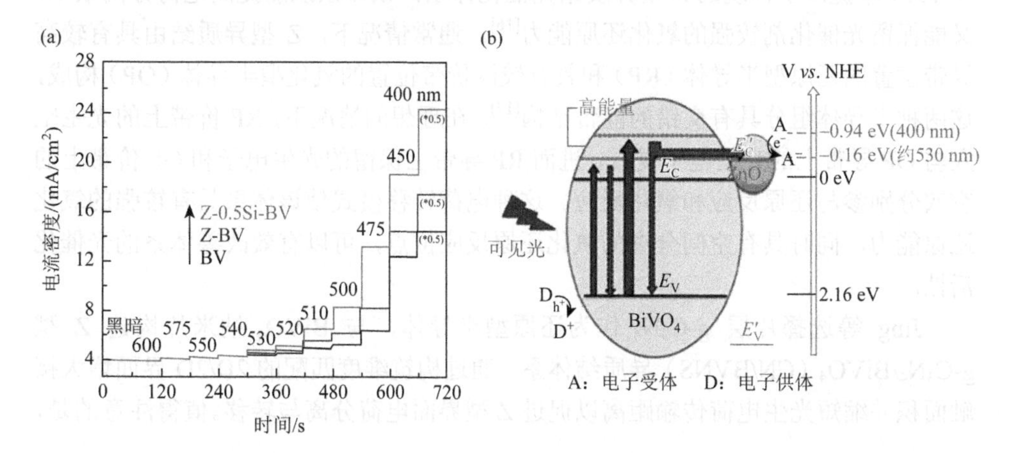

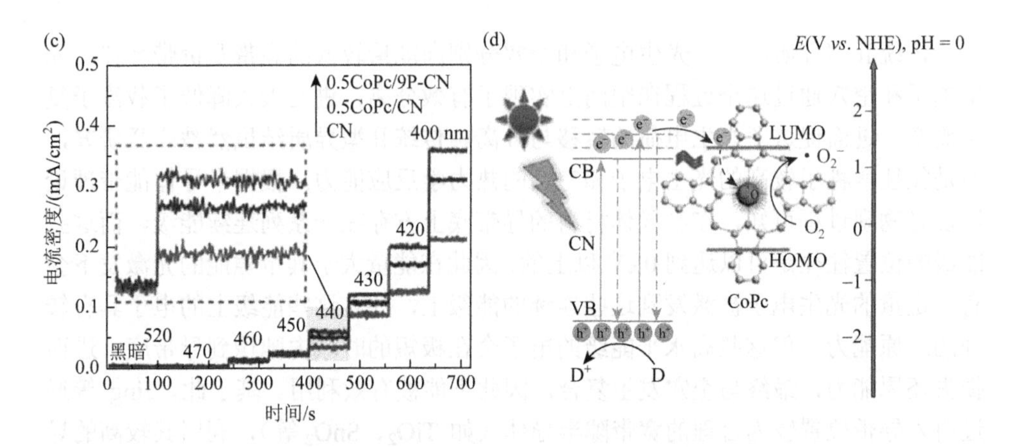

图 7.8　(a) Z-S-BV 异质结体系在不同激发波长下光电流密度曲线；(b) 可见光激发下，Z-S-BV 异质结体系的高水平能级电子转移机制图；(c) 磷酸调控 CoPc/CN 异质结体系的电流作用谱图；(d) 磷酸调控 CoPc/CN 异质结体系的电荷转移机制图

制。值得注意的是，g-C_3N_4 被激发产生的高水平能级电子可以首先转移到 MPc 的配体，随后再从配体转移至中心金属，这为异质结体系提供了还原反应催化位点，有利于光催化活性的提升。同时，针对 MPc 因分子间的 π-π 相互作用而易发生自聚集的问题，通过磷酸改性来增加 CN 表面羟基的数量，从而诱导高分散的 MPc 可控组装，进一步提高其负载量，促进异质结间的电荷转移。系列工作有助于对含酞菁金属异质结光催化体系的电荷转移的深刻认识和理解[12, 15]。

近年来，模拟自然光合作用的 Z 型异质结光催化体系已成为研究的热点。Z 型异质结的概念是基于传统的Ⅱ型异质结光催化剂的弊端而提出的，传统Ⅱ型异质结虽然能够促进电荷分离，但是往往牺牲了较高的光生电子和空穴的热力学反应能力。为了提高光催化剂的氧化还原能力，通过模拟植物的自然光合作用，Bard 在 1979 年提出了传统的 Z 型异质结光催化体系，该体系既能提高电荷分离效率，又能保留光催化剂较强的氧化还原能力[16]。通常情况下，Z 型异质结由具有较高导带位置的还原型半导体（RP）和具有较深价带位置的氧化型半导体（OP）构成，这两种半导体组分具有交错的能带结构[17]。在理想的情况下，RP 价带上的光生空穴与 OP 导带上的光生电子复合，进而 RP 导带上保留的光生电子和 OP 价带上的空穴分别参与还原反应和氧化反应。这种电荷转移模式使该体系具有较强的氧化还原能力，同时具有空间分离的氧化还原反应位点，可以有效改善体系的光催化活性。

Jing 等选择片层 g-C_3N_4 作为还原型半导体，与 $BiVO_4$ 纳米片构建 Z 型 g-C_3N_4/$BiVO_4$（CN/BVNS）异质结体系。通过构筑维度匹配的 2D/2D 界面增大接触面积并缩短光生电荷传输距离以促进 Z 型界面电荷分离与转移。值得注意的是，由于 BVNS 与 CN 能带位置是交错的，因此不可避免地会存在与 Z 型电荷转移模式相竞争的Ⅱ型电荷转移路径，而Ⅱ型电荷转移路径（光生电子从 CN 的导带向 BVNS 的导带转移，光生空穴从 BVNS 的价带向 CN 的价带转移）会使体系中的光生电子和空穴都向热力学能量降低的方向迁移，显然是不利于光催化性能提高的。针对这一科学问题，该课题组在 Z 型异质结体系的基础上，发展了引入宽带隙氧化物半导体作为能量平台的普适性策略，进一步引入（001）面暴露的 TiO_2（T）纳米片作为 CN 的能量平台，延长其光生电子寿命，促进 Z 型电荷转移和分离，并抑制与之相竞争的Ⅱ型电荷转移过程，形成了高效的联级 Z 型体系[18]。片层结构的 T 不但能满足还原 CO_2 的热力学电位，而且与 2D/2D CN/BVNS 复合材料维度匹配，能够最大化促进 Z 型电荷转移和分离，从而进一步提高光催化 CO_2 还原性能。其优化的 5T-15CN/BVNS 异质结在无助催化剂、无牺牲剂条件下的可见光催化还原 CO_2 至 CO 的产率可达 $BiVO_4$ 纳米片的 19 倍，活性甚至高于其他以贵金属调控界面的 Z 型异质结。该策略也适用于提高其他 Z 型异质结（如 C_3N_4/WO_3 和 C_3N_4/Fe_2O_3）的电荷转移和光催化性能。为了探究 CN 和 BVNS 之间的电荷转移机制，利用归一化的单波长光电流作用谱揭示 Z 型电荷转移和分离。如图 7.9（a）所示，BVNS 的光电流密度随着激发波长从 520 nm 减小到 400 nm 而逐渐增强；对于 CN，光电流密度则随着激发波长从 450 nm 减小到 400 nm 而逐渐增加，与其吸光范围相一致。15CN/BVNS 复合材料的光电流密度在相应的激发波长上遵循与 BVNS 和 CN 相似的规律。值得注意的是，当同时激发 BVNS 和 CN 时，复合材料的光电流密度急剧变大，大于单独 BVNS 和 CN 的光电流密度之和，这有力地证明了 CN 和 BVNS 之间符合 Z 型电荷转移规律。引入电子能量平台 T 后光电流响应进一步增强，说明 CN 的光生电子向 T 发生转移，进一步促进了电荷转移。为了揭示能量平台 T 复合后对 Z 型 CN/BVNS 纳米复合材料电荷分离的促进作用，在 FTO 玻璃上以不同的顺序分别旋涂 CN、BVNS 和 T 制备复合电极并对其进行光电流密度曲线测试。如图 7.9（b）所示，将 T 分别置于 BVNS 上方（5T/BVNS/15CN）和 CN 的上方（5T/15CN/BVNS），可以看到在可见光照射条件下 5T/15CN/BVNS 的光电流密度远高于 5T/BVNS/15CN 的光电流密度，这表明只有当 T 紧紧附着在 CN 上时才能促进 Z 型电荷转移与分离。如图 7.9（c）所示，在可见光照射下，BVNS 与 CN 遵循 Z 型电荷转移机制，BVNS 导带的光生电子与 CN 价带的光生空穴相复合；在 Z 型电荷转移的基础上，CN 导带的光生电子会进一步转移至引入的能量平台 T 上诱发 CO_2 还原反应。CN 的光生电子可以及时转移到引入的能量平台上，抑制光生电子在 CN 的导带上累积，因此极大地延长了其光生电子的寿命，进而大幅促进了 BVNS 与 CN 之间的 Z 型电荷转移。

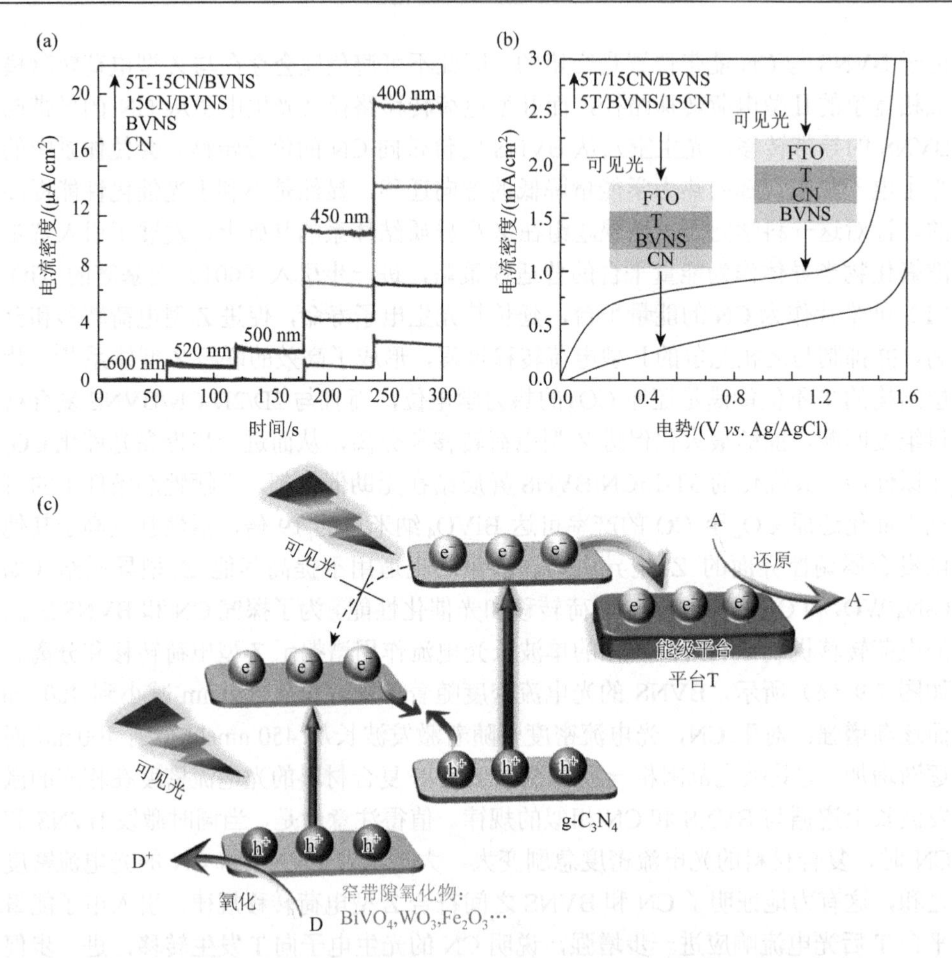

图 7.9　(a) CN、BVNS、15CN/BVNS 和 5T-15CN/BVNS 纳米复合材料的归一化单波长光电流作用谱；(b) 5T/15CN/BVNS 和 5T/BVNS/15CN 复合电极的光电流曲线；(c) 可见光照射条件下的联级 Z 型电荷转移机制图

Jing 等针对传统 g-C_3N_4/$BiVO_4$ Z 型异质结光催化剂的两组分光吸收范围重叠，且缺乏表面催化活性位点的问题，通过修饰与 $BiVO_4$ 具有独立吸光范围的 ZnPc 和 $BiVO_4$ 构建宽光谱响应的、含有催化活性中心的新 Z 型光催化体系[19]。并通过单波长辅助的光电流作用谱验证了 Z 型电荷转移机制。图 7.10 为不同样品的归一化单波长光电流作用谱，可以看到 $BiVO_4$ 纳米片（BVNS）的光电流密度随着激发波长由 520 nm 到 400 nm 变化而逐渐提高。ZnPc 的光电流密度则随着激发波长由 700 nm 到 600 nm 变化而逐渐提高，这与它的特征性吸光范围是相对应的。而复合样品 1ZnPc/BVNS 的光电流密度在相应的激发波长范围内遵循与 BVNS 和 ZnPc 相似的规律。也就是说，在这种单一激发波长扫描条件下，由于 BVNS 和 ZnPc 分别被激发，两者之间的电荷转移和分离性能较弱。然而，在 BVNS 可

以被激发的波长范围内，用 660 nm 的单色光辅助激发 ZnPc，复合样品的光电流密度在 520～400 nm 的波长范围内迅速提高。值得注意的是，1ZnPc/BVNS 样品的光电流密度远大于相应的单独 BVNS 和 ZnPc 光电流密度之和。进一步证明了 ZnPc 和 BVNS 之间符合 Z 型机制，促进了电荷转移和分离。在此基础上，该课题组针对 ZnPc 易发生自聚集的问题，通过两步羟基诱导组装法构建了 ZnPc/G/BVNS 纳米复合材料。通过对石墨烯进行酸处理再修饰在 BVNS 表面，有效增加了 BVNS 表面羟基的含量，从而诱导 ZnPc 高分散，进一步提高其负载量，促进两者之间的 Z 型电荷转移和分离[20]。结果表明，石墨烯修饰后可将具有最佳厚度的 ZnPc 的负载量从 1 wt%提升至 4 wt%，进一步提高了光催化 CO_2 还原活性，并利用光电流作用谱对其电荷转移机制进行了揭示。系列工作不但为高活性光催化材料的设计合成提供了新思路，而且为揭示 Z 型电荷转移与分离机制等提供了重要参考。

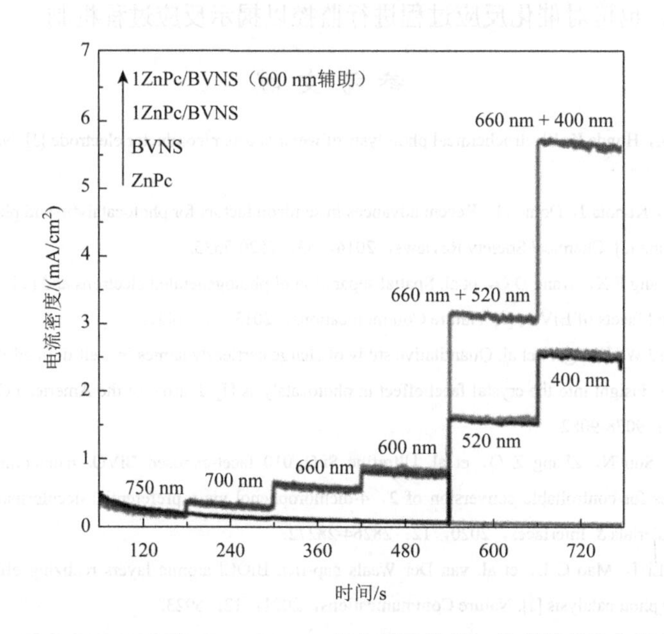

图 7.10　ZnPc、BVNS 和 1ZnPc/BVNS 复合材料的归一化单波长光电流作用谱

7.3　小结和展望

综上，利用原位 EPR 技术结合低温及自旋捕获等实验手段，对光催化反应过程中由光生电荷引发的材料体系中顺磁性物种的变化或反应体系中自由基物种的生成及产量进行监测，进而可以从热力学及动力学角度揭示光生电荷分离、转移机制，从而建立半导体的缺陷、掺杂、修饰调控、半导体异质结和催化中心等光催化材料结构因素与光生电荷分离性质及光催化性能之间的构效关系。

光电化学是揭示材料表面电荷转移与分离的有效方法。结合光电化学的三个过程（首先光催化剂被大于或等于其禁带宽度的光激发后产生光生电子和空穴；随后在自建电场或者界面电场的作用下，光生电子和光生空穴分别向两电极迁移，光生电子和空穴实现空间分离；最后传输到光电极表面的光生电荷注入到电解液中发生氧化还原反应），可以看出利用光电化学过程可有效揭示材料的光生电荷分离性质及光催化反应过程机制等。不同测试模式下的光电流密度变化情况可揭示光催化材料的光生电荷分离情况及异质结中光生电荷转移机制。

因此，可以通过合理的光电极设计，并结合多种光电化学测试模式，深入研究不同光催化材料体系的电荷转移与分离行为。此外，可以结合如瞬态吸收光谱、瞬态表面光电压技术等光物理技术，揭示界面电荷转移机制及实际反应条件下光生载流子的反应动力学过程，并通过与原位技术相结合，如原位红外光谱、原位拉曼光谱等，也可对催化反应过程进行监控以揭示反应过程机制。

参 考 文 献

[1] Fujishima A，Honda K. Electrochemical photolysis of water at a semiconductor electrode [J]. Nature，1972，238：37-38.

[2] Hisatomi T，Kubota J，Domen K. Recent advances in semiconductors for photocatalytic and photoelectrochemical water splitting [J]. Chemical Society Reviews，2014，43：7520-7535.

[3] Li R G，Zhang F X，Wang D G，et al. Spatial separation of photogenerated electrons and holes among {010} and {110} crystal facets of $BiVO_4$ [J]. Nature Communications，2013，4：1432.

[4] Lin R，Wan J W，Xiong Y，et al. Quantitative study of charge carrier dynamics in well-defined WO_3 nanowires and nanosheets：insight into the crystal facet effect in photocatalysis [J]. Journal of the American Chemical Society，2018，140：9078-9082.

[5] Yang J L，Sun N，Zhang Z Q，et al. Ultrafine SnO_2/010 facet-exposed $BiVO_4$ nanocomposites as efficient photoanodes for controllable conversion of 2，4-dichlorophenol via a preferential dechlorination path [J]. ACS Applied Materials & Interfaces，2020，12：28264-28272.

[6] Shi Y B，Li J，Mao C L，et al. van Der Waals gap-rich BiOCl atomic layers realizing efficient，pure-water CO_2-to-CO photocatalysis [J]. Nature Communications，2021，12：5923.

[7] Sun M，Gao R T，He J L，et al. Photo-driven oxygen vacancies extends charge carrier lifetime for efficient solar water splitting [J]. Angewandte Chemie-International Edition，2021，60：17601-17607.

[8] Wang S C，He T W，Chen P，et sl. *In situ* formation of oxygen vacancies achieving near-complete charge separation in planar $BiVO_4$ photoanodes [J]. Advanced Materials，2020，32：2001385.

[9] Sun R，Zhang Z Q，Li Z J，et al. Review on photogenerated hole modulation strategies in photoelectrocatalysis for solar fuel production [J].ChemCatChem，2019，11：5875-5884.

[10] Feng J N，Bian J，Bai L L，et al. Efficient wide-spectrum photocatalytic overall water splitting over ultrathin molecular nickel phthalocyanine/$BiVO_4$ Z-scheme heterojunctions without noble metals [J].Applied Catalysis B：Environmental，2021，295：120260.

[11] Bian J，Sun L，Zhang Z Q，et al. Au-modulated Z-scheme CuPc/$BiVO_4$nanosheet heterojunctions toward efficient

CO_2 conversion under wide-visible-light irradiation [J]. ACS Sustainable Chemistry & Engineering，2021，9：2400-2408.

[12] Sun J W，Bian J，Li J D，et al. Efficiently photocatalytic conversion of CO_2 on ultrathin metal phthalocyanine/g-C_3N_4 heterojunctions by promoting charge transfer and CO_2 activation [J].Applied Catalysis B：Environmental，2020，277：119199.

[13] Zhang Z Q，Bai L L，Li Z J，et al. Review of strategies for the fabrication of heterojunctional nanocomposites as efficient visible-light catalysts by modulating excited electrons with appropriate thermodynamic energy [J]. Journal of Materials Chemistry A，2019，7：10879-10897.

[14] Fu X D，Xie M Z，Luan P，et al. Effective visible-excited charge separation in silicate-bridged ZnO/$BiVO_4$ nanocomposite and its contribution to enhanced photocatalytic activity [J]. ACS Applied Materials & Interfaces，2014，6：18550-18557.

[15] Chu X Y，Qu Y，Zada A，et al. Ultrathin phosphate-modulated Co phthalocyanine/g-C_3N_4 heterojunction photocatalysts with single Co-N_4（Ⅱ）sites for efficient O_2 activation [J]. Advanced Science，2020，7：2001543.

[16] Bard A. Photoelectrochemistry and heterogenous photocatalysis at semiconductors[J]. Journal of Photochemistry，1979，10：59-75.

[17] Zhou P，Yu J G，Jaroniec M. All-solid-state Z-scheme photocatalytic systems [J]. Advanced Materials，2014，26：4920-4935.

[18] Bian J，Zhang Z Q，Feng J N，et al. Energy platform for directed charge transfer in the cascade Z-scheme heterojunction：CO_2 photoreduction without a cocatalyst [J]. Angewandte Chemie-International Edition，2021，60：20906-20914.

[19] Bian J，Feng J N，Zhang Z Q，et al. Dimension-matched zinc phthalocyanine/$BiVO_4$ ultrathin nanocomposites for CO_2 reduction as efficient wide-visible-light-driven photocatalysts via a cascade charge transfer [J]. Angewandte Chemie-International Edition，2019，58：10873-10878.

[20] Bian J，Feng J N，Zhang Z Q，et al. Graphene-modulated assembly of zinc phthalocyanine on $BiVO_4$ nanosheets for efficient visible-light catalytic conversion of CO_2[J]. Chemical Communications，2020，56：4926.

第8章　电子顺磁共振波谱

电子顺磁共振波谱（electron paramagnetic resonance spectroscopy，EPR）是研究含有未成对电子的磁性物种的波谱学方法。苏联物理学家 Zavoisky 于 1944 年首次实验发现电子顺磁共振现象，经过近 80 年的发展 EPR 在测试方法开发和物理、化学、生物等领域的应用都取得了长足进步。EPR 技术主要具有以下优势：①极高的检测灵敏度；②丰富的谱图信息，能够在一定程度上反映出被测物质电子、轨道和原子核等微观信息；③微波区工作使其不受体系透明度、散射等限制，仅对具有净自旋角动量的物种选择性响应；④易于实现反应环境下的原位测试，从而进行全过程、实时跟踪。因此，EPR 技术已经成为材料、化学、物理和生物等研究领域中，从分子或原子水平上揭示材料微结构及微观反应机制的重要手段之一。

光催化作为前沿的太阳能利用与转换技术，在水分解、CO_2 还原、环境污染物去除等应用领域均表现出巨大的潜力。但是，该技术仍然受限于光催化材料捕光能力、光生电荷分离效率、催化反应效率三个主要影响因素。其中涉及复杂的材料微结构调控、光生电荷行为研究、催化活性中心确认、反应中间活性物种和反应路径的揭示等，因此需要发展高灵敏度、简便可靠的原位表征方法。EPR 技术在光催化研究过程中表现出了显著优势。例如，能够对光催化材料中存在的一些常见顺磁性物种，如缺陷、部分非金属/金属位点或结点等微结构进行无损探测；利用低温和自旋捕获等技术对光催化反应过程中产生的高活性、短寿命的自由基等瞬态物种进行定性及定量分析。更为重要的是利用原位测试方法，可以在模拟反应条件下，通过监测上述物种的 EPR 信号的变化，揭示光催化材料体系与光生电荷行为及反应活性之间的构效关系。

本章将着重阐述基于 EPR 技术对光催化材料微结构、催化活性中心、自由基物种等表征与分析，从而揭示光生电荷分离机制的重要工作进展。

8.1　EPR 技术的基本原理

电子自旋作为电子的内禀属性，其自旋量子数 $S = 1/2$。如图 8.1 所示，不施加外磁场时（$B_0 = 0$），热运动使电子的自旋磁量子数（M_s）和自旋磁矩处于无规则状态，表观上的净自旋磁矩为零，即简并；施加外磁场后（$B_0 > 0$），自旋磁矩沿着磁场方向做重新排列，从而产生能级结构和布居数分配，即塞曼效应/分裂。当电子自旋方向与磁场反向时（自旋向下，用“↓”或“β”表示），即 $m_s = -1/2$，其对应的势能为 $E_\beta = -g_e\mu_B B_0/2$；当电子自旋方向与磁场同向时（自旋向上，用“↑”或“α”表示），即 $m_s = +1/2$，其对应的势能为 $E_\alpha = +g_e\mu_B B_0/2$。此外，若每个顺磁中心只含有一个未配对电子，那么电子总数为 N，热平衡状态下分布于 E_α 和 E_β 的布居数分别为 N_α 和 N_β，且施加外磁场 B_0 会导致自旋朝上的 α 态的布居数减小而自旋朝下的 β 态的布居数增加，最终使得整个体系的总能量下降，且 E_α 和 E_β 的能量差（ΔE）越大或温度越低，布居数之差（n）和磁化率（χ）都随之增大。

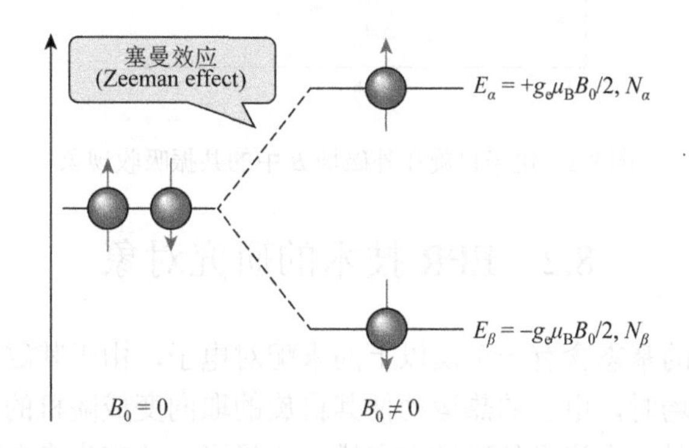

图 8.1　电子自旋在外磁场 B 中的塞曼分裂现象

Zeeman 能级间的跃迁涉及电子磁矩取向的改变，因此只有电磁波引起电子磁矩的重新取向，跃迁才能发生。如图 8.2 所示，若将电子的自旋状态由 E_β 变成 E_α，则需要从外界吸收能量 $\Delta E = g_e\mu_B B_0$，然后电子自旋由朝下变成朝上，$\Delta m_s = +1$；反之，电子自旋状态由 E_α 变成 E_β 时，则向外界释放能量 ΔE，然后电子自旋方向由朝上变成朝下，$\Delta m_s = -1$，此变化过程被称为共振现象，可产生相应的电子顺磁共振吸收谱，再通过一次微分处理将吸收谱转换成常规 EPR 测试的数据。这些跃迁所需的能量（ΔE）随着外磁场 B_0 的增大而增加。为了提供共振所需要的能量 ΔE，技术上有两种方式：①固定频率 ν，改变磁场强度使之满足 $\Delta E = g_e\mu_B B_0$，即扫场法。②固定外磁场强度 B_0，改变频率 ν 使之满足 $E = h\nu$，即扫频法。从技术角度出发，由于调变磁场更易做到均匀、连续、精细地变化，因此常见的 EPR 波谱仪都是采用扫场法。如图 8.2 所示，电子顺磁共振谱图主要包含四个参数，①谱线的峰-峰宽度（ΔH_{pp}）；②谱线的强度（H_{pp}）；③g_0 值或共振点位置；④超精细分裂常数。这些波谱参数可以反映出样品中被观测对象的自旋浓度、自旋弛豫特性、配位环境及电荷分布等物理化学信息。

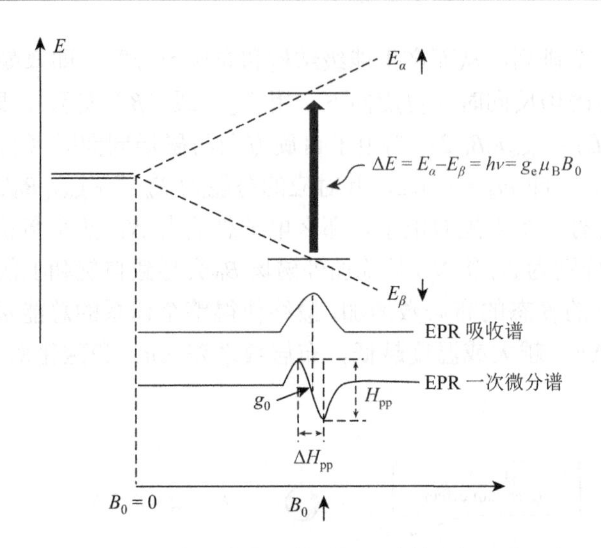

图 8.2　电子自旋在外磁场 *B* 中的共振吸收现象

8.2　EPR 技术的研究对象

顺磁性物质的基态含有一个及以上的未配对电子，由于其磁化率值很小，因此当没有外加磁场时，电子的热运动使其自旋的取向变成随机的且净自旋为零。当存在外加磁场时，自旋沿外磁场方向排列或投影，才产生净自旋。例如，气体分子（O_2、NO、NO_2）、碱金属原子、大部分过渡金属原子和离子、稀土原子和离子、自由基等物质，都含有一个或一个以上的未配对电子，因此都可作为 EPR 的研究对象。

在光催化领域，常见的 EPR 研究对象主要概括为以下几类：①固体中的晶格缺陷。在半导体光催化材料中通常存在晶格缺陷，或为了进一步改善其光催化性能而通过缺陷工程策略引入的缺陷，对缺陷的种类及空间分布等微结构的确认是十分关键的。例如，常见的 O 缺陷、N 缺陷、S 缺陷等非金属缺陷和 Ti 缺陷、Zn 缺陷、Bi 缺陷等金属缺陷。在这些缺陷中或附近会束缚一个或多个电子（空穴），从而形成了一个具有单电子的结构（如面心、体心等），因此可以产生对应的 EPR 信号。②金属离子。一些过渡金属、稀土和锕系金属离子由于其特殊的元素及化合物性质，常被作为光催化剂的主要成分、掺杂改性剂或助催化组分等。这些元素普遍具有电子排布不满的 p、d 或 f 轨道，使其具有多种价态进而易于形成未配对电子结构，如 Fe^{3+}、Co^{2+}、Cu^{2+}、Cr^{3+}、Ti^{3+}、Mn^{2+}等都是 EPR 的研究对象。同时，也可以通过这些元素在光催化反应过程中价态变化导致的 EPR 信号的改变来分析其电荷分离、捕获和催化机制等。③非金属离子。硼族、碳族、氮族以及氧族元素作为光催化领域研究最为广泛的非金属元素，几乎是构建光催化材料不可或缺的组分。这些元素在特殊价态下也是可以直接用 EPR 技术进行检测的，如在经典的氮掺杂 TiO_2 体系中，氮物种的存在形式（N、NO_2^-•）以及 TiO_2 的晶相结构，均会直接影响氮物种对应的 EPR 信号，而这为揭示氮掺杂对 TiO_2 光催化性能的影响机制提供了重要实验依据。④自由基。在光催化反应过程中往往涉及复杂的自由基反应过程，而这些自由基具有反应活性高且寿命较短的特点，因此对自由基物种进行原位反应条件下的定性和定量分析是揭示光催化反应机理的关键，同时也是实验技术上的难点。自旋捕获结合 EPR 测试技术具有检测灵敏度高、特异性选择性强且稳定可靠的优势，被广泛用于短寿、低浓度的瞬态自由基的检测。根据拟检测的自由基物种，选择合理的反应体系（溶剂、催化剂、光源等）以模拟或还原实际反应环境，再利用合适的探针分子捕获原位反应过程中产生的瞬态自由基，进而生成长寿命的自旋加成物并能够随反应时间累加，然后利用 EPR 对加成物进行检测得到特异性谱图，根据 EPR 谱图的参数信息进行解谱，从而实现对自由基物种的定性和定量分析。

8.3 测试系统及测量方法

8.3.1 EPR 测试系统

如图 8.3 所示，以 Bruker EMXplus 型电子顺磁共振波谱仪为例，该系统主要包括微波桥、电磁体、主机及电源控制系统等；为实现光催化原位测试，需要配

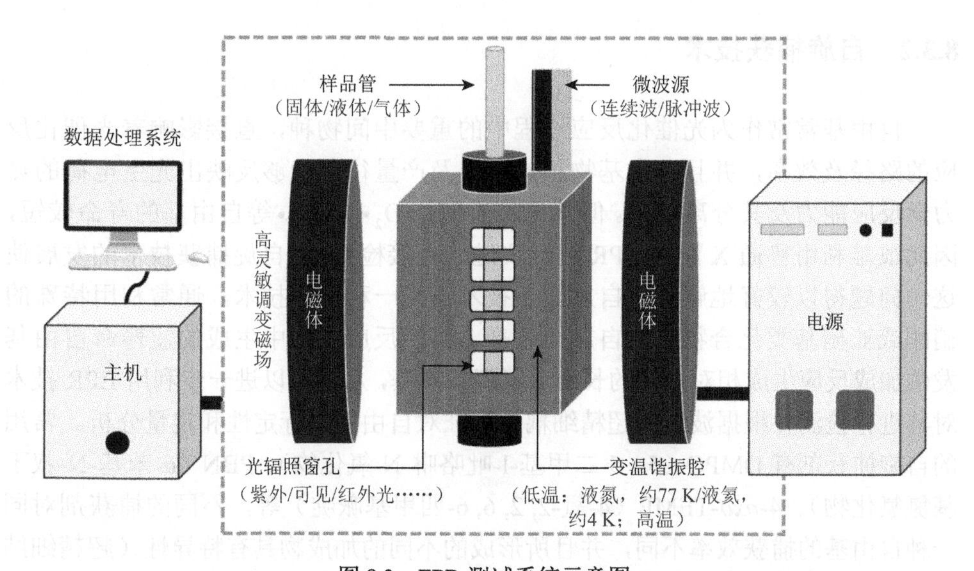

图 8.3　EPR 测试系统示意图

置带光照窗口的谐振腔、光源系统、样品管，以及用于变温测试的高/低温杜瓦、液氮和高纯氮气等。此外，也可以配置专用的液体反应池、电化学反应池等实现系列原位反应过程研究。

在光催化反应过程中，往往伴随着光催化材料中一些微结构的转变（如缺陷和过渡金属离子价态等）以及自由基物种的产生，而利用原位 EPR 可以实现对这些物种的实时直接检测——原位检测。即在模拟反应条件下，通过调变测试体系中反应物、溶剂/气氛环境以及光照条件等，研究光催化材料中顺磁性物种的变化规律，并且为了提高检测灵敏度往往需要在低温条件下进行测试，如常用的液氮约 77 K，液氦约 4 K。此外，为了实现对短寿命自由基中间物种的测试还需要额外加入自旋捕获剂。

例如，在原位光辐照条件下，研究固体光催化材料中顺磁性物种的变化情况，除了采用低温条件测试提高检测灵敏度以外，还要着重考虑反应气氛的影响，如 O_2 和 CO_2 等。在液相光催化反应体系原位 EPR 测试研究中，溶剂的极性和催化剂的分散稳定性往往也是必须考虑的要素。例如，水作为最常用的反应溶剂由于其介电常数较大，会大大降低检测灵敏度。因此，需要用毛细管盛装等方式减少样品伸入谐振腔的体积或采用将样品低温冷冻成冰的方式（冰的介电常数较低），进而实现高灵敏度检测。

其中，低温原位测试对检测短寿命自由基、含水样品以及过渡金属离子具有显著优势。尤其针对 Fe^{2+}、Fe^{3+}、Cu^{2+}、Mn^{2+}等过渡金属离子及其配合物，作为常见光催化材料组分，其激发态的电子弛豫时间较短，室温下较难捕获到相应的 EPR 信号，为此通常要求在液氮甚至液氦条件下测量。

8.3.2　自旋捕获技术

自由基常常作为光催化反应过程中的重要中间物种，直接影响着光催化反应的路径及效率，并且自由基物种的生成及产量往往能够反映出光生电荷的热力学反应能力及其分离效率。但常见的 •OH、O_2^-•、SO_4^-•等自由基的寿命较短，因此很难利用普通 X 波段 EPR 波谱仪进行直接检测，而自旋捕获技术的发展使这一问题得以较好地解决。自旋捕获技术作为一种探针技术，通常利用特殊的硝酮或亚硝基类化合物作为自旋捕获剂，可与反应过程中生成的短寿命自由基发生加成反应生成相对稳定的长寿命氮氧自由基，从而可以进一步利用 EPR 技术对其进行检测并根据波谱的超精细耦合特征对自由基进行定性和定量分析。常用的自旋捕获剂有 DMPO（5，5-二甲基-1-吡咯啉-N-氧化物）、PBN（α-苯基-N-叔丁基氮氧化物）、4-*oxo*-TEMP（4-氧-2, 2, 6, 6-四甲基哌啶）等，不同的捕获剂对同一种自由基的捕获效率不同，并且所形成的不同的加成物具有特异性（超精细结构）波谱信息。如图 8.4 所示，DMPO 作为一个环状的吡咯酮衍生物，其 C_α═N

极性双键上的 C_α 原子被自由基 R·进攻形成 DMPO-·R 加成自由基。通过其超精细耦合常数 A_N 和 A_H 的不同可以对响应的自由基物种进行确认。以最为典型的 DMPO-·OH 加成物为例，由于其 A_N=A_H，因此其 EPR 谱图为强度比 1∶2∶2∶1 的四重峰且谱图整体宽度为 45 G（1 G=10^{-4}T）。此外，当谱峰整体宽度≤45G 时往往对应 O 中心自由基，而大于 45G 时往往对应 C 中心自由基等[1]。因此，可以根据特征峰形和谱峰的二次积分面积对所产生的自由基物种进行定性及定量分析。

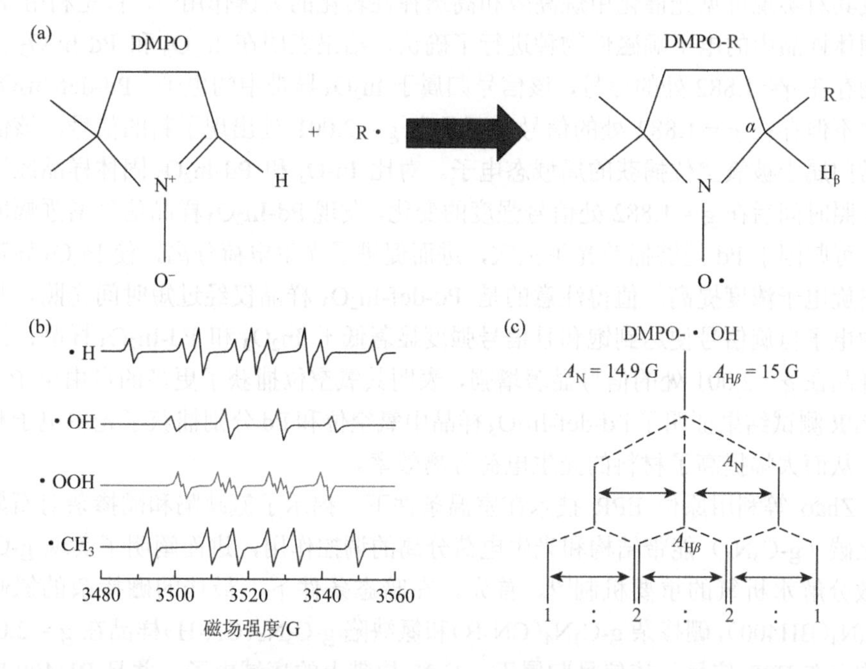

图 8.4 （a）DMPO 捕获自由基反应；（b）DMPO-自由基加成物的模拟谱图；（c）DMPO-·OH 加成物超精细分裂示意图

8.4 EPR 技术在光催化剂电荷分离研究中的应用

8.4.1 基于缺陷检测的光生电荷分离研究

半导体光催化材料中普遍存在缺陷结构，并显著影响着其光生电荷分离等过程。缺陷诱导产生的局域态通常位于半导体带隙内，可以选择性地捕获相应的载流子，实现光生电荷的空间分离，进而改善其光催化性能。例如，半导体光催化材料中的氧、硫、氮等非金属阴离子缺陷，所形成的正电中心会束缚电子，进而形成局域态电子，通常这些电子会产生 EPR 信号并且会受到缺陷周围原子束缚电子能力的影响；而钛、铜、锌等金属阳离子缺陷会形成负电中心进而束缚空穴，从而影响缺陷周围原子上的电子局域态，因此同样会产生 EPR 信号。此外，缺陷的种类、空间分布、密度等因素都直接影响着其在光催化材料中的作用。因此，利用原位 EPR 技术对光催化材料中的缺陷信号进行实时检测，能够揭示缺陷与光生电荷分离之间的构效机制。

例如，Luo 等利用原位 EPR 技术揭示了氧空位对 Pd-In_2O_3 光生电荷的调控机制及其对实现可见光催化甲烷高效和高选择性转化的关键作用[2]。首先利用 EPR 对固体样品中的电子顺磁性物种进行了确认，结果表明在 In_2O_3 和 Pd-In_2O_3 样品中均存在 $g = 1.882$ 处的信号，该信号归属于 In_2O_3 导带中的电子；Pd-def-In_2O_3 样品中不但存在 $g = 1.882$ 处的信号，而且在 $g = 2.001$ 处出现了新的信号，该信号通常归属于被氧空位捕获的局域态电子。对比 In_2O_3 和 Pd-In_2O_3 固体样品经过相同辐照时间后在 $g = 1.882$ 处信号强度的变化，发现 Pd-In_2O_3 样品信号增强幅度更大，可归因于 Pd 能够捕获光生空穴，进而促进了光生电荷分离，使 In_2O_3 导带中的自旋电子浓度提高。值得注意的是 Pd-def-In_2O_3 样品仅经过短时间光照，其导带中电子自旋信号便达到饱和且信号强度显著低于 In_2O_3 和 Pd-In_2O_3 样品；同时该样品在 $g = 2.001$ 处的信号显著增强，表明其氧空位捕获了更多的自由电子。上述 EPR 测试结果证明了 Pd-def-In_2O_3 样品中氧空位和 Pd 分别捕获了光生电子和空穴，从而大幅提高了材料的光生电荷分离效率。

Zhao 等利用原位 EPR 技术在室温条件下，揭示了氮缺陷和硼掺杂对石墨相氮化碳（g-C_3N_4）能带结构和光生电荷分离的调控作用，进而阐明了实现 g-C_3N_4 高效分解水析氧的重要机制[3]。首先，在暗态条件下，最佳的硼掺杂的氮缺陷 g-C_3N_4(BH400)，硼掺杂 g-C_3N_4(CN-B)和氮缺陷 g-C_3N_4(CN-H)样品在 $g = 2.0034$ 处均存在 EPR 信号，该信号归属于 g-C_3N_4 导带上的离域电子；并且 BH400 的信号强度显著高于 CN-B 和 CN-H 样品，表明 BH400 样品中具有最高的未配对电子浓度，主要归因于氮缺陷和硼掺杂破坏了三嗪环单元而形成了更多的不饱和位点，因此形成更多未成对电子，并且光催化反应过程中更利于光生载流子的产生。在光照条件下，发现 BH400 样品的信号增幅最为显著，这也表明该样品的确产生了更多的光生电子和空穴及较高的光生载流子分离效率。

Li 等利用原位 EPR 技术，证明了在 Bi 沉积 $BiPO_4$ 光催化体系中产生的 P 缺陷对提高光生电荷分离效率和可见光催化去除 NO_x 性能发挥了重要的协同作用[4]。在原位光辐照条件下，利用 EPR 技术证明了 Bi 原位沉积过程会使（102）晶面暴露的六方相 $BiPO_4$（Bi-HBPO-102）和（120）晶面暴露的单斜相 $BiPO_4$（Bi-MBPO-120）表面均产生较多的磷缺陷，并且缺陷信号随可见光照射时间的延长而增强，该信号的增强可归因于光生电子被缺陷捕获而使自旋电子浓度提高。此外，Bi-HBPO-102 样品信号提升幅度显著强于 Bi-MBPO-120 样品，表明 Bi-HBPO-102 样品具有更好的光生电荷分离效率。

在半导体掺杂体系中，杂原子的引入往往会带来空间极化或电荷不匹配等情况，同样会导致缺陷的产生，由此产生的掺杂物种或伴生缺陷同样会影响电荷分离过程。氮掺杂作为改善 TiO_2 可见光吸收的有效策略之一，如何实现高量氮掺杂一直是技术难点，并且在光生电荷分离机制方面存在争议。Wei 等重点利用 EPR 技术揭示了高氮量掺杂伴生氧缺陷及 Ti^{3+}缺陷物种对 TiO_2 光生电荷分离及氧活化能力的影响机制，进而提出了简单有效的缺陷修复策略，实现了对气相污染物的高效可见光催化降解[5]。如图 8.5 所示，氨化温度低于 600℃时，随着氨化温度的提高，氧空位（$g=1.996$）的量提高；但当氨化温度达到 650℃时，出现了新的缺陷物种信号，该信号归属于 Ti^{3+}（$g=1.974$）。同时自旋捕获 EPR 结果表明其电荷分离和氧活化性能显著下降，说明体系中 Ti^{3+}为载流子复合中心。因此，在保留掺杂氮的同时有效去除 Ti^{3+}缺陷有望改善电荷分离和光催化性能。在此基础上，发展了光辅助的 H_2O_2 氧化修复策略，并通过 EPR 测试证明了该方法显著优于传统的 O_2 煅烧方法，既可以彻底氧化 Ti^{3+}缺陷，同时又保留了氧缺陷和掺杂氮。最终使氮掺杂 TiO_2 的可见光生电荷分离效率和光催化降解气相乙醛的性能得到了显著提高。

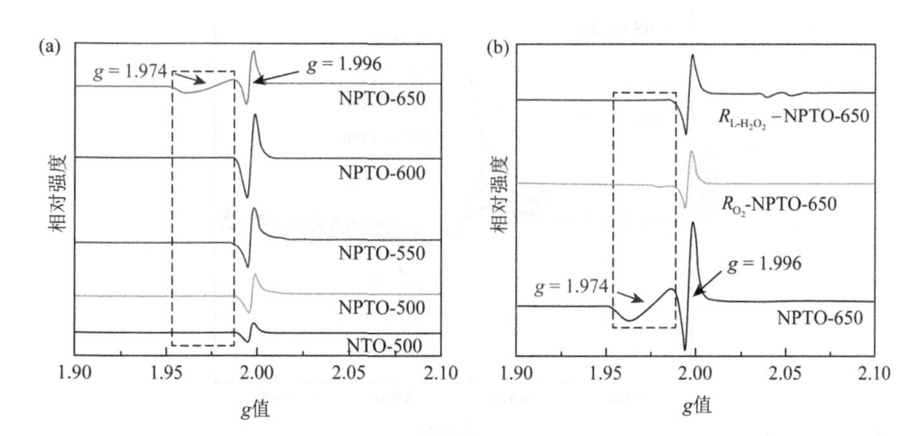

图 8.5　（a）不同氨化温度的氮掺杂 TiO_2 的 EPR 谱图；（b）氮掺杂 TiO_2、O_2 热处理 TiO_2、H_2O_2 处理 TiO_2 样品的 EPR 谱图[5]

8.4.2　基于顺磁性离子检测的光生电荷分离研究

在常见的金属氧化物半导体、新型的金属有机骨架化合物，以及众多复合改性的光催化材料体系中，过渡金属离子、碱金属离子及稀土离子等常作为材料的主体成分、掺杂组分、材料结点及催化位点等，往往对光催化材料的光吸收、光生电荷分离和表面催化能力等性质起着决定性作用。尤其在光催化过程中，这些离子通常直接参与光生电荷的捕获、转移及后续催化反应，因此往往伴随着价态或轨道电子状态的变化，继而发生顺磁性质的转变，从而利用 EPR 技术对其变化过程进行原位检测及分析便可揭示光催化材料体系中光生电荷分离和转移机制。

1. 揭示催化中心对光生电荷分离的影响。

Zhang 等利用自下而上的策略在 TiO_2 上实现了 Cu 单原子（CuSA）的高度分散和大负载量（＞1 wt%），使样品表现出较高的产氢效率，并重点利用原位 EPR 对样品中作为催化中心的铜物种进行了监测[6]。如图 8.6 所示，CuSA-TiO_2 样品中存在 Cu^{2+}的信号峰，但是当催化剂经过一定时间光照后，该信号峰强度明显减弱，而停止光照且暴露在空气中一段时间后，Cu^{2+}信号峰强度迅速升高，结合 XPS 结果证明 Cu^{2+}与 Cu^{+}之间的氧化还原转换。在光催化分解水反应过程中，TiO_2 产生的光生电子迅速转移到 Cu^{2+}形成 Cu^{+}达到分离光生电荷的目的。由于水体系中氧气含量稀少，因此 Cu^{+}会将电子转移给 H_2O 释放出 H_2 从而恢复到 Cu^{2+}，从而实现以 Cu^{2+}作为催化位点完成光催化分解水产氢的过程。

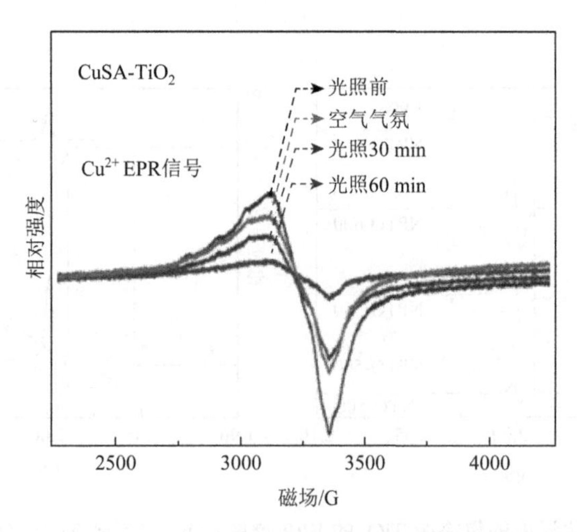

图 8.6 CuSA-TiO_2 样品的原位 EPR 波谱[6]

Jiang 等利用低温原位 EPR 技术证实了在其所构建的 TiO_2-in-MOF 材料体系中的催化活性位点，进而揭示了光生电荷分离机制[7]。首先，在 He 气氛下对样品进行暗态的 EPR 测试，在 $g = 1.97$ 位置处的信号可归属于 MOF 骨架中的 Cr^{3+}。经过 20 min 光照后，发现该信号强度明显减弱，表明 Cr^{3+}离子价态发生了改变，导致了顺磁性减弱，结合 XPS 等测试结果确定 Cr^{2+}的形成。在此基础上，进一步

原位引入 CO_2 反应气，发现 Cr^{3+} 离子信号显著增强，这表明所生成的还原态 Cr^{2+} 可以还原 CO_2，从而恢复到 Cr^{3+} 氧化态。至此，证实了 MOF 骨架中的 Cr^{3+} 作为催化活性中心，能够捕获来自 TiO_2 的光生电子进而催化还原 CO_2，从而表现出非常高的光催化性能。

2. 揭示金属结点对光生电荷分离的影响

EPR 技术也被用于研究金属有机骨架材料（metal-organic framework，MOF）中配体到金属结点的电荷转移（ligand-to-metal charge transfer，LMCT）机制。例如，Cadiau 等为揭示一种新型 Ti-羧酸盐 MOF 中的电荷转移机制，分别在暗态、紫外光和可见光照射下对样品进行原位 EPR 测试[8]。相比于暗态条件下，样品在紫外光和可见光照下的 EPR 信号均有显著提高，且在 $g = 1.944$ 和 $g = 1.902$ 处出现了归属于 Ti^{3+} 的共振峰，而 Ti^{3+} 的生成不仅证明了所制备的 MOF 材料的确能够被可见光激发，也表明了其光生电荷转移机制是光生电子从有机配体向中心金属 Ti^{4+} 转移的 LMCT 过程。Keum 等利用原位 EPR 和自旋捕获 EPR 技术阐明了所制备的新型的钛-卟啉气凝胶（TPA）材料的光催化性能显著优于常规的钛-卟啉 MOF（DGIST）材料的机制[9]。首先，分别对 TPA 和 DGIST 样品在惰性环境下进行了光照（400～800 nm），并测试其光照前后的 EPR 信号。结果表明，经过光照后，两个样品中的 Ti^{3+} 的信号均有显著增强，且 DGIST 的信号强于 TPA 样品，证明前者的光生电子转移给 Ti^{4+} 生成 Ti^{3+} 的效率更高，但这与 TPA 样品表现出的更高的光催化活性似乎矛盾。为此，进一步利用 DMPO 和 4-oxo-TMP 分别作为 O_2^-• 和 $^1O_2$ 的捕获剂对光催化反应过程中产生的活性自由基物种进行检测，结果表明 TPA 能够产生更多的自由基物种，而这主要归因于 TPA 样品特殊的多级孔结构有利于 O_2 等反应物在材料中的扩散，因此表现出了更高的光催化性能。

3. 揭示晶面对光生电荷分离的影响

Zhou 等利用低温/原位 EPR 技术揭示了在 TiO_2 的（001）与（101）两个晶面上光生电子向吸附质转移的能量不同[10]。首先，在低温和紫外光照条件下，发现暴露不同晶面的 TiO_2 均会产生 Ti^{3+} 的信号（$g = 1.98$）且 Ti^{3+} 物种较为稳定；然后，分别原位引入具有不同电子亲核能的电子捕获剂硝基苯（NB，1 eV）、*p*-苯醌（PBQ，1.9 eV）和四氰基乙烯（TCNE，2.3 eV），结果表明三种电子捕获剂均能捕获 TiO_2（101）上产生的光生电子，从而使得 EPR 中的 Ti^{3+} 信号消失。同时，仅有 PBQ 和 TCNE 可少量捕获 TiO_2（001）上的光生电子，进而使得其 Ti^{3+} 信号小幅降低，并且在 TiO_2（101）+ PBQ 体系中检测到了原位生成的 PBQ^- • 自由基的信号，而在 TiO_2（001）+ PBQ 体系中未检测出相应的信号。上述结果证明了 TiO_2（101）相较于 TiO_2（001）具有更浅的电子捕获态，因此具有较低的电子转移能。最后，通过自旋捕获实验还检测到无论 TiO_2（101）还是 TiO_2（001）体系中均能产生 $\cdot COO^-$ 自由基，进而证明二者产生的光生空穴都能引发 C—H 键断裂。

4. 揭示异质结对光生电荷分离的影响

在异质结体系中伴随着光生电荷的空间转移和分离，常常起到催化中心作用的过渡金属离子由于捕获光生电子或空穴使其电子布居甚至价态发生改变，进而表现出电子顺磁性的变化，因此可以作为 EPR 的检测对象进而解释其电荷分离机制。例如，在研究酞菁锌（ZnPc）和超薄钒酸铋（BVNS）构建的新型异质结材料电荷转移机制过程中，便利用了低温原位 EPR 技术对其进行验证[11]。如图 8.7 所示，当用紫外-可见光照射 ZnPc/BVNS 复合样品时，BVNS 和 ZnPc 同时被激发，V^{4+}（$g = 1.9646$）的 EPR 信号明显降低，这归因于 BVNS 的光生电子向 ZnPc 的转移，V^{4+} 的外层电子排布从 $3d^1$ 变成 $3d^0$，使 EPR 信号降低。这一结果也为 BVNS 和 ZnPc 之间的 Z 型电荷转移路径提供了有力依据。此外，理论计算也证明了激发态电子在界面的转移过程。

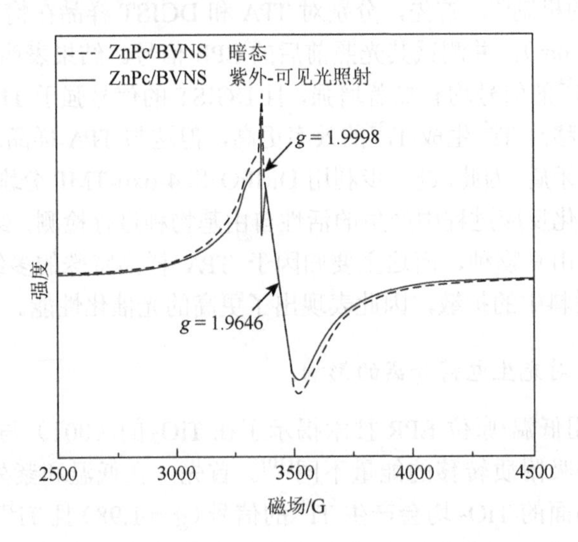

图 8.7　ZnPc/BVNS 纳米复合材料在暗态和紫外-可见光照射条件下的 EPR 谱图[11]

Hurum 等利用低温原位 EPR 技术，通过分析商用 P25-TiO_2 在不同光激发条件下的锐钛矿相和金红石相中各自缺陷物种的变化，从而证实了 P25 中的电荷分离机制[12]。$g = 2.014$ 处的宽信号可归属于表面空穴捕获位点（O^- 物种）。$g_\perp = 1.990$ 和 $g_{/\!/} = 1.957$ 处的信号归属于锐钛矿相晶格中电子捕获位点（Ti^{3+}）；$g_\perp = 1.975$ 和 $g_{/\!/} = 1.940$ 处的信号归属于金红石相晶格中电子捕获位点（Ti^{3+}）（图 8.8）。锐

钛矿相 TiO_2 在可见光下不能被激发，因此不会产生对应的 O^- 物种和 Ti^{3+}，但 P25 在可见光照射下产生了锐钛矿相中 Ti^{3+} 的信号，因此可以证明可见光激发下的光生电子是由金红石相转移到锐钛矿相。这一结果也证实了 P25 中小的金红石微晶有利于可见光生电子由金红石向锐钛矿低能晶格捕获位点转移，从而促进载流子分离过程。而后电子由锐钛矿中的捕获位点转移到其表面捕获位点，进一步促进了光生电子和空穴的分离。

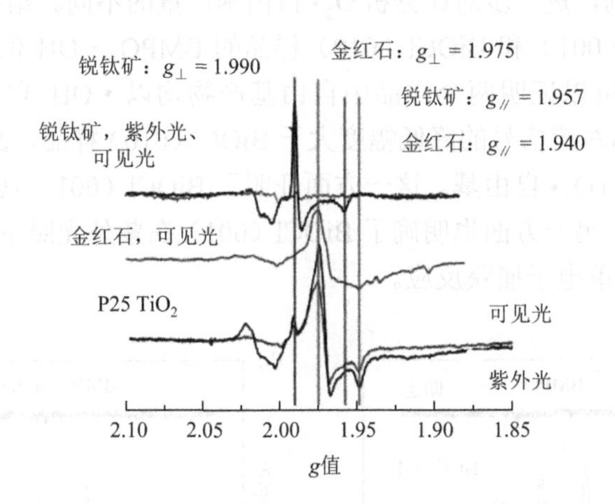

图 8.8 P25-TiO_2、金红石 TiO_2 和锐钛矿 TiO_2 水分散浆样品在可见光（红线）和紫外光（黑线）照射下的 EPR 谱图[12]

8.4.3 基于自由基检测的光生电荷分离研究

在光催化反应过程中，往往存在由光生电子或空穴进攻反应物而生成的高活性自由基物种，并进一步引发系列自由基反应。例如，在光催化降解环境污染物和光催化能源生产等过程中，常常涉及 O_2^-•、•OH、$^1O_2$ 等活性氧自由基、卤素自由基以及含碳自由基等，其种类和产量往往是决定光催化反应路径及性能的关键。对光催化反应过程中的自由基物种进行定性定量分析，既能够反映出光生电荷的转移和分离等动力学过程，又能在一定程度上判断其热力学反应能力。为此，利用原位 EPR 并结合自旋捕获等技术开展对自由基物种定性、定量分析，能够有力支撑对光催化材料光生电荷行为的研究。

1. 晶面对光生电荷分离的影响

Zhang 等发现单晶 BiOCl（001）晶面暴露的样品相对于（010）晶面暴露的样品具有更高的电荷分离效率，进一步利用 EPR 技术揭示了暴露晶面对电荷分离的影响机制[13, 14]。研究人员重点结合自旋捕获和自由基猝灭技术，分别对（001）晶面暴露和（010）晶面暴露的 BiOCl 的光生自由基进行了检测。如图 8.9 所示，以 5-叔丁氧羰基-5-甲基-1-吡咯啉氧化物（BMPO）为 · OH 和 O_2^-• 的自旋捕获剂，在紫外光照射下，BiOCl(001)样品产生的羟基自由基的信号显著高于 BiOCl(010)样品，证明该晶面的确有利于光生电荷分离。同时，由于 BMPO-O_2^-• 加成物的 EPR 信号与 BMPO- · OH 峰位有所重合，因此采用超氧化物歧化酶（SOD）作为 O_2^-• 自由基猝灭剂，进一步对比分析 O_2^-• 自由基产量的不同。结果表明，SOD 的引入使得 BiOCl（001）和 BiOCl（010）样品的 BMPO- · OH 信号均有所降低，从信号降低幅度可以证明两个样品中自由基产物均以 · OH 自由基为主，并且 BiOCl（001）样品对应信号的降低幅度大于 BiOCl（010）样品，表明 BiOCl（001）样品产生了较多的 O_2^-• 自由基。这一方面证明了 BiOCl（001）具有更为优异的光生电荷分离性质，另一方面也明确了 BiOCl（001）在紫外光照下产生的表面氧缺陷更有利于 O_2 的单电子捕获反应。

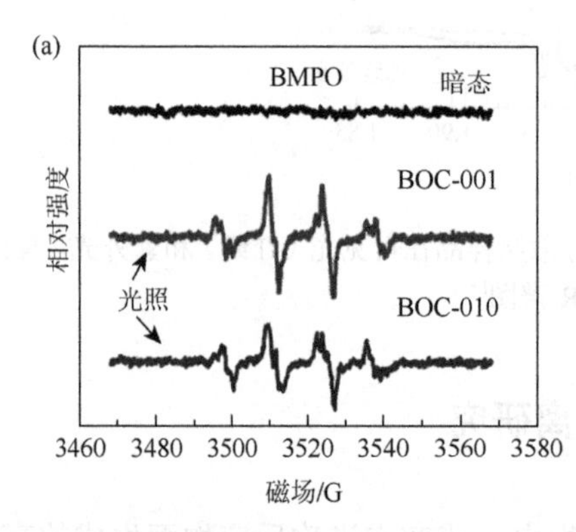

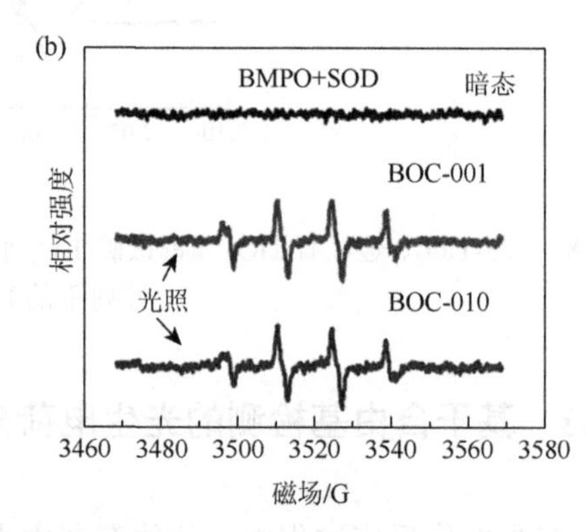

图 8.9　暴露不同晶面的 BiOCl 在 SOD 加入前（a）和加入后（b）的暗态和光照下的 EPR 波谱[13]

2. 表面修饰对光生电荷分离的影响

Zhang 等通过在介孔 g-C_3N_4 表面原位修饰氰基和羟基（DMCN），实现了对 g-C_3N_4 能级结构的调控，拓展可见光响应范围的同时促进了光生电荷分离，进而表现出了较高的过硫酸盐（$S_2O_8^{2-}$）活化和双酚 A 降解性能[15]。在该研究中，首先利用可见光辐照原位 EPR 技术对 DMCN 和 bulk g-C_3N_4 样品进行测试，结果表明两个样品在 $g = 2.0036$ 处均存在 EPR 信号，该信号归属于 g-C_3N_4 中共轭七嗪环中的碳自由基，并且 DMCN 样品的信号显著强于 bulk g-C_3N_4 样品，这主要归因于样品原位修饰过程中形成的缺陷。尤其 DMCN 样品在可见光照射下 EPR 信号进一步增强，说明所形成的修饰结构有利于提高 π 共轭体系的电子离域并且有利于光生电荷分离。进一步利用 DMPO 作为自由基捕获剂，对样品在可见光催化反应过程中产生的自由基物种进行了原位检测。结果表明仅有 DMCN 样品可以产生明显的 DMPO- O_2^-• 自由基信号，证明该样品具有更好的光生电荷分离性质；加入 $S_2O_8^{2-}$ 后 O_2^-• 自由基信号几乎消失，同时可检测到明显的 DMPO- SO_4^-• 和 DMPO- • OH 自由基加成物的信号并且信号强度均高于 bulk g-C_3N_4 样品。上述自由基检测结果表明 $S_2O_8^{2-}$ 能够有效捕获 DMCN 的光生电子，并且 DMCN 的光生电荷分离显著优于 bulk g-C_3N_4 样品。

Rajh 等利用原位 EPR 技术和自旋捕获技术揭示了多巴胺修饰 TiO_2（TiO_2/DA）体系中的光生电荷分离机制[16]。首先，利用原位 EPR 技术对 TiO_2 和 TiO_2/DA 分散液进行测试，结果表明：TiO_2 在可见光激发下无 EPR 信号产生，主要归因于宽带隙的 TiO_2 未能激发；在紫外-可见光激发下产生了晶格 Ti^{3+}的信号（$g_{\perp} = 1.988$），归因于 TiO_2 晶格中的 Ti^{4+}捕获光生电子进而生成了 Ti^{3+}；不同于 TiO_2 样品，TiO_2/DA 在可见光激发下，产生了更强的 Ti^{3+}信号的同时也产生了新的信号 $g = 2.0036$，该信号归属于多巴胺中产生的正离子自由基。由此可以证明在 TiO_2/DA 体系中光生电子和空穴实现了空间分离。此外，利用 TEMPOL（羟基自由基猝灭剂）、TEMP（单线态氧捕获剂）、POBN（羟基自由基捕获剂）和 BQ（O_2^-•猝灭剂）等对 TiO_2 和 TiO_2/DA 样品光生自由基物种进行了定性和定量分析。结果表明，DA 修饰促进光生电荷分离的同时，调控了光生空穴的氧化能力，但未影响其光生电子的性质。

3. 异质结构建对光生电荷分离的影响

虽然光催化材料种类繁多，但仍难以找到一种兼具捕光范围宽、光生电荷分离好并且催化位点合适的材料。构建异质结作为改善半导体光催化材料性能的最有效手段之一，揭示其对光生电荷分离的调控机制一直是相关研究的关键。利用半导体光催化剂组分间的能级差促进光生电荷在组分间的转移和分离，如常见的Ⅱ型异质结，往往可以实现光生电荷的空间分离，进而改善其光催化性能。相较于Ⅱ型异质结，Z 或 S 型异质结表现出更大的研究和应用潜力。如图 8.10 所示，Z 或 S 型异质结体系通常由还原型半导体与氧化型半导体通过紧密的界面连接构成。在光催化反应过程中，两组分同时被激发产生相应的光生电子与光生空穴，而其特殊的电荷转移方式在于氧化型半导体的光生电子通过界面与还原型半导体的光生空穴复合，从而实现了两组分间的光生电荷的空间分离，同时维持了体系中热力学还原能力强的光生电子和氧化能力强的光生空穴。这一过程有效解决或改善了单一组分存在的光生电荷热力学反应能力不足及寿命短的问题，从而实现或促进了后续的光生电荷捕获及氧化还原反应。面对复杂的异质结材料体系，如何通过实验验证其光生电荷转移机制成为研究热点与难点。

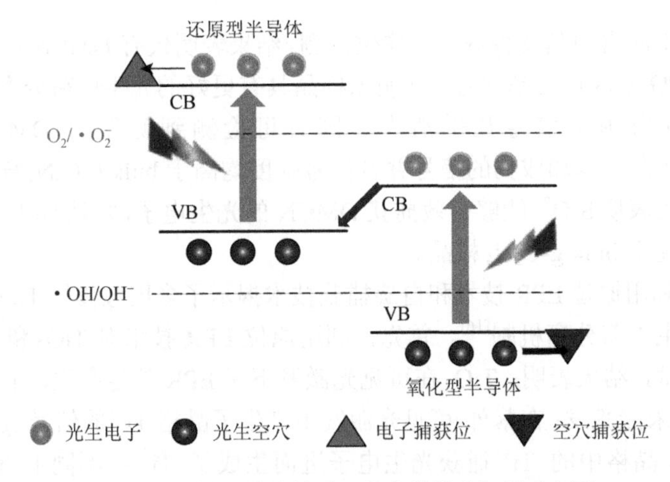

图 8.10　Z 型异质结体系及其电荷转移机制示意图

在光催化反应过程中，往往伴随着一系列自由基的生成，如羟基自由基（•OH）和超氧自由基（O_2^-•）。而通常决定自由基生成的因素主要包括以下两点：①热力学因素，即光催化材料的能级结构决定的光生电子和空穴的氧化-还原能力；②光生电荷的分离效率。为此，通过监测光催化反应过程中自由基物种的种类及相应产量的变化，有望实现对光催化材料光生电荷分离行为的揭示。而 EPR 及相应的自旋捕获技术被认为是最为可靠且普遍的实验手段之一。

以具有代表性的 g-C_3N_4 和 α-Fe_2O_3 复合体光催化材料体系为例，利用 DMPO 为•OH 和 O_2^-• 的自旋捕获剂，通过 EPR 对相应产物进行了分析，进而揭示了该复合体的电荷转移机制[17]。如图 8.11（a）所示，在光照条件下 g-C_3N_4 没有产生•OH，而 α-Fe_2O_3 能够产生一定量的•OH，尤其是复合体的•OH 信号显著增强。如图 8.11（b）所示，在光照条件下 α-Fe_2O_3 没有产生 O_2^-•，而 g-C_3N_4 能够产生一定量的 O_2^-•，尤其是复合体的 O_2^-• 信号显著增强。基于半导体能带结构［图 8.11（c）］，α-Fe_2O_3 的导带位置较正，热力学上显著低于 O_2 还原电位，因此光催化反应过程中较难生成 O_2^-• 自由基；而其较正价带位置热力学上足够生成•OH 自由基。对于 g-C_3N_4 其能带结构显著区别于 α-Fe_2O_3，g-C_3N_4 具有较负导带能级位置，其光生电子具有足够的热力学还原 O_2 的能力，继而有利于生成 O_2^-• 自由基；但其价带位置使其光生空穴的氧化能力不足，难以生成•OH 自由基。如果 α-Fe_2O_3 和 g-C_3N_4 之间是Ⅱ型光生电荷转移方式，虽然有望实现复合体光生电荷的空间分离，但会导致光生电子在 α-Fe_2O_3 导带上的富集，进而使电子还原能力不足，不利于 O_2^-• 自由基的生成；同时光生空穴会转移并富集在 g-C_3N_4 的价带上，进而使空穴氧化不足，不利于•OH 自由基的生成。由此可见，Ⅱ型电荷转移机制显然不能解释复合体光生 O_2^-• 和•OH

自由基的显著提高。基于上述 EPR 测试结果分析并结合 α-Fe_2O_3 和 g-C_3N_4 的能带结构，最终得出如图 8.11（d）所示的 Z 型电荷转移机制。

类似地，Wang 等在所构建的 Zn/Pt 卟啉共轭聚合物/钒酸铋异质结复合体用于光催化全分解水的例子中，也通过以 DMPO 为自旋捕获剂，利用 EPR 技术验证电荷转移路径[18]。在不同光照时间间隔范围内（0～30 min），ZnPtP-CP/$BiVO_4$ 复

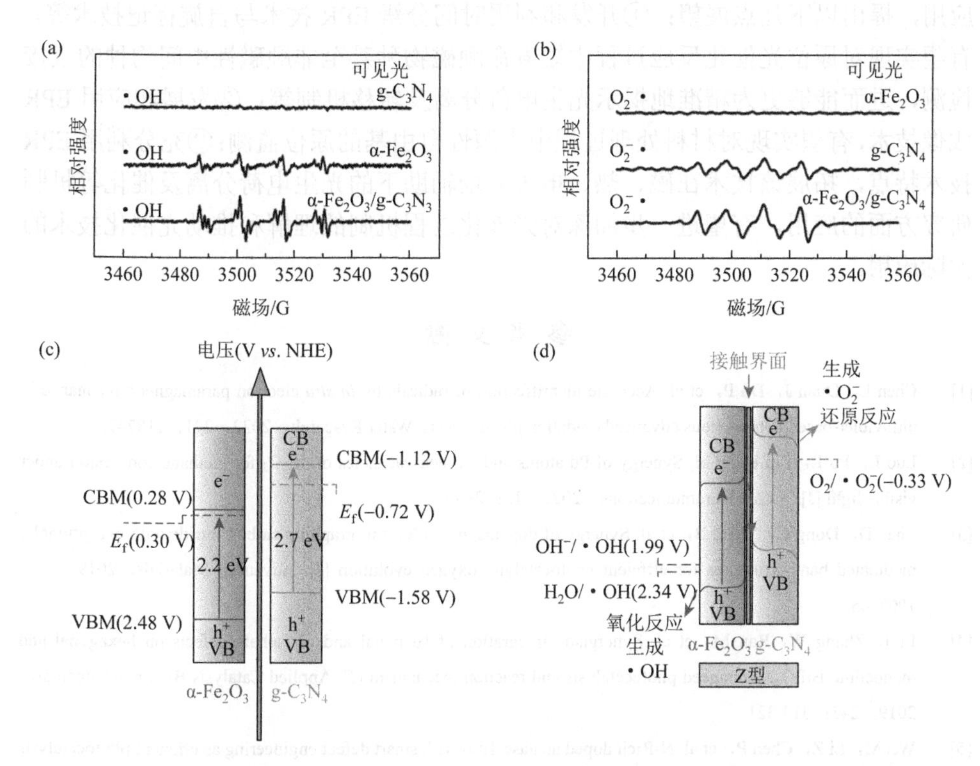

图 8.11　g-C_3N_4、α-Fe_2O_3 以及 α-Fe_2O_3/g-C_3N_4 在光照下的•OH（a）、•O_2^-（b）的 DMPO 自旋捕获 EPR 谱图；（c）g-C_3N_4 与 α-Fe_2O_3 能带结构；（d）Z 型电荷转移机制[17]

合体的 DMPO-•OH 和 DMPO-O_2^-• 信号均增强；而即使延长光照时间，在 ZnPtP-CP 和 $BiVO_4$ 单体中均未检测到明显的 EPR 信号。因此可证明两者之间的电荷转移为 Z 型路径。值得注意的是，当前对于金属酞菁或金属卟啉类配合物作为新型还原型半导体的研究仍然较少，利用 EPR 技术为揭示材料体系中自由基的产生和变化从而推测电荷转移路径提供了有效途径。

8.5　小结和展望

综上，利用原位 EPR 技术结合低温及自旋捕获等实验手段，对光催化反应过

程中由光生电荷引发的材料体系中顺磁性物种的变化或反应体系中自由基物种的生成及产量进行监测，进而可以从热力学及动力学角度揭示光生电荷分离、转移机制，从而建立半导体的缺陷、掺杂、修饰调控，半导体异质结和催化中心等光催化材料结构因素与光生电荷分离性质及光催化性能之间的构效关系。

此外，为了进一步强化和拓展 EPR 技术在光催化电荷分离机制等研究方面的应用，提出以下几点展望：①开发和利用时间分辨 EPR 技术与自旋标记技术等，有望实现对原位光催化反应过程中短寿命顺磁物种甚至非顺磁性中间物种的直接检测，进而能够更为精准地揭示光生电荷分离及转移机制等；②发展和应用 EPR 成像技术，有望实现对材料处理过程中内源性自由基的原位监测；③充分利用 EPR 技术特点，拓展该技术在磁、热、电等外场辅助下的光生电荷分离及催化等机制研究方面的应用，有望进一步加深对光催化过程机制的理解和推动光催化技术的实际应用。

参 考 文 献

[1] Chen L，Duan J，Du P，et al. Accurate identiffcation of radicals by *in-situ* electron paramagnetic resonance in ultraviolet-based homogenous advanced oxidation processes [J]. Water Research，2022，221：118747.

[2] Luo L，Fu L，Liu F，et al. Synergy of Pd atoms and oxygen vacancies on In_2O_3 for methane conversion under visible light [J]. Nature Communications，2022，13：2930.

[3] Zhao D，Dong C，Wang B，et al. Synergy of dopants and defects in graphitic carbon nitride with exceptionally modulated band structures for efffcient photocatalytic oxygen evolution [J]. Advanced Materials，2019，31：1903545.

[4] Li J，Zhang W，Ran M，et al. Synergistic integration of Bi metal and phosphate defects on hexagonal and monoclinic $BiPO_4$：enhanced photocatalysis and reaction mechanism [J]. Applied Catalysis B：Environmental，2019，243：313-321.

[5] Wei M，Li Z，Chen P，et al. N-Rich doped anatase TiO_2 with smart defect engineering as efficient photocatalysts for acetaldehyde degradation [J]. Nanomaterials，2022，12：1564.

[6] Zhang Y，Zhao J，Wang H，et al. Single-atom Cu anchored catalysts for photocatalytic renewable H_2 production with a quantum efficiency of 56% [J]. Nature Communications，2022，13：58.

[7] Jiang Z，Xu X，Ma Y，et al. Filling metal-organic framework mesopores with TiO_2 for CO_2 photoreduction [J]. Nature，2020，586：549-554.

[8] Cadiau A，Kolobov N，Srinivasan S，et al. A titanium metal-organic framework with visible-light-responsive photocatalytic activity [J]. Angewandte Chemie International Edition，2020，59：13468-13472.

[9] Keum Y，Kim B，Byun A，et al. Synthesis and photocatalytic properties of titanium-porphyrinic aerogels [J]. Angewandte Chemie International Edition，2020，59：21591-21596.

[10] Zhou H，Wang M，Kong F，et al. Facet-dependent electron transfer regulates photocatalytic valorization of biopolyols [J]. Journal of the American Chemical Society，2022，144：21224-21231.

[11] Bian J，Feng J，Zhang Z，et al. Dimension-Matched zinc phthalocyanine/$BiVO_4$ ultrathin nanocomposites for CO_2 reduction as efficient wide-visible-lightdriven photocatalysts via a cascade charge transfer [J]. Angewandte Chemie

International Edition，2019，58：10873-10878.

[12] Hurum D，Agrios A，Gray K. Explaining the enhanced photocatalytic activity of degussa P25 mixed-phase TiO_2 using EPR [J]. Journal of Physical Chemistry B，2003，107：4545-4549.

[13] Zhao K，Zhang L，Wang J，et al. Surface structure-dependent molecular oxygen activation of BiOCl single-crystalline nanosheets [J]. Journal of the American Chemical Society，2013，135：15750-15753.

[14] Jiang J，Zhao K，Xiao X，et al. Synthesis and facet-dependent photoreactivity of BiOCl single crystalline nanosheets [J]. Journal of the American Chemical Society，2012，134：4473-4476.

[15] Zhang S，Song S，Gu P，et al. Visible-light-driven activation of persulfate over cyano and hydroxyl groups co-modified mesoporous g-C_3N_4 for boosting bisphenol a degradation [J]. Journal of Materials Chemistry A，2019，00：1-8.

[16] Dimitrijevic N，Rozhkova E，Rajh T. Dynamics of localized charges in dopamine-modified TiO_2 and their effect on the formation of reactive oxygen species [J].Journal of the American Chemical Society，2009，131：2893-2899.

[17] Jiang Z，Wan W，Li H，et al. A hierarchical Z-scheme α-Fe_2O_3/g-C_3N_4 hybrid for enhanced photocatalytic CO_2 reduction [J]. Advance Materials，2018，30：1706108.

[18] Wang J，Xu L，Wang T，et al. Porphyrin conjugated polymer grafted onto $BiVO_4$ nanosheets for efffcient Z-scheme overall water splitting via cascade charge transfer and single-atom catalytic sites [J]. Advance Energy Materials，2021，11：2003575.